经济管理实验实训系列教材

创新思维训练教程

Chuangxin Siwei Xunlian Jiaocheng

主　编　李虹
副主编　艾熙　詹铁柱　黄先德

西南财经大学出版社
Southwestern University of Finance & Economics Press

总序

高等教育的任务是培养具有创新精神和实践能力的高级人才。“实践出真知”，实践是检验真理的唯一标准，也是知识的重要源泉。大学生的知识、能力、素养不仅来源于书本理论与老师的言传身教，更来源于实践感悟与体验。大学教育的各种实践教学环节对于培养学生的实践能力和创新能力尤其重要，实践对于大学生的成长至为关键。

随着我国高等教育从精英教育向大众化教育转变，客观上要求高校更加重视培养学生的实践能力。以往，各高校主要通过让学生到企事业单位和政府机关实习的方式来训练学生的实践能力。但随着高校不断扩招，传统的实践教学模式受到学生人数多、岗位少、成本高等多重因素的影响，越来越无法满足实践教学的需要，学生的实践能力的培养越来越得不到保障。鉴于此，各高校开始探索通过校内实验教学和校内实训的方式来缓解上述矛盾，而实验教学也逐步成为人才培养中不可替代的途径和手段。目前，大多数高校已经普遍认识到实验教学的重要性，认为理论教学和实验教学是培养学生能力和素质的两种同等重要的手段，二者相辅相成、相得益彰。

相对于理工类实验教学而言，经济管理类专业实验教学起步较晚，发展滞后。在实验课程体系、教学内容（实验项目）、教学方法、教学手段、实验教材等诸多方面，经济管理实验教学都尚在探索之中。要充分发挥实验教学在经济管理类专业人才培养中的作用，需要进一步深化实验教学研究和推进改革。加强实验教学基本建设的任务更加紧迫。

重庆工商大学作为具有鲜明财经特色的高水平多学科大学，高度重视并积极探索经济管理实验教学建设与改革的路径。学校经济管理实验教学中心于2006年被评为“重庆市高校市级实验教学示范中心”，2007年被确定为“国家级实验教学示范中心建设单位”。经过多年的努力，我校经济管理实验教学改革取得了一系列成果，按照能力导向构建了包括学科基础实验课程、专业基础实验课程、专业综合实验课程、学科综合实验（实训）课程和创新创业课程五大层次的实验课程体系，真正体现了“实验教学与理论教学并重、实验教学相对独立”的实验教学理念，并且建立了形式多样，以过程为重心、以学生为中心、以能力为本位的实验教学方法和考核评价体系。努力做到实验教学与理论教学结合、模拟与实战结合、教学与科研结合、专业教育与创业教育结合、学校与企业结合、第一课堂与第二课堂结合，创新了开放互动的经济管理实验教学模式。

为进一步加强实验教学建设，展示我校实验教学改革成果，由学校经济管理实验教学指导委员会统筹部署和安排，计划陆续出版“经济管理实验教学系列教材”。本套教材力求体现以下几个特点：一是系统性，该系列教材将涵盖经济学、管理学等大多数学科专业的“五大层次”实验课程体系，有力支撑分层次、模块化的经济管理实验教学体系；二是综合性，该系列教材将原来分散到若干门理论课程的课内实验项目整合成一门独立的实验课程，尽量做到知识的优化组合和综合应用；三是实用性，该系列教材所体现的课程实验项目都经过反复推敲和遴选，尽量做到仿真，甚至全真。

感谢该系列教材的撰写者。该系列教材的作者们普遍具有丰富的实验教学经验和专业实践经历，个别作者甚至是来自相关行业和企业的实务专家，希望读者能从中受益。

毋庸讳言，编写经济管理实验教材是一种具有挑战性的开拓与尝试，加之实践本身还在不断地丰富与发展，因此本系列实验教材可能会存在一些不足甚至错误，恳请同行和读者批评指正。我们希望本套系列教材能够推动我国经济管理实验教学的发展，能对培养具有创新精神和实践能力的高级专门人才尽一份绵薄之力！

重庆工商大学校长、教授、博士生导师

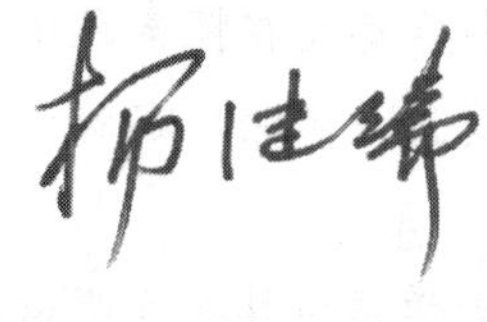

2011 年 5 月 10 日

序 言

人类的脚步已经迈进了人类历史上最富有挑战的时代——创新时代。在这样的时代，国家的发展和民族的振兴从根本上取决于其成员创新思维能力的高低，对任何一个组织和个人来说同样如此。如果组织和个人只会模仿而没有创新思维能力就意味着将被迅速淘汰。创新能力可以说是一个组织或个人的核心竞争力。

创新思维能力是可以通过训练提高的。通过创新思维能力训练可以提升个人思考问题、解决问题的能力和技巧，使人们在思考问题时思路更加清晰敏捷，在做出决定时更加恰当。通过有效地进行问题的剖析与解决，使新型人才能够改变习惯性思维定式，自觉将创新思维能力应用于工作、学习中。

近几年，从中小学教育到公务员及企事业单位应试，从科技领域的创新到实际操作的应变……创新思维训练题目占据越来越大的比重。其实，对思维训练题大家都很熟悉，每个人从出生开始就开始接受各种形式的思维训练、数以千计的考试和数以万计的作业与练习……都包含着各种思维训练。不过这些训练是以学习知识为主，而本书的目的是为了加强创造性思维的能力。

本书以认识思维和认识创新思维以及如何训练创新思维能力为主线。通过“自测自检——寓言启发——案例示范——游戏体验”四者结合的模式，使学生从思维到行动能够切实得到提高。本书将创新思维能力训练分为认识创新思维、创新思维的障碍、创新意识训练、发散思维训练、逆向思维训练、逻辑思维训练、聚合思维训练、随机应变思维训练、学习创新思维训练、管理创新思维训练、分析创新思维训练、沟通创新思维训练、服务创新思维训练、自我超越能力训练等十四个维度，详细介绍创新思维所需要的各项能力及提高方法。书中穿插了大量生动的寓言、真实案例来帮助读者理解和消化相关知识；同时，在每个章节最后提供了相应的、具有代表性的思维训练题目供读者使用，最后为读者提供四套创新思维能力提升的模拟训练题。通过学习与练习，相信读者的创新思维能力会得到全面、快速的提升。

在本书的编写过程中，第一章至第四章由李虹负责撰写、第五章到第六章由詹铁柱负责撰写，第七章到第八章由黄先德负责撰写，第九章到第十三章由李虹负责撰写，第十四章由艾熙负责编写，第十五章由李虹和艾熙负责编写。全书由李虹统撰定稿。本书的出版还要感谢感谢重庆工商大学经济管理实验教学中心的领导和各位同事的关心和帮助，也感谢重庆市北碚区检察院在本书编写过程中的帮助与指导；另外，在教材的编写过程中，我拜读了很多关于创新思维能力训练的书籍和文章，这些熟悉和不熟悉的国内外学者的研究文章使我深受启发，并引用了他们的许多高见，在此谨向这些学术前辈们表示我诚挚的感谢！

最后，衷心感谢西南财大出版社对本书学术价值的肯定，使得本书得以顺利出版。

目录

第一章　认识创新思维

一、 思维与创新思维

（一）思维的涵义

思维是人们接受信息、存储信息、加工信息以及输出信息的活动过程，而且是概括地反映客观现实的过程，这是思维本质的信息论观点。

从更为广泛的意义来讲，思维是大脑对知识、信息进行加工处理的活动。广义的大脑包括人脑、动物脑还有电脑，但目前人们对机器、动物的思想活动是否能算思维尚有争议。因此，本书采用狭义的思维定义，即思维是人脑对知识、信息进行加工与处理的活动。它对客观的联系、关系进行多层加工，揭露事物的内在特征，是人类认识的高级形式（图 1-1）。

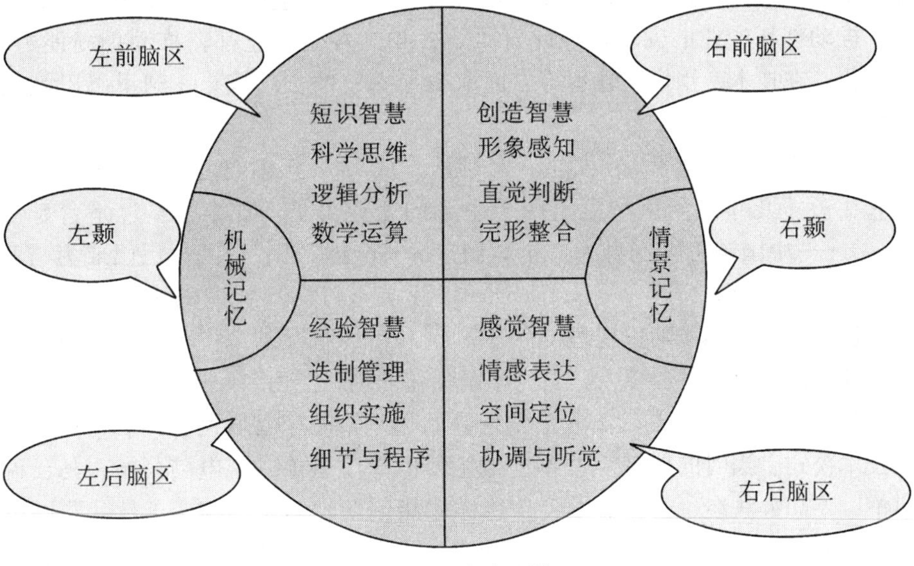

图 1-1　大脑思维

（二）创新思维

人类在应对各种变化与挑战时，展现出的是逻辑思维与非逻辑思维的灵活组合（全脑组合），我们称之为创新思维。

创新思维是指开发（开拓）一个新的思维、观点、知识并产生以前没有过的产品、技术、方法、制度、流程、形式等新的成果的过程。它意味着开动脑筋、用智慧解决问题。

以前人们一提起创新，总认为它指创造发明之类的较大的新思想与结果的产生。在20世纪前半叶，创新思维还被认为是天才专有的神秘天赋，到20世纪60年代以后，人们才逐渐形成一种较正确的观点，认识到创新思维是每个正常人拥有的思维形式。一个人只要他会选择不同的行走路线，他就已经会创新了。杜威说："一个三岁的儿童发现他能用积木做什么事情，或者是一个六岁的儿童发现他能够把五分钱加起来成为什么结果，即使世界上人人都知道这种事情，他也是一个发明家。"所以说，不仅文学家、社会学家、科学家能够产生创新思维，平常人也一样有着这方面的能力。

经验表明，善于运用创新思维，往往意味着实践上的成功，因而长期以来，一直有人试图总结创新思维的规律，探索其中的奥秘，发现科学的训练方法。尽管到现在为止，创新思维还并未完全形成一门概念明晰、体系完整的新学科，但与此相关的理论研究和社会实践一直在不停地运行，有些方面的研究已经取得了十分丰硕的成果。例如，创造学是与创新思维联系最为紧密的一门新学科，它于20世纪上半期发源于美国，在理论研究方面，美国首屈一指；若论民间普及程度，则日本当属第一，日本曾多次举办"每日一创"活动，收效甚广。

2008年，我国国务院颁布《关于促进自主创新成果产业化的若干政策》，鼓励在市场经济条件下，营造良好的体制政策和法律环境，提高企业自主知识产权成果产业化能力，推动创新产业的发展。在此背景下，我国各行各业都在推动创新能力提升，尤其是企业，在技术、销售、管理等方面取得了一定的创新成果，阿里巴巴就是这方面的极佳例证。

阿里巴巴作为中国电子商务界的一个神话，从1998年创业之初就开始了它的传奇发展。它在短短几年时间里积累了一千余万的企业会员。现今，经过平台延展，从"中国制造——中国销售"变身为"全球制造——全球销售"，阿里巴巴成为与亚马逊（Amazon）、雅虎（Yahoo）、谷歌（Google）、易贝（eBay）比肩的全球五大互联网模式之一。这一切都归因于阿里巴巴对中国国情和市场状况的把握与透析，对全球互联网及电子商务的深刻理解，以及其自身不断强化的创新能力。

1995年，教书6年的马云离开了学校开始创建第一家互联网公司——杭州海博电脑网络技术公司。当时的他其实并不懂电脑，但却注册了一家电脑公司，马云说做不到的事情，要想办法绕过去也要做到，这样才能创新。创业之初，正是互联网电子商务热潮期，阿里巴巴没有像其他互联网企业一样"砸钱"建立完善的电子交易平台，而是从中小企业最需要的订单信息入手，做电子公告板（相当于现在的BBS），从此使阿里巴巴专心贴近中小企业最需要的服务。阿里巴巴的第二个创新业务——"诚信通计划"，让网上交易参与者公开自己的诚信档案以及对他人的交易评价，原来担心将大部分客户挡在门外，没想到在一部分诚信客户的带动下，吸引了更多希望诚信交易的中小企业。在这之后，阿里巴巴继续不断地创新——发展淘宝网C2C业务；创新网上支付模式，以担保机制建立"支付宝"付款业务；突破传统模式的阿里软件亮相，买软件成了买服务，价格更优、服务效率更高。

随后，阿里巴巴陆续推出了一系列目标，针对中小企业的新产品及服务，如“旺铺”、“诚信通个人会员”、“Export-to-China”等，在众多创新产品的推动下，注册用户数和收费用户数的增长率都有了极大的上升。

二、创新思维的本质特征

第一，创新思维具有强烈的自我超越性。创新思维的一个很突出的特点是敢于自我否定，勤于自我否定，具有极为强烈的超越性。自我超越是创新思维无穷的生命力的搏动，它以自我超越战胜他者，取代他者，从而将现代科技革命向前推动了一大步。

第二，创新思维充分展露了自身软性的特质。思维创造性活动的“脚本”从来都是软的。然而千百年以来，它却一直表现为硬邦邦实物的存在，表现为蒸汽机、电动机、自动生产线。只有到了今天，思维创新才首先表现为知识、信息、软件等软硬方面的组合。创新思维展露自身的软性，是思想发展史上划时代的事情。它将使思维的无限潜能充分发挥出来。人类社会的软性财富和无形资产也将随之剧增，今天全世界国民生产总值的近70%是知识或信息产业发展促成的，发达国家如美国总资产有60%是无形资产，人类社会财富的特性已被改变。

第三，创新思维覆盖的时空越来越少，创新的生命短得惊人。在现代科技的核心领域———计算机天地里，创新思维更新多者一年半载，少者一两个月。在人类历史的舞台上，一个创新思维能覆盖几十年、几百年时空的历史已经一去不复返了，今日还是绚丽多姿智慧之花的创新思维，转眼即成明日黄花，它不得不让位给更新的创新思维。

第四，创新思维产业化。多少世纪以来，创新思维只伴着勤于思考者孤单的形影前进，创新思维往往要在科学家的圣殿里徘徊很长时间才能走向社会。今天思维创新生产知识、生产信息，知识和信息的生产不仅成了大规模的产业，而且，形成了打破国界的互相竞争的产业群落。这些产业将善于思维的头脑，集中在一个屋顶下创新知识或信息，使思维创新在人类发展史上第一次规模化、产业化。

第五，思维工具在创新思维中发挥了前所未有的作用。过去的思维工具其作用都无法与知识经济时代思维工具的作用相提并论。自1942年第一台计算机问世以来，其对社会生产率的影响，已经到了令人瞠目结舌的地步。1998年美国问世的万亿次并行高性能计算机，峰值达3.9万亿次/秒。

第六，创新思维对提高生产力的作用前所未有地增大。创新思维价值的大小，视其对社会生产力的功能而定。纵观世界500强企业，可以发现，他们基本特征是“在竞争中成长壮大”，并且都有一套立足长远、稳健的经营战略。除此之外，最为重要的是这些企业十分注重从技术、业务、服务、管理等方面进行全面创新。随着经济全球化发展，市场竞争更加激烈，以“世界500强”企业为代表的世界顶尖企业，不论在企业管理、技术创新还是服务创新方面，都有借鉴之处。

索尼公司成立至今只有半个多世纪的历史，却排名在世界500强前列。索尼的成功之路，就在于它与众不同的创新意识与创新能力。20世纪50年代的录音机非常笨重，为了满足人们一边走路，一边听录音机的要求，索尼研发明了随身听，它一上市立刻得到了全世界的认可，引导一种新的生活方式。随着宽带网络时代的来临，面对很多新兴企业的挑战，索尼公司设计出了“索尼梦想世界”：通过将现实世界与网络世界相结合，为消费者提供包括电子产品、游戏产品、音乐产品、影视产品及网络服务等全方位的服务，让人们拥有“便捷娱乐”的全新生活方式。

世界500强之一的法国航空公司，则是服务创新的实践者。如在中国航线上，法航对其服务进行了革新，飞机上有中国翻译、中国电影、报纸及风味食品。中国籍员工在机上提供热情服务，在飞机到港及离港时给客人帮助。所有这些努力，使旅客更加喜爱搭乘法航的飞机。一个成功的企业一定要有创新精神和创新能力。世界500强企业之所以能够出类拔萃，正是创新实践的结果。

今天，知识创新在经济增长中的贡献率，已由20世纪初的5%-20%，上升到80%-90%。如果说近代创新思维在过去200年间使人类生产的社会财富综合翻了一番，那么，我们可以断定，以现代创新思维为基石的生产力所生产的社会财富的总和，在今后200年中绝不只是翻一番，可能是几十番或者上百番。因此，可以说，创新思维已成为一个国家富强的源泉，成为社会经济发展的最主要推动力。

三、 创新思维的环境

创新活动的主体是人，现实中的每个人都生活在集体中，与周围环境有着千丝万缕的联系。环境对人的创新能力的形成和发展有非常重要的影响。

创新环境与一般的环境不同，是指影响人们进行创新思维和创新活动过程的一切外部条件，或者说是人在进行创新活动时所处的外部条件。另外，创新环境还包括进行创新活动的人对外部环境的感觉、感受，即自我创新环境。

对人的创新能力影响比较大的环境因素有家庭、学校、工作单位等，每个人都有自己的成长过程，在不同的成长阶段，各种环境对他们的影响也是不相同的。

（一）家庭环境

家庭教育是培养人才的重要因素。家庭是一个人孕育创新思维能力的最早环境，良好的家庭教育在培养人们的创新精神方面，起着学校教育和社会教育都难以起到的奠基作用。家庭教育好比植物的根苗，根苗粗壮，才能枝繁叶茂，开花结果。

（二）学校环境

学校对培养学生的创新精神有着重要的作用。它是按照人的身心发展的规律组织起来的一种特殊环境，它以有目的的、经过选择的，系统形式影响青少年。学校的教育活动是有明确目的的活动，又是在一定的组织与指导下进行的。学生在以学习为主的各种活动中，接受学校所施加的各种影响，从而获得知识，发展智力、创新能力和个性品质。学校的教育活动比较系统，能使学生形成比较完善的意识倾向。

（三）工作环境

集体中的成员人人平等，互相激励、启发、帮助、共同进步，有利于创新设想的形成；相反，如果存在内耗，就会极大地损耗人的能量，影响创新思维能力的发挥。要有一个有竞争意识的、鼓励创新工作环境。竞争给人的压力，可驱除惰性，刺激奋发向上的热情；可以诱发人们进行创新探索的意识，鼓励人们取得创新的成果。

（四）社会生产力

社会生产力的发展与创造、创新成果息息相关。生产发展、生产力水平提高为创造、创新活动提供了良好的物质条件；反过来创造、创新又促进生产的发展、生产力的提高。

（五）政治环境

政治环境作为上层建筑，对创造、创新有着十分重要的影响。政治对经济的发展既可以有巨大的推动作用，又可以有阻碍作用。而经济的发展为创造、创新活动提供了物质条件，人们的创造、创新精神也能得到充分的提高。

（六）国际环境

国际环境尤其是国际经济环境的风云变幻，往往会导致新思想、新事物的诞生，历史经验表明，每次经济危机往往催生重大科技创新，而重大科技成果也往往推动世界经济走向复苏与繁荣。20 世纪 30 年代大萧条前后问世的科学发现，成为日后以电子、航空航天和核能为标志的第三次技术革命的基础。20 世纪 90 年代兴起的互联网信息技术革命，也造就了世界经济新一轮的繁荣。美籍奥地利经济学家熊彼特对历史上三次产业革命分析后明确指出，正是技术革命带动了经济的起飞。德国经济学家格哈特·门施在《技术的僵局》一书中，利用现代统计方法对 112 项重要的技术创新分析后发现，重大基础性创新的高峰值均接近于经济萧条期，技术创新的周期与经济繁荣周期成“逆相关”，因而认为经济萧条是激励创新的重要推动力，技术创新又将是经济发展新高潮的基础。

四、创新思维的应用

创新思维有两种主要的应用，一种是日常的创新，创新是常规思维的一部分，因此可以用于任何需要思维的场合，不需要做出任何正式或刻意的努力就可以产生。例如，那些天生具有创造性或受到刺激后具有创造性思维的人会不知不觉地运用创造性思维。

还有一种是特定的创造，通常基于明确的需要。在这种情况下，个体要做出刻意的努力，运用系统方法来产生新想法，如企业管理创新、营销创新、制度创新都属于此类。

通过创新思维应用而改变世界的例子数不胜数，比如我国东汉时期的蔡伦，发明了一种简易的造纸法，这种轻便而廉价的纸淘汰了沉重的竹简，打破了贵族阶层对知识的垄断，使得普通的劳动人民也能够接受教育，这项创新对中华文明的发展具有不可估量的意义。

我们已经看到了创新思维所带来的价值，但如何才能合理运用创新思维呢？创造性思维可能是一种灵感：如果摆脱束缚，你会具有创造性；如果相信直觉，你会具有创造性；如果学会使用右脑，你会具有创造性；如果改善精神状态，也会产生一些创造性。除此之外，通过运用缜密的工具则更有助于高效、系统地产生创造性思维。

五、 创新思维训练

（一）创新思维能力能通过训练提高吗？

正如前文所说，创新思维是人类的一种高级思维，那么，这种思维能力是天生的还是后天形成的呢？是否能通过训练加以提高呢？看下边的案例，也许你能找出答案。

2009 年 1 月 15 日，美国全美航空公司一架载有 155 人的客机，从纽约长岛拉瓜迪亚机场起飞约 5 分钟后撞上了飞鸟，两个发动机“瞬间死亡”。机长沉着应对，驾驶飞机在哈得逊河上成功实现了航空史上第一次大客机水面紧急迫降，机上人员全部获救。

在事后接受媒体访问时，机长切斯利说：“飞鸟从上到下，从左到右布满整面挡风玻璃……巨大的撞击声，就像飞机被暴雨或者冰雹击打，仿佛正经历我有生以来最可怕的暴风雨。”他立刻意识到问题的严重性，特别是当飞机引擎部位传来羽毛烧焦味时，利用自己几十年的飞行经验，舒伦伯格冷静分析当时形势，与地面控制中心商量可能的解决办法，并最终决定把飞机降落在水面上。他知道接触水面时机翼要呈水平，机头微微翘起，这样才有可能存活。之后飞机成功降落，舒伦伯格让飞机以最低随度接近水面，避免引擎首先接触水或是巨大压力导致飞机解体。在成功降落后，舒伦伯格向乘客宣布，“我们好像撞到了一只大鸟，可能是只鹰”。

在那样的紧张情况下，机长为何能如此镇定和冷静，并且出色地控制局面呢？这是侥幸还是天生的本领呢？当然不是，这是他在无数次训练之后在头脑中所形成的固定化的应急思维习惯。可以说，每个人的思维天生是有一定差异性的，有些人即使没有很高的思维水平，但经过系统的训练，也是可以提高的。

思维训练是指为了增强思维能力，有计划、有步骤地对人的思维能力进行训练的活动。思维训练把思维当做一种技能，认为可以通过训练增强受训者的能力。在西方语言中，“教育”这个词来自拉丁文，原意是引出、导出，就是充分开发一个人的潜力，其含义与创新思维训练的本质是一致的。创新思维训练就是创新性思维的启发和引导，教师提出某个需要解决的问题，学习者从中受到启发，尝试找出解决问题的新思路，以后再遇到其他类似问题时，就多了一种解决问题的思考方法，进而增强了个体的创新思维能力。

创新思维能力可以通过训练而得到提高，这一点已经成为众多成功人士的共识。当被问到如何能够从苹果落地悟出万有引力定律时，牛顿说道："我一直在想、想、想，我的成就就归功于持续不断地思考。"关键在于，训练方法必须遵守思维的基本法则、符合科学依据，在这方面西方的一些成功经验值得我们借鉴。

（二）创新思维训练案例

现代企业对思维能力，尤其是创新思维能力提出了越来越高的要求。有人认为，所谓思维训练无非就是用题目做练习，尤其是多做数学题目来锻炼思维，这种想法是不全面的。思维训练除了要做大量的多种类型的思维训练题外，还要掌握关于思维的一般知识方法、规则等，使人们能够更加自觉、有效地训练和培养思维能力。以下是国际闻名的思维训练的案例，说明了思维训练的有效性和多样性。

奥林匹克运动会"和平、友谊、进步"宗旨的内涵，如今已逐渐丰富为弘扬一个国家和主办城市的经济、文化综合实力的内容。虽然奥林匹克运动会不以赢利为目的，但是自从第23届奥运会创造了赢利的历史之后，奥运会意味着更大的商业机会和赢利空间的出现和存在，在赢利模式和商业收益上，如今也强调"更多、更广、更灵活"。

1984年以前的奥运会基本上都是"赔本赚吆喝"，而1984年洛杉矶奥运会在彼得·尤伯罗斯的带领下，提出"以奥运养奥运"，通过出售电视转播权等市场化手段打开了突破口，同时通过寻找企业赞助商、租让营业权、预售门票、压缩开支一系列商业手段，开创了奥运史上前所未有的市场化运作模式。

在组织这次奥运会的过程中，他运用了许多行之有效的新观念，这些新观念的获得，很大程度上要归功于"水平思维法"，这种创新思维方法的创始人就是被誉为改变人类思维方式的缔造者、举世公认的"创新思维之父"——爱德华·德·波诺博士。在一次演讲交流中，德·波诺发现身边总有一个人在殷勤地照顾他，帮着他做这做那，终于他忍不住询问那人，那人告诉自己叫尤伯罗斯，就是1984年洛杉矶奥运会的商业策划人。随后尤伯罗斯说了一句："我的成功就是因为在1975年听了您的一次90分钟的演讲。"他将自己的创意归因于德·波诺的"水平思考法"。所谓水平思维法是指摆脱某种事物的固有模式，从多角度多侧面去观察和思考同一件事，善于捕捉偶然发生的构想，从而产生意料不到的"创意"。正是这90分钟的演讲让尤伯罗斯打破了奥运会运作的思维瓶颈，获得了巨大的成功。

（三）创新思维训练的原则

创新思维的基本原则包括两点：一是要养成大胆思维的习惯，二是通过学习开拓视野。

首先，人的思维水平、智慧的发展程度如何，都和人们是否经常进行大胆设想密切相关。很多杰出的人物之所以能取得那么大的成就，就是与他们经常进行非逻辑思维活动密切相关。

美国著名心理学家布鲁纳认为，直觉思维就是组合部分信息，利用灵感感知事物全貌的思维。直觉思维的这种过程，不像逻辑推导那样有规律，是从部分信息进行推测，达到全貌的感知。培养由不完全信息得出结论的非逻辑思维，就是要求部分信息的基础上进行大胆设想，进而得到感悟。因此，要提高创新思维能力，就必须重视非逻辑思维，养成大胆猜测与假设的思考习惯。

其次，学习知识的过程不仅仅是一个获取知识的过程，而且也是训练和培养思维能力的过程，知识学习和创新思维过程是一致的，长期、经常地学习较为有难度的知识，需要人们不断去思考，同时提高非逻辑思维能力。

最后，掌握了创新思维的基本原则还不够，还要反复进行强化训练。现代社会生活节奏加快，人们忙忙碌碌，许多人花费大量时间去做事，但却很难停下来静心思考，思维能力水平不能得到提高，使得很多问题不能得到很好解决。因此，为了有效提高思维水平，降低生活压力，就必须坚持不懈地进行思维训练，养成勤于思考的良好习惯。

（四）创新思维训练应注意的问题

进行创新思维训练时需注意以下几个方面：

第一，国内外的思维训练方法种类繁杂，良莠不齐，在学习和借鉴的时候必须自己分辨其中的非科学成分。

第二，思维方法是思维训练的工具，而不是思维训练的目的。人们在进行思维训练的时候，必须学习和掌握思维方法，不重视方法的学习，思维训练只能是低水平的重复，劳而无功。但是，思维方法的学习是思维训练过程的一部分，不能代替思维训练。

第三，思维训练在重视结果的同时，必须注重思维的过程。思维训练的目的是提高创新思维能力，但这并不是能够找到正确的答案就等于练就了高水平的思维能力，而没有找到正确答案就不具备较高的思维能力。真正的思维训练既关心结果，也关注思维过程，如何寻找答案才是最重要的。

第四，思维训练要在实践中练习。思维训练的环境是广泛的，不能仅限于课堂和冥思苦想，在个人的生活、工作和学习中都可以找到训练思维的机会。在实践中积极地进行思维训练，既可以有效地解决问题，又能长期、有效地训练思维，提高思维能力，在以后的学习和工作中取得更大的成绩。

第二章 创新思维的障碍

一、 定势思维

（一）定势思维的涵义

亨利·詹姆斯曾经说过，改变一个人的人生观，往往像改变一个人的鼻子那么困难，因为它们都处在核心地位：一个处在脸的中央，一个处在性格的中心。有一个意味深长的故事能说明这一点。

上帝想改变一个乞丐的命运，就化作一个老翁来点化他。他问乞丐："假如我给你1000元钱，你打算怎么用它？"乞丐回答说："这太好了，我就可以买一部手机啦！"上帝不解，问他为什么。"我可以跟城市的各个地区联系，哪里人多我就往哪里乞讨。"乞丐回答说。上帝很失望，又问："假如我给你10万元钱呢？"乞丐说："那我可以买一辆车。这样我以后再出来乞讨就方便了，再远的地方也可以迅速赶到。"上帝很悲哀，这次他狠心说："假如我给你1000万元呢？"乞丐听罢，眼里闪着亮光说："太好了，我可以把整个城市最繁华的地区买下来！"上帝挺高兴。这时乞丐突然补充了一句："到那时，我可以把我的领地里的乞丐都撵走，不让他们抢我的饭碗。"

定势是由先前的活动而造成的一种对活动的特殊心理准备状态或活动的倾向性。在环境不变的条件下，定势使人能够应用已掌握的方法迅速解决问题。而在情境发生变化时，它则会妨碍人采用新的方法。消极的思维定势是束缚创造性思维的枷锁。

所谓定势思维，就是按照积累的思维活动经验教训和已有的思维规律，在反复使用中所形成的比较稳定的、定型化的思维路线、方式、程序、模式。

（二）定势思维的特征

（1）倾向性。思维者具有力求将各种各样问题情绪归结为熟悉问题情境的倾向，表现为思维空间的收缩。带有集中性思维的痕迹，如学习立体几何，应强调其解题的基本思路，即空间问题转化为平面问题。

（2）常规性。如学因式分解，必须掌握提取公因式法、十字相乘法、公式法、分组分解法等常规的方法。

（3）程序法。程序法是指解决问题的步骤要符合规范化的要求。如几何求证题，怎么养画图、怎样叙述、如何讨论、格式摆布甚至如何使用"因为"、"所以"、"那么"、"则"等符合，都要求清清楚楚，步步有据，格式合理，否则就乱套。

（三）定势思维的表现形式

定势思维通常有适合定势思维和错觉定势思维两种形式。

适合定势思维指人们在思维过程中形成了某种定势，在条件不变的情况下，能迅速地感知现实环境中的事物并做出正确的反应，可促进人们更好地适应环境。错觉定势思维指人们由于意识不清或者精神活动障碍，对现实环境中的事物感知错误，做出错误的解释。

（四）定势思维的形式化特点

一般来说，定势思维具有两个特点，一是它的形式化结构，二是它的强大惯性。

1. 形式化结构

定势思维是一种纯“形式化”的东西，就是说，它是空洞无物的模型。当被思考的对象填充进来以后，只有当实际的思维过程及观念发生以后，才会显示出定势思维的存在，显示出不同定势之间的差异。因此可以说，没有现实的思维过程，也就无所谓思维的定势。正如从没有遇到过危险境地，也就难以断言某人是英雄还是懦夫。

举个例子来说，心理学家曾经设计了这样一种思维游戏：木桌上摆着一张 10 美元的钞票，钞票正中压着一把竖直放着的没有开刃的菜刀，菜刀上支撑着一个横过来的木杆，木杆的两端系着两个平衡锤一样的定西，稍微晃动就会倒下来。现在要求游戏者在保持木杆平衡的前提下，把 10 美元的钞票取出来。经过多次尝试，游戏者们发现，不管怎样小心翼翼，要想不碰到木杆便取出那张钞票是不可能的。

其实，解决这个问题有一个极为简单的办法，那就是把钞票撕开，从刀刃压着的地方撕开，就能轻而易举地取出钞票。然而大部分游戏者都因想不到这个方法而一筹莫展。

由此可见，在现实生活中，人们已经不自觉地对钞票产生了一种尊崇的心理，因而从来没有想到要去撕破它。这种定势只有在一定的条件下才能显露出来，并构成了创新思维的障碍。

2. 强大的惯性

思维定势具有无比强大的惯性。这种惯性表现在两个方面，一是新定势的建立，二是旧定势的消亡。一般来说，某种定势思维的建立要经过长期的过程，而一旦建立之后，它就能够“不假思索”地支配人们的思维过程、心理态度乃至实践行为，具有很强的稳定性甚至顽固性。

在美国出版的《人类心理学通报》上，曾经刊登了一位 85 岁老人的自白。这位老人说：“假如给我第二次生命，我要努力犯更多的错误，而不会处处追求完美。我要变得更傻，不会再一本正经地对待那么多事情。我还要更加疯狂一些，给自己找更多的麻烦。”

这位老人大概是一生都生活得四平八稳，从没有什么出格的言行举止，而到了人生的黄昏发出了这样“荒唐的”感叹。然而，如果他真的获得了第二次生命，他会“更傻”、“更狂”、“犯更多的错误”吗？恐怕还是不可能的。正像丢了钱的人经常说：

“那些钱要是能找到，我就到饭店大吃一顿！”如果钱真的找到了，他又舍不得花到饭店里去了。

定势思维的改变绝不是一朝一夕的事情，而且经常伴随着巨大的痛苦。改变定势思维需要长期训练，通过以下这些项目的长期训练，可以有效地弱化定势思维：

★假设一些以前不敢想的疯狂念头；

★多练习用比喻，比来比去，就能找到奇妙的练习；

★做白日梦，让心思自由游走；

★多从事一些需要动脑筋的业余活动，如围棋等；

★学点外语；

★多用左手做各种事情，笨拙也不要紧；

★只读半本书，剩下的留给自己来假设结局。

（五）定势思维的作用

定势思维的积极作用。定势思维对于问题解决具有极为重要的意义。在问题解决活动中，定势思维的作用是：根据面临的问题联想起已经解决的类似的问题，将新问题的特征与旧问题的特征进行比较，抓住新旧问题的共同特征，将已有的知识和经验与当前问题情境建立联系，利用处理过类似的旧问题的知识和经验处理新问题，或把新问题转化成一个已解决的熟悉问题，从而为新问题的解决做好积极的心理准备。

定势思维是一种按照常规处理问题的思维方式。它可以省去许多摸索、试探的步骤，缩短思考时间，提高效率。在日常生活中，定势思维可以帮助我们解决每天碰到的90%以上的问题。但是定势思维不利于创新思考，不利于创造。

定势思维的消极作用。定势思维对问题解决既有积极的一面，也有消极的一面，它容易使我们产生思想上的惰性，养成一种呆板、机械、千篇一律的解决问题的习惯。当新旧问题相似而实质有差异时，思维定势往往会使人步入误区。

二、 定势思维案例

（一）有车定要骑——心理图式

一个人推着一辆十分漂亮的自行车在街上步行。一会儿，熟人甲从他身边经过，问：“你怎么不骑车呀?”“不想骑车便不骑。”推车人坦然地回答道。“不骑车又要推着辆漂亮的车，真是怪人!”熟人甲嘟囔着走开了。

过了一会儿，熟人乙经过推车人的身边，关心地问：“车子坏了吗?”“没有!”推车的人有些烦躁。“那你干嘛不骑呢?”熟人乙继续问道。但推车人不想多费口舌解释。熟人乙也走开了。

接着，更多的人都来问推车人同样的问题“你怎么不骑呀?”，搞得推车人心理烦躁不堪，最后，干脆坐上自行车，“噌”地一下骑走了。

（二）毛毛虫现象——拒绝变化

有一种奇怪的毛毛虫，叫列队毛毛虫。顾名思义，这种毛毛虫喜欢列成一个队伍行走。最前面的一只负责引领方向，后面的只管跟从。生物学家法布尔曾利用列队毛毛虫做过一个有趣的实验：诱使领头毛毛围绕一个大花盆绕圈，其他的毛毛虫跟着领头的毛毛虫，在花盆边沿首尾相连，形成一个圈。这样，整个毛毛虫队伍就无始无终，每个毛毛虫都可以是队伍的头或者尾。每个毛毛虫都跟着它前面的毛毛爬呀爬呀，周而复始。直到几天后毛毛虫被饿晕了，才从花盆边沿掉了下来。

毛毛虫的失误在于失去了自己的判断，盲目跟从，进入一个循环的怪圈。

（三）阿西莫夫的智商——惯性思维

所谓惯性思维就是思维沿前一思考路径以线性方式继续延伸，并暂时地封闭了其他的思考方向。

阿西莫夫是美籍俄国人，世界著名的科普作家。他曾经讲过这样一个关于自己的故事。

阿西莫夫从小就很聪明，年轻时多次参加“智商测试”，得分总在160左右，属于“天赋极高”的人。有一次，他遇到一位汽车修理工，是他的老熟人。修理工对阿西莫夫说：“嗨，博士，我来考考你的智商，出了一道思考题，看你能不能正确回答。”阿西莫夫点头同意。修理工便开始出题：“有一位聋哑人，想买几枚钉子，就来到五金店，对售货员做了这样一个手势：左手食指立在柜台上，右手握拳做出敲击的样子。售货员见状，先给他拿来一把锤子，聋哑人摇摇头。于是售货员明白，他想买的是钉子。”

“聋哑人买好了钉子，刚走出了商店，接着来了一位盲人。这位盲人想要一把剪刀，请问，盲人会怎样做呢？”

阿西莫夫顺口答道：“盲人肯定会这样——”他伸出食指和中指，做出剪刀的形状。

听了阿西莫夫的回答，汽车修理工开心地笑了起来：“哈哈，答错了吧！”盲人想买剪刀，只需要开口说：“我买剪刀”就行了，他干嘛要做手势呢！

阿西莫夫只得承认自己回答得很愚蠢。而那位汽车修理工在考问前就认定他肯定答错，因为阿西莫夫“所受的教育太多了，不可能很聪明！”

（四）鲦鱼实验——群体惯性

鲦鱼因为个体弱小而常常群居，并以强健者为自然首领。德国动物学家霍斯特在实验中发现：将一条领头的鲦鱼脑后控制行为切除后，此鱼便会失去自制力，行动也会变得紊乱，但其他鲦鱼却仍像从前一样盲目追随。

这就是群体惯性形成的过程。在变化莫测的市场环境中，企业要想赢得竞争优势，就必须学会随着时代的发展而迅速调整。

然而，一些把成功归因于富有竞争力的经营管理模式的企业，面对一切以变化为主题的现实，仍高高在上，丝毫不怀疑自己成功的经营管理模式的价值和适用性，不思更新，固执地运用在“成功经验”的轨道上。结果，由于一成不变，企业昔日的辉煌渐渐蜕变为组织惯性，成为企业生存道路上的羁绊。

（五）引火烧身——线性思维

一个漆黑的夜晚，司机老王开车外出，车行至半路抛了锚，他初步判断是油耗净了，由于油表坏了，便下车检查油箱。没有带手电筒，就顺手掏出了打火机照明，随着“轰”的一声巨响，他就什么也不知道了……等他醒来的时候正躺在医院的病床上，是一位好心的过路司机把他救了。他的车报废了，脸毁了容，万幸的是命总算捡了回来。

上述事例中的老王就是受到线性思维的危害。

线性思维模式有两个基本特点：第一，把多元问题看成一元问题。客观对象所包含的问题往往是多元的，线性思维模式要求把其中一个问题突出，把其余问题撇开，或者把复杂问题归结为一个简单问题，然后予以处理；第二，用一维直线思维来处理一元问题，使之成为具有非此即彼答案的问题，并排除两个可能答案中的一个。

（六）大象的悲剧——惰性思维

一家马戏团突然失火，人们四处逃窜，所幸没有人员伤亡。但令马戏团老板伤心和不解的是：那只值钱的大象却被活活地烧死了。

“这怎么可能呢？拴住大象的仅仅是一条细绳和一根小木棍呀！”老板怎么也想不通。

通常，没有表演节目，马戏团人员会用一条绳子绑在大象的右后腿，然后绑在一根插在地上的小木棍上，以避免大象逃跑。我们都知道以大象的力量，可以用长鼻子卷起大树，拖拉巨大的木材，甚至可以一脚踏死动物。为什么它如今会乖乖地站在哪里呢？

原来，当这头小象被捕捉时，马戏团害怕他会逃跑，便以铁链锁住他的脚，然后绑在一棵大树上。每当大象企图离开它时，他的脚被铁链磨得疼痛、流血，经过无数次的尝试后，小象并没有逃脱。于是在它的脑海中形成了一旦有条绳子绑在它的脚上，它便永远无法逃脱的印象。因此，当它长大后，虽然绑在它脚上的只是一条小绳子和一根小木棍，但它懒得再去思考拴住它的是什么东西了。

惰性思维是指人类思维深处存在的一种保守力量，人们总是习惯用老眼光来看待新问题，用曾经被反复证明有效的旧概念去解释变化了的世界的新现象。不去尝试，不敢冒险，因循守旧，大好的机会和自身无限的潜能被白白地葬送掉，挫折和失败的悲剧肯定不可避免。

（七）失去的金子——习惯思维

一个穷人在一本书里发现了寻找“点金石”的秘密，点金石是一块小小的石子，它能将任何一种普通的金属点化成纯金。点金石就在黑暗的海滩上，和成千上万的与它看起来一模一样的小石子混在一起，但秘密就在这儿。真正的点金石摸上去很温暖，而普通的石子摸上去是冰凉的。所以，当他摸着冰凉的石子的时候，他就将它们扔到了大海里，他这样干了一整天，却没有捡到一块是点金石的石子，然而他又这样干了一个星期、一个月、一年、三年，可他还是没有捡到点金石。然而他继续这样干下去，捡到了一块石子，是冰凉的，将它扔到海里，又去捡起一颗，还冰凉的，再把它扔进海里，又一颗……

但是有一天上午他捡起了一块石子，而且这块石子是温暖的——他把它随手就扔进了海里。他已经形成了习惯，把他捡到的所有石子都扔进了海里，他已经习惯于做扔石子的动作，以至于当他真正想要的那一个来到时，他也还是将其扔进了海里……

贝费里奇在《科学研究的艺术》一书中解释了惯性思维："我们的思想多次采取特定的一种思路，下一次采取同样的思路的可能性就越大。在一连串的思想中，一个个观念之间形成了联系，这种联系每利用一次，就变得越加牢固，直到最后，这种联系紧紧地建立起来，以至于它们的连接很难破坏。这样，正像形成条件反射一样，思考受到了条件限制。我们很可能具备足够的资料来解决问题。然而，一旦采取了一种不利的思路，问题考虑得越多，采取的有利思路的可能性就越小。"

第三章　创新意识训练

创新意识自测自检（10个选项）

◆请完成以下10个自测选项，选A得3分，选B得2分，选C得1分。获24分以上，说明你的创新意识很强，请继续保持和提升；获15－24分，说明你的创新意识一般，请努力提升；获15分以下，说明你的创新意识很差，急需提升。

1. 你解决问题的思路或者方案给别人的感觉是什么？（　　）
   A. 眼前一亮，出其不意　　B. 有一定的新鲜感
   C. 自己想到的，别人也想到了
2. 你是否愿意接受一些具有挑战性的事物？（　　）
   A. 非常愿意　　B. 愿意
   C. 不太愿意
3. 当遇到棘手的问题时，你通常的做法是？（　　）
   A. 方法思路很多　　B. 或许能找到合适的办法
   C. 根本没有解决的办法
4. 当你提出超常规的见解或者思路被他人否定时，你的态度是？（　　）
   A. 找出被否定的原因并不断改进和完善
   B. 坚持自己的想法
   C. 放弃自己的想法
5. 当你看到一个新鲜事物时，你有何想法？（　　）
   A. 首先想发掘它的缺陷　　B. 研究它的优点
   C. 总是感觉很好
6. 你喜欢什么样的工作？（　　）
   A. 新颖而富有挑战性的工作　　B. 需要有一定思考性的工作
   C. 反复或者程序性的工作
7. 你如何看待专家或者权威人士的观点或者意见？
   A. 不可全信
   B. 根据自己对观点或者意见涉及该领域的熟悉度
   C. 专家很少犯错
8. 对自己工作学习中的意见，你一般持有什么样的态度？（　　）
   A. 善于提出自己的意见　　B. 善于补充别人的意见

C. 善于评价别人的意见

9. 你是否经常提出别人不敢去思考的问题？（　　）

A. 经常会提出

B. 根据自己对问题领域的了解程度而定

C. 偶尔会提出

10. 你对新鲜事物是否具有好奇心？（　　）

A. 具有很强的好奇心，并会对其进行探究

B. 对自己感兴趣的东西会很注意

C. 没有

一、认识创新意识

（一）创新意识的内涵

创新意识是根据客观需要而产生强烈的不安于现状、创造前所未有的事物或者观念的动机，及在创造活动中所表现出来的意向、愿望和设想。

创新意识是人们进行创造活动的出发点和内在动力，是进行创新的前提和关键。只有具有较强的创新意识，才能在创新之路上走得更远。

（二）启发创新意识小故事

◆裙子带来的创新

1923年的一天上午，美国某玻璃瓶厂工人鲁特的女友来看望他。这天，女友穿着流行的紧腿裙，实在漂亮极了。这种裙子在膝部附近变窄，突出了人体的线条美。约会后，鲁特突发奇想：为何不把又沉又重的可口可乐瓶设计成这种紧腿裙的样式呢？于是，鲁特迅速按照裙子样式制作了一个瓶子，接着作为图案设计进行了专利登记，然后将这种瓶子设计带到可口可乐公司。

可口可乐公司的史密斯经理看了大为赞赏，马上与鲁特签订了一份合同，约定每生产12打瓶子付给鲁特5美分。这就是可口可乐饮料现在所用的瓶样。目前这种瓶子的生产数量已经达到760亿只，鲁特所得的金额，约值18亿美元之巨。

可口可乐瓶子的诞生，正是由于鲁特“奇怪的念头”，并努力坚持的结果。很明显，鲁特是一个具有较强创新意识的人，他不为传统习惯和世俗偏见所左右，敢于标新立异，想常人不敢想的问题，提出了超常规的独到见解，善于联想，从而开辟了新的思维境界。

生活是创新的重要灵感之源，我们在生活中应该处处留意，善于观察，及时发现有利于创新的生活元素。因此在我们日常生活中，要想有效组织与推动创新活动，我们必须有强烈的创新意识，没有创新意识，将很难产生创新思维、掌握创新方法和获得创新成果。

（三）如何增强创新意识

1. 创新意识的构成要素

（1）创新思维。创新思维是指开发（开拓）一个新的思想、观点、知识，并产生以前没有过的产品、技术、方法、制度、流程、形式等新的成果的过程。它意味着开动脑筋、用智慧解决问题。创新思维的显著特征是追求新颖、独特，运用正确的方法，通过艰苦努力和坚持实事求是的态度，对原有事物进行再创造，需要我们注意吸取各方面已有的成就，不断增强自己的创新思维能力，善于对问题进行发散性思考，从而探索出解决问题的新途径、新方法。

（2）批评意识。创新就要破旧立新，这就意味着要抛弃旧观念、旧思想与旧事物。有创新意识的人善于吸取旧事物、旧观念中的合理因素，并在此基础上进行创新，提出自己的新想法、新观点。

（3）风险意识。创新是对旧事物的否定、对保守势力的挑战，因此很容易受到传统势力的压制和打击；同时，由于创新过程没有现成的经验可供借鉴，创新的结果往往具有不确定性。这就注定了任何创新都存在着较高的风险，因此，需要我们在进行创新时增强风险意识，这是创新活动顺利开展的必要保证。

2. 如何增强创新意识

（1）树立独立与自主意识。创新讲究的是独一无二，而不是模仿、雷同。因此培养创新意识，就要注意培养独立意识。独立意识包括独立的人格、独立获取知识、独立钻研问题、独立思考问题、不完全依赖他人、不盲从别人等方面。自主意识包括自我激励、自我控制和自主发展意识。需要我们把自己的注意力集中到所选择的事物上，并且克服困难，百折不挠，这实际上就是自我激励、自我控制。

（2）树立问题与怀疑意识。问题意识需要我们遇事要善于提出问题。创新通常始于问题，只有提出需要解决的问题，才能思考，创新才能有主动性。怀疑意识强调对权威的挑战，遇到权威不敢怀疑，这是我们进行创新的严重阻碍。因此，我们要敢于怀疑、善于怀疑，以有效扩大自己创新思维的空间。

（3）树立风险与挫折意识。创新是走一条前人没有走过的路，应理解在这一过程中难免会遇到困难，遭受挫折。所以要想有所创新，就要有一定的风险意识和冒险精神，要有克服困难的勇气和百折不挠的意志。

二、创新意识训练寓言启发

（一）小猴进城妙计

小猴想进城，可是苦于没人拉车。他想出个好办法：在车上系了3根绳子，一个长，一个短，一个不长不短。他叫来小老鼠，叫它闭上眼睛，拉长套。又叫来小狗，让它闭上眼睛，拉短套。再叫来小猫，在小猫背上系了一块肉骨头，让小猫闭上眼，拉不长不短的绳套。小猴爬上车，让大家一齐睁开眼。小老鼠看见身后有猫，吓得拉着长套拼命跑；小猫看见前面有只老鼠，拉着套使劲地追，小狗看见猫背上有肉骨头，馋得直往前撵。就这样不一会小猴就顺利地进城了。

※寓言思考

从小猴进城的寓言中，我们可以发现问题的解决方法是多种多样的，但只有不断创新才能找出更快、更好的解决问题的方法。在解决问题时，我们要善于观察事物的本质和特点，发掘出事物之间的联系及矛盾并加以创造性的利用，从而有效解决面临的问题。

（二）一招不可两用

从前，有一个老人在树下卖草帽，不料被树上的一群猴子把草帽哄抢去了。这个老人急中生智，想到猴子有模仿的习性，就将头上戴的草帽取下来，扔到了地上。果然，树上的猴子都将草帽纷纷地扔了下来。

后来，这个老人的孙子也来到树下卖草帽，同样遭到树上猴子的哄抢。孙子想到了爷爷告诉他的办法，把头上戴的草帽取下来，也扔到了地上。但是，没有一只猴子把草帽从树上扔下来。

孙子无奈地望着树上的猴子，很纳闷，自言自语地说："爷爷的这一招怎么不灵了?"

这时，猴群中有一只猴子下了树，对孙子说道："不是只有你才有爷爷。"

※寓言思考

从本寓言中我们可以发现，创新是每个人进步的动力，任何人都应该拥有创新意识。循规蹈矩、缺乏创新意识的人，很难有所成就。在平时的工作学习中，我们不但要具有强烈的创新意识，而且应该在组织中营造创新环境，才能培养自己和感染身边的人也具有创新意识，激发大家的创新热情。

三、 创新意识训练案例示范

（一）中国彩电业进入"海信时代"的故事

2008 年 1 月 8 日，美国拉斯维加斯，CES 这场全球最具影响力的消费电子协会展会中，海信成为最大的赢家，不仅与联想等知名厂商被评为"中国消费电子产业十大领先品牌"，而且，海信电视作为唯一的中国彩电品牌还获得了"最具有创新力品牌"大奖。中国家电协会认为，由于近十年来海信在核心技术领域的创新和突破，使海信成为中国彩电业的领军企业。

中国年产 7500 万台彩电，却没有"中国芯"。世界 60%的家电产品最终产品来自于中国，但核心技术——中国芯却不是自己的。这种状况和另外两件事深深地刺痛了海信董事长周厚健和其他海信人。

第一个是2004年11月15日，日本《日经产业新闻》刊文讲：中国厂家拿手的大幅度降价、附加赠送等攻势已蒙蔽不了中国消费者，消费者开始摒弃精细不够、性能不高的中国品牌，转而把目光投向贵但质量高、功能好的日本产品。中国厂家长期激烈的价格内耗，最终导致无力也无钱转向开发，因此，也就无法跟进产品提升的要求。

第二个是2007年12月《中国财富》杂志访问索尼、东芝、日立、夏普、三洋等日本7家企业。这些企业对我国家电企业的看法基本相同，认为中国企业没有核心技术的研发能力，甚至连自主开发都谈不上。现阶段只能用他们的技术和设备在国内加工而已。有的甚至刻薄地说："中国企业的竞争力，就是根据市场行情购买成型技术或进行辅助性开发，实际是一群水果贩子专门做产品包装。"

看了这些报道之后，周厚健既承认现实，又发誓要彻底改变这种状况。他讲："核心技术是买不来的，没有自主创新，中国企业在国际竞争中就永远做不了主。如果我们不能在核心技术上突破，恐怕日本韩国企业的预测就会变成现实。"一定要将"技术企业"变成海信的基本宗旨，永不动摇。

这样，制约中国平板电视的两大核心技术领域——芯片和模组自然成了海信必须面对也必须攻克的堡垒。用周厚健的话说是"没有芯片研发，中国电子产业就没有真正发展"。

于是，海信在实行自主创新战略中决定从以下两个方面进行突破：

一是持续大规模的研发投入。2007年海信在液晶模组和信芯科技上的投入分别为7亿元和8368万元。

二是拓展科技研发的国际化视野，在欧洲和美国建立研发中心，逐步形成24小时不断研发的技术全球化态势。

前者是一种罕见的力量，后者是一个借力的支点，海信就这样撬起了中国平板电视自主创新的天空。

2005年6月，海信成功研发出中国第一块具有自主知识产权的高清晰、高画质数字视频处理芯片——"海芯"，宣布结束了中国年产7500万台彩电没有中国芯的历史。

2007年9月，海信再次一鸣惊人，第一条年产50万台15英寸到42英寸液晶电视模组生产线在青岛正式投产，这是中国彩电业第一条液晶模组生产线。这两项核心技术上的历史性突破，迅速提升了海信在全球彩电行业的竞争力。海信为此不仅赢得了平板电视时代的竞争制高点，而且挟液晶模组和信芯两大利器成为了国产彩电的领军企业，连续3年牢牢把持着国内市场占有率第一的交椅。

※思考导向

海信在核心技术领域的创新和突破，成为中国彩电业的领军企业，就是源于"核心技术是买不来的，没有自主创新，中国企业在国际竞争中永远做不了主"的市场竞争规律的本质认识；就是源于"技术立企"战略的正确和坚持；就是源于以海信董事长周厚健为代表的海信人在外国强势面前，有一种不服气、不服输的精神，然后把这种精神自觉地转化为自主创新的动力。海信能够靠自主创新，宣告结束了中国年产

7500万台彩电没有中国芯的历史，难道我国的其他企业做不到吗？答案应该是否定的。所以，希望中国企业中涌现出更多的像周厚健那样的企业家或企业领导人，中国由“中国制造”变成“中国创造”则就为期不远了。

（二）冯军的爱国者理想与奥运一起飞扬的故事

2007年6月18日，北京奥组委在京宣布，爱国者理想飞扬公司成为2008年北京奥运语言培训服务供应商，这是奥运会有史以来第一次开辟语言培训项目服务。

2007年8月8日，北京2008年奥运会倒计时一周年。在这个具有历史意义的一天，国际奥委会主席罗格与冯军会面，冯军向罗格介绍了爱国者理想飞扬公司的自主研发的高科技点读笔，通过轻触特殊印刷文字图片，即可根据设定，发出多达8种不同语言的语音说明，可广泛应用在博物馆导览、奥运志愿者实用英语培训等领域。罗格饶有兴趣地试用了点读笔，称赞说：“令人难以置信”。

现在，冯军的“爱国者”数码产品已经成为中国民族企业自主创新的一面旗帜。2002年，“爱国者”U盘销售跃居行业第一，市场占有率已经连续保持4年全国第一；2004年，“爱国者”MP3的市场占有率是韩国三星的2倍、日本索尼的10倍，成为数码领域第一个领先众多国际对手的民族品牌；2005年10月17日，“爱国者”圆满完成中国“神舟六号”飞船的录音及存储任务。

几乎每个创业人的成功都有一个过程，“爱国者”冯军的成功也是一样，行内朋友都知道有一个“冯五块”的故事。冯军大学毕业就决定下海，来到了中关村。因为他有一个同学在中关村干得很好，当时的他，兜里只有200元钱。经过与同学商量，在同学只有6平方米的柜台里摆一张桌子，占1/3面积，付1/2的钱。从此，冯军开始了电脑键盘、机箱的小生意。冯军于是每天开始穿梭于四海市场和颐宾楼100多家客户之间。他没有钱做底垫，必须拿回现金才能进行周转。“我只赚你5元钱”。“一月之内，你卖不出去，我保证退款。你看我每天都来，不会跑掉的。”如有客户说机箱不好，第二天他会换一款再抱来。渐渐地，他的机箱开始进入了更多人的视野。因为创业初级冯军有一句口头禅：“加5元就卖”，所以，就有了“冯五块”的代号。

冯军开始推销的电脑键盘、机箱都不是自己生产的。为了创立自己推销的产品的知名度，他在自己推销的电脑键盘、机箱上都贴上了“小太阳”的标识。经过两年的努力，“小太阳”有了一定的知名度，键盘的月销量竟达到3万多个，占中国北方市场的70%。接着，他又开始做彩色显示器的推销。在中关村，冯军是第一个把键盘、机箱和彩色显示器的品牌统一起来的人。

1996年，就在冯军“小太阳”如日中天的时候，仿冒品出来了。到了1997年，几乎在中关村的每一个电子市场到处都充满着假冒的“小太阳”。眼看着自己花了5年时间辛苦打造的“小太阳”品牌被人疯狂地抢夺、损坏、侵蚀，冯军心如刀绞。

经过思考，冯军决定最终放弃“小太阳”，创立一个新的品牌——“爱国者”。“爱国者”品牌确立后，在冯军的带领下，很快在IT界站住了脚，并开始不断地创造奇迹。冯军明白：品牌要做就要做到数一数二。如在全球饮料市场，最后只有两个品牌活下来：可口可乐和百事可乐。而要做到数一数二，就必须掌握核心技术，走自主创新之路。躺在别人的成果上当然很省事，但这很容易让人丧失斗志，自主意识和能力也会丧失。

最终，冯军和他领导的华旗资讯先后在北京、上海、深圳等地建立了两个研发中心、一个设计中心和一个研究室，产品多次获得“国家重点新产品奖”。如今的“爱国者”从U盘到“存储王”，从MP3到MP4，一直在引领数码领域的新潮流，甚至一些产品还成为知名国际品牌跟踪和模仿的对象。

※思考导向

创新就要创新到“令人难以置信”，这个创新真的是创新到家了。爱国者理想飞扬公司老板冯军就做到了这一点。在市场竞争已经白热化的今天，他非常懂得：品牌要做就要做到数一数二，就必须掌握核心技术，走自主创新之路。今天的“爱国者”，从U盘到“存储王”，从MP3到MP4，一直在引领数码领域的新潮流，甚至一些产品还成为知名国际品牌跟踪和模仿的对象，原因也就在于他的“品牌要做就要做到数一数二”的创新理念。

（三）废料也能把钱赚

美国麦考尔公司的董事长是位犹太人，1946年他随父亲来到美国休斯敦做铜器生意。

一天，父亲问他：“一磅铜的价格是多少?”他回答：“35美分”。父亲说：“对，整个德克萨斯州都知道每磅铜的价格是35美分，但作为犹太人的儿子，应该说35美元。你试着把一磅铜做成门把手看看。”

20年后，父亲去世了，他独自经营铜器店。他做过铜鼓，做过瑞士钟表上的簧片，做过奥运会上的奖牌。他曾把一磅铜卖到了3500美分。

1974年，美国政府清理给自由女神像翻新时扔下的废料，向社会广泛招标，但好几个月过去了，没有应标。正在法国旅行的他听说后，立即飞往纽约，看过了自由女神像下堆积如山的铜块、螺丝和木料后，未提任何条件，当即就签了字。纽约许多运输公司对他的这一愚蠢举动暗自发笑，因为在纽约州，垃圾处理有严格的规定，弄不好会受到环境保护组织的投诉。就在一些人要看他笑话时，他开始组织工人对废料进行分类。

他让人把废铜熔化，铸成小自由女神；把水泥块和木头加工成底座；把废铅、废铝做成纽约广场的钥匙。最后还让人把自由女神身上扫下的灰尘包装起来，出售给花店。不到3个月的时间，他让这对废料变成了350万美元现金，每磅铜的价格整整翻了1万倍。

在许多人眼中，一磅铜就是一磅铜，然而，这位犹太人董事长却把一磅铜的价格卖到了几十倍，几千倍，甚至上万倍的价钱。

※思考导向

创新是化土为银的法宝，是点石成金的利器。对管理者来说，创新就是力量。我们在日常生活学习中只有具备了强烈的创新意识，才能有一双善于发现机会的慧眼，才能够拥有化腐朽为神奇的力量。

（四）不简单的小男孩

在美国伊利诺伊州的哈费镇，有一群孩子经常利用课余时间到火车上卖爆米花。

一个10岁的小男孩也加入到这一行列中，他除了在火车上叫卖外，还在爆米花里掺入奶油和盐，使其口味更佳可口。结果，他的爆米花比其他任何小孩都卖得好，这是因为他懂得如何比别人做得更好，创优使他成功。

当一场大雪封住了几列满载乘客的火车时，这个小男孩便赶制了许多三明治拿到火车上去卖。结果，虽然他的三明治做得不怎么样，但还是被饥饿的乘客抢购一空。这是因为他懂得如何比别人做得更早，抢占先机使他成功。

当夏季来临，小男孩又设计出一个能挎在肩膀上的半月形箱子，在边上刻出一些小洞，刚好能堆放蛋卷，并在中部的小空间里放上冰淇淋。结果，他这种新鲜的蛋卷冰淇淋备受乘客的欢迎，使他的生意火爆一时。这是因为他懂得如何比别人做得更新，创新使他成功。

当车站上的生意红火一阵后，参与的孩子越来越多，这个小男孩意识到竞争愈来愈激烈，便在赚了一笔钱后果断退出了竞争。结果，孩子们的生意越来越难做。不久，车站对这些小生意进行了清理整顿，而他却因及早退出没有受到任何损失。这是因为他懂得如何比别人做得更清醒，一件事在大家都看好时，他能保持清醒的头脑，及时抽出身来，及时规避风险使他成功。

后来，这个小男孩果然成了一个不同凡响的人，他就是摩托罗拉的创始人保罗·高尔文。

※思考导向

具有强烈创新意识的人会比他人更早、更好、更新、更清楚地做事，从而抢占先机、创优创新和规避风险，最终走向成功。创新需要讲究独一无二，与众不同，但不是模仿雷同。因此在培养创新意识的同时，要注意独立意识的培养。

四、 创新意识训练游戏体验

（一）魔术方阵

下图被称为“魔术方阵”，图上的9个数字，纵、横、斜相加，其和都是15。现要求变动这9个数字中的一个、一些或全部，而将纵、横、斜相加之和都变为16。

6	7	2
1	5	9
8	3	4

（二）巧移棋子

这里有 4×4 排棋子，每排都以一黑一白的方式排列。如果要把这 16 颗棋子分成黑的一排，白的一排，而不是一黑一白。那么在不增减棋子数目的情况下，最少要移动几颗棋子才能完成？

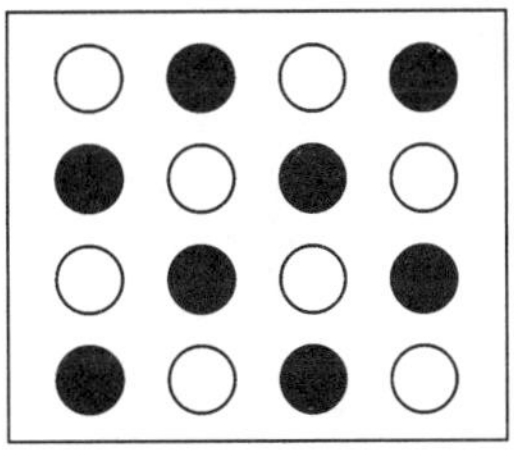

（三）火柴方阵

用 12 根火柴棒可以摆成下图的 4 个正方形，如果把最外边的正方形算上，可有 5 个正方形，但这属于重复计算。请用 12 根火柴棒摆成 5 个正方形，不准重复计算。

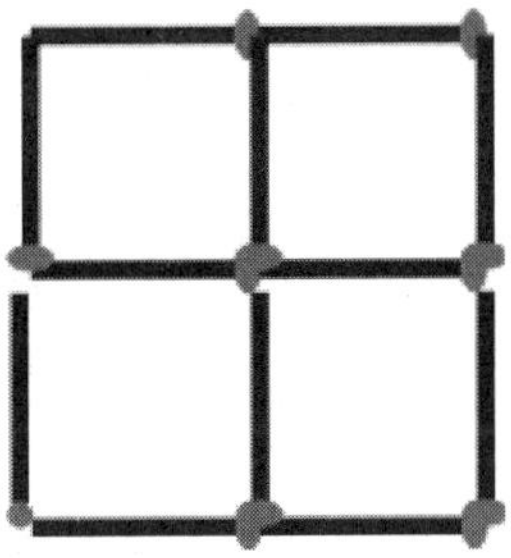

（四）微调等式

在此等式中移动哪一根火柴，能使等式结果保持不变？

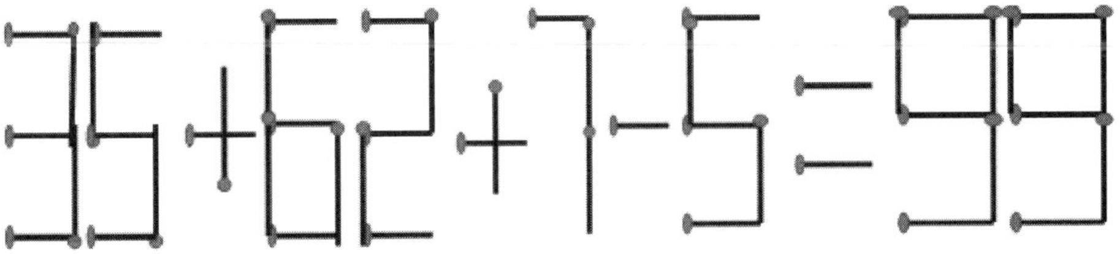

（五）数字魔方

你能看出正方形中的数字规律，并填出图表中所缺的数字吗？

5	16	24
?	☆	29
11	31	7

88	?	53
47	☆	12
41	24	65

（六）保险库里的金币

吉诺比利在检查一艘失事的轮船时发现了一个保险库，而就在这一天，他赚了一大笔钱。

吉诺比利从保险库中拿出 4 袋钱，里边各有 60 枚、30 枚、20 枚、15 枚金币，之后他又看到了 2 袋金币，他发现这 6 袋金币的数量形成了一个特殊的递进关系。

请计算出另外 2 袋金币的数量。

第四章　发散思维训练

发散思维能力自测自检（20个选项）

◆请认真阅读下边的题目，并根据您自身的情况做出肯定（打√）或否定（打×）的回答。做完题目计算得分，根据得分对应的等级检查你的发散思维等级。

1. 在做事、观察事物和听人说话时，我总能专心致志。（　）
2. 我说话、写文章时经常使用类比的方法。（　）
3. 我能全神贯注地读书、写字和绘画。（　）
4. 完成了某项工作后，我总有一种兴奋感。（　）
5. 我不喜欢权威人士，常向他们提出挑战。（　）
6. 我很喜欢寻找事件的各种原因，甚至养成了习惯。（　）
7. 我能够细致地观察事物。（　）
8. 我能够从别人的谈话中发现问题。（　）
9. 在进行带有创造性的工作时，我经常忘记时间。（　）
10. 我总能主动发现一些问题，并能找出和问题有关的各种关系。（　）
11. 除了日常生活，我平时差不多都在研究和学习。（　）
12. 我总是对周围的事物抱有好奇心。（　）
13. 对某一问题有所发现时，我的精神总能感到异常兴奋。（　）
14. 我通常能预测到事物的结果，并能对其进行有效验证。（　）
15. 即使遇到再大的困难和挫折，我也不会气馁。（　）
16. 我经常思考事物的新答案和新结果。（　）
17. 我具备很敏锐的观察力和提出问题的能力。（　）
18. 在学习中，我有自己选定的研究方向和课题，并能采取自己独有的研究方法。（　）
19. 遇到问题时，我经常能从多方面、多角度来探索解决它的可能性，而不是固定在一种思路上或局限在某一方面。（　）
20. 总有些新的设想在我的脑子里涌现，即使在玩游戏时我的脑子也常能产生新的设想。（　）

计分方法：每个“√”记1分，每个“×”不计分，将得分相加，算出总分。结果评价：

分数	0-9	10-13	14-17	18-20
等级	差	一般	好	很好

一、 认识发散思维

（一）发散思维的内涵

发散思维又称为“辐射思维”、“放射思维”、“多项思维”。指在解决问题的思考过程中，从已有的信息出发，尽可能向各个方向扩散，不受已知的或现存的方式、方法、规律和范畴的约束，并且从这种扩散、辐射和求异的思考中求得多种不同的解决办法，衍生出各种不同的结果。

发散思维需要人们抛弃习惯性的思维，遇事时从多种角度和多种方向进行思考，考虑多种因素，想象各种可能（甚至包括被某些人认为是不切实际、荒谬的方法），最后，再凭逻辑和直觉进行判断、筛选。

（二）启发发散思维小故事

◆推销鞋子

两个推销人员到一个岛屿上去推销鞋子。一个推销人员到了岛屿上之后，气得不得了，发现这个岛屿上每个人都是赤脚，赤着脚没有穿鞋的。他气馁了，没有穿鞋的，推销鞋怎么行。马上发电报回去，鞋子不要运来了，这个岛屿上没有穿鞋的习惯。鞋子没有销路，每个人都不穿鞋，这是第一个推销员。第二个推销员来了，高兴得几乎晕过去了，要是每一个人穿一双鞋，那要推销出去多少双鞋出去啊，马上电报回去，赶快空运鞋子过来。

从这个故事我们得到启发：对待同样一个问题，不同的思路得出不同的结论。我们应该打破常规的思维方式，发散自己的思维，找出不同的解决方案。

◆把梳子卖给和尚

一个公司在招聘人员的过程中，经过重重面试最后还剩下三个人。该公司是生产梳子的，最后一道考试题便是：谁能把梳子卖给和尚。

半个月后，三个人都回来了，结果分别如下：

甲：经过努力，最终卖出了一把梳子。他在跑了无数的寺院、推销了无数的和尚之后，碰到一个小和尚，因为头痒难耐，说服他把梳子当做一个挠痒的工具卖了出去。

乙：卖出了十把梳子。他也跑了很多寺院，但都没有推销出去，正在绝望之时，忽然发现烧香的信徒中，有个女客头发有点散乱，于是对寺院的主持说，这是一种对菩萨的不敬，终于说服了这两家寺院各买了五把梳子。

丙：卖了1500把，并且可能会卖出更多。他在跑了几个寺院之后，没有卖出一把，感到很困难，便分析怎样才能卖出去？想到寺院一方面传道布经，但一方面也需要增加经济效益，前来烧香的信徒有的不远万里，应该有一种带回点什么的愿望。于是和寺院的主持商量，在梳子上刻上各种字，如虔诚梳、发财梳……，并且分成不同档次，在香客求签后分发。结果寺院在应用之后反响很好，越来越多的寺院要求购买此类梳子。

从这个故事我们得到启发：面对问题我们应摆脱惯有的线性思维模式的束缚，不要拘泥于产品的本身功能价值所在，要勇于开拓思维、敢于创新，敢想常人所没想到的，做常人没做到的。即使当我们遇到了困难和挫折时也要能处变不惊，运用发散的思维模式，多渠道地开拓自己的思路，努力寻求解决问题的突破口。

（三）如何增强发散思维

1. 增强发散思维的方法

（1）考虑所有因素

尽可能周全地从各个方面考察和思考一个问题，这对问题的探索、解决特别有用。

（2）预测各种结果

思考一个问题时应考虑各种“后果”或最终可能出现的结局。有利于对事物的发展有较明确的预测，并从中寻求最佳的结局模式。

（3）尝试思维跳跃

当解决某个问题遇到困难时，可以采用思维跳跃的方法，即不从正面直接入手，而是另辟蹊径，从侧面突围。

（4）寻求多种方案

思考问题时，可快速“扫描”事物或问题的各个点、线、面、立体空间，寻求多种方案并深入思考，从而找出全新的思路和方法。

2. 产生好主意的 10 个步骤

（1）首先必须清晰界定自己的问题。

（2）界定你认为理想的结果并使之有形化。

（3）收集所有的材料，不论是特殊的，还是一般的。

（4）打破思维的固有模式。

（5）不要将自己禁锢在单个领域，要敢于走出去。

（6）运用身体的所有器官去感知。

（7）尝试对事物进行各种各样的组合。

（8）暂时搁置问题。

（9）学会放松，可以听下音乐或外出旅游。

（10）将问题带进睡眠，说不定会迸发灵感。

二、 发散思维训练寓言启发

(一) 征婚启事做宣传

森林小说家汤姆猫在尚未成名之前，他的小说无人问津。即使书商想尽办法为他宣传，也没能改变现状。眼看生活越来越拮据了，汤姆猫情急之下突发奇想，用剩下的一点钱在大报上登了一则醒目的征婚启事：本人是个年轻有为的百万富翁，喜好音乐和运动。现征求和汤姆猫小说中的女主角完全一样的女性共结连理。

广告一登，各大书店内汤姆猫的小说一扫而空，出版社又加印一次仍无法满足读者的需求。原来看到这者征婚启事的未婚女性，无论是不是真的有意和富翁结婚，都好奇地想了解女主角究竟是什么模样。而许多年轻男子也想了解一下，到底是什么样的女子能让一个富翁这么着迷，再者他们也要防着自己的女友去应征。

从此，汤姆猫的小说受到了大家的喜欢。

※寓言思考

从本寓言我们可以得到启发，原本汤姆猫的小说销售不乐观，在书商想尽一切办法之后，他利用发散思维，通过创新的宣传方式使消费者了解和接受了自己的小说，而不是用传统的方法来解决问题。在日常生活工作中，发散思维提供了尽可能多的解决方案，这些方案并不一定每个都有价值，但却为之后通过发散思维进行筛选提供了数量保障。

(二) 如何激发紧迫感

动物王国有家经营保险柜的商店，无论从位置、装潢还是商品质量来衡量，都是相当不错的，但前来购买的顾客却很少。商店的老板大嘴猴百思不得其解：“为何我们具备了这么好的条件，却做不好生意呢?”

他后来了解到，原因是动物们都缺少一种购买保险柜的紧迫感。大嘴猴心想，社会上的盗窃案时有发生，何不利用已有的偷盗案件来激发动物们的紧迫感呢？于是，他来到警察局：“听说前一阵在本市发生了几期重大的盗窃案件，至今仍未破获，我愿助警方一臂之力。”

警察局局长加菲猫笑着问它：“你准备如何帮助我们警方呢?”

老板大嘴猴答道：“我想把那些未曾捕获的盗窃犯的照片，张贴在我商店的橱窗里，这样可以让更多的动物了解案犯的特征，帮助你们破案。”

局长加菲猫想了想表示同意。于是，他让手下将通缉中的通缉犯的照片和资料提供给了商店老板大嘴猴。大嘴猴回去便将这些通缉犯的照片资料张贴在商店的橱窗上，而橱窗里就陈列着他们的出售的各种保险柜。

这一招果然产生了奇效，每天都有成百上千的动物在橱窗前驻足观看，当大家了解到骇人听闻的盗窃案件后，不少动物为了避免自己的财物被盗，就在商店里顺便买了保险柜。

后来，盗窃犯的资料在橱窗张贴后广为人知，很多市民向警察局提供线索，使警方陆续破获了好多起盗窃大案，于是警方表彰了商店老板的功绩。这时，商店老板又把警察局的奖状贴到了橱窗里，等于又为自己做了一次广告，这使得他的商店生意越来越兴隆。

※寓言思考

从本寓言我们可以受到启发，发散思维能带来意想不到的收获和结果。本寓言中的商店老板大嘴猴通过掌握大众的消费心理进行发散思维，来唤醒消费者的消费心理，激发了潜在的需求。

三、发散思维训练案例示范

（一）罗马伊尔莎创办时装店的故事

罗马人伊尔莎年轻的时候，有一次，父亲带她登上了罗马一座教堂高高的塔顶。“往下瞧瞧吧，伊尔莎！”父亲说道。伊尔莎鼓足勇气朝脚底看去，只见星罗棋布的村庄环抱着罗马，如蜘蛛般交叉弯曲的街道，一条条通往罗马广场。

“好好瞧瞧吧，亲爱的孩子。”伊尔莎的父亲温柔地说，“通往广场的路不止一条。生活也是这样。假如你发现走这条路不到目的，你就走另外一条路试试。”

伊尔莎的生活目标是成为一名时装设计师。然而，在她向这个目标前进了一小段路之后，就发现此路不通，伊尔莎想起了父亲的话，决定换一条前进的道路。

伊尔莎来到了巴黎这个全世界的时装中心。有一天，她碰巧遇到一位朋友，这位朋友穿着一件非常好看的毛绒衣，颜色朴素，但编织地极其巧妙。通过朋友介绍，伊尔莎知道编织这位毛绒衣的太太叫维黛安，在她的出生地美国，她学会了这种针织法。

伊尔莎突然灵机一动，想出了一种新颖的毛绒衣的设计。接着，一个更大胆的念头涌进了她的头脑中：为什么不利用父亲的商号开一家时装店，自己设计、制作和出售时装呢？可以先从毛绒衣入手嘛！

于是，伊尔莎画了一张黑白蝴蝶花纹的毛绒衣设计图，请维黛安太太先织一件。织好的毛衣漂亮极了。伊尔莎穿上这件毛绒衣，参加了一个时装商人瞩目的午宴，结果纽约一家大商场的代表立即订购了40件这样的毛绒衣，并要求两星期内交货。伊尔莎愉快地接受了。

当然，当伊尔莎在维黛安太太面前时，维黛安的话让伊尔莎的愉快一下子消失得无影无踪了。“你要知道，编织这么一件毛绒衣，我几乎要花上整整一个星期的时间啊！”维黛安太太说，“两星期要交40件？这根本就不可能。”

眼看胜利在望，此路又不通了！伊尔莎沮丧至极，垂头丧气地告辞了。走到半路上，她猛然止步，心想：必定另有出路。这种毛绒衣虽然需要特殊技能，但可以肯定，在巴黎一定还会有别的美国妇女懂得这样的编织方法。

伊尔莎连忙赶回维黛安太太家，向她说出了自己的想法。维黛安太太觉得有道理，并乐意协助。伊尔莎和维黛安太太像侦探一样，调查了住在巴黎的每一位美国人。通过朋友的辗转介绍，他们终于找到了20位懂得这种特殊针织法的美国妇女。

两个星期以后，40件毛绒衣按时交货，从伊尔莎新开的时装店，装上了开往美国的货轮。此后，一条装满时装和香水的河流，从伊尔莎的时装店源源不断地流出来了。

※思考导向

条条道路通罗马。成功的道路不止一条，靠的就是我们善于思考，发散思维解决问题。一条道路行不通，要积极、灵活地寻找另一条通往成功的路，才能够将自己立于不败之地。成功不仅仅在于坚韧的奋斗，更在于要有创新思维方式，破单项思维为多项思维即发散思维，发挥自己的想象力与创造力就能够成功。

（二）瑞士贝尔饭店总经理罗维首创“空中浴池”的故事

贝尔饭店的总经理罗维，深深懂得：瑞士的饭店多如繁星，如果不独辟蹊径，出其创新，要想生意兴隆是难上加难。

因为懂得这个商业诀窍，他首创了“空中浴池”，所以，很快轰动了旅游界。

原来，罗维请了电力建筑部门在饭店旁的两座山间，安装离地近300米的电缆，电缆上悬吊着一个个小型的浴池，用电缆车将他们连接起来。使用时，操作电钮小型的浴池随着电缆车上下飞驰。每个空中浴池可容3人，8个浴池一次可载客24人。

客人泡在深池中，一边洗澡，一边居高临下地饱览湖光山色。“抬头望红日，低头看青山”，使人产生一种飘飘欲仙、人间天堂的无穷趣雅。难怪罗维这个绝招一问世，贝尔饭店几乎天天客满，就连附近的小客栈、小饭店也沾了大光，生意红火得很。

罗维首创空中浴池的成功，引起了同行和记者的浓厚兴趣。他们纷纷追问他的经营诀窍。

罗维笑着回答：“其实这也不神秘。满足人们的好奇心和提供最佳服务，本是服务行业两个不可或缺的着眼点，它们关系就像一枚钱币的两面，缺一不可。到我们饭店投宿的客人，如果既能舒舒服服地洗澡，又能领略到半空中饱览山水风光的新奇刺激，那紧张工作的疲劳就能烟消云散，他们即使多花一点钱也是心甘情愿的。”

※思考导向

想象力是人脑创新活动的源泉，联想使源泉汇合，而发散思维就是想象力和联想之间的通路，为这个源泉的流淌提供了广阔的渠道。在生活越来越现代化的今天，创业在很多情况下就是满足人们的好奇心。本故事中贝尔饭店的总经理罗维正是独辟蹊径，出奇制胜，利用发散思维想到了“空中沐浴”的独特创意，由此指引了该企业的创业方向。

（三）观光电梯

很久以前，有一家酒店的电梯不够用，打算增加一部，于是酒店请来了建筑师和工程师，商讨如何增设新的电梯。专家们一致认为，最好的办法是在每层楼都打个大洞，直接安装新电梯。方案定下来后，两位专家坐在酒店前厅商谈工程计划。他们的谈话被一位正在打扫卫生的清洁工听到了。清洁工说："每层楼都打个大洞，肯定会尘土飞扬，弄得乱七八糟的。"工程师瞥了清洁工一眼，不屑地说："那是难免的，你说该怎么办呢？"由于清洁工天天在这里上班，对这座楼十分熟悉，再加上他善于观察，留意生活，他立即说："我会把电梯装在楼外。"

工程师和建筑师听了这话，相视片刻，不约而同地为清洁工的这一想法叫绝。于是，便有了近代建筑史上的伟大变革——观光电梯。

※思考导向

从观光电梯的诞生中我们受到启发：尽可能周全地从各个方面考察和思考一个问题，这对问题的探索、解决特别有用。思考一个问题时应考虑各种"后果"或最终可能出现的结局。有利于对事物的发展有较明确的预测，并从中寻求最佳的结局模式。当解决某个问题遇到困难时，可以采用思维跳跃的方法，即不从正面直接入手，而是另辟蹊径，从侧面突围。正如观光电梯的诞生，把电梯安装在大楼外，而不是考虑传统的方法把电梯安装在大楼里边，这样就获得了意想不到的收获。

（四）蒙牛成为"中国乳业龙头"的故事

2008 年 4 月 8 日，中国蒙牛乳业有限公司在中国香港公布了 2007 年的年报，蒙牛成为中国首个乳业年度营业收入超过 200 亿元的企业。今天，中国人每喝 3 杯奶，其中，就有 1 杯奶是蒙牛牛奶。蒙牛初期制定的"蒙牛"、"中国牛"、"世界牛"的战略目标正在一步一步地实现。

1999 年 1 月，蒙牛的前身——蒙牛乳业有限责任公司成立，初创的蒙牛一无工厂、二无奶源、三无市场，只有几个当初创业的元老。在无米之炊的窘境下，负责液态奶的杨文俊敏感地意识到必须走出一条别人没有走过的道路，迅速地决定将电脑行业的 OEM 生产方式正式引入牛奶生产。当年 2 月杨文俊率领 8 个人远赴哈尔滨，跟一家液态奶公司洽谈接管。当时，这家企业因为缺乏管理人才，经营不善。一个有船，一个有桨，于是蒙牛液态奶顺利贴牌，以不足 300 万元的投入，盘活了需要 3 个多亿才能组织的产能。就这样蒙牛当年就实现液态奶 2000 多万元的营销收入，为蒙牛超速发展奠定了基础。

当年年底，为了更快地发展，蒙牛斥巨资引进国际上的先进设备。对于洋设备，他们不是简单地光拿来用，杨文俊等一帮人在牛根生（蒙牛的董事长）的带领下，经过充分的调研和调式，决定使机器增加一道生产环节，经过多次尝试后，蒙牛独特的"闪蒸技术"诞生了。即在 100%原奶的基础上，再剔除掉一定比例的水分，从而，使原来的草原牛奶更香更浓。

随后"航天员专用"、"超级女声"等一系列营销策略相继实施。2003 年，蒙牛液态奶销量成为全国第一，消费者综合满意度全国第一。

2004 年，跑出火箭速度的蒙牛在中国香港成功上市，作为上市公司的主营业务子公司，蒙牛董事长与总裁职务一直由其"精神领袖"牛根生一人担任。

2005年9月，蒙牛集团宣布：面向全球招聘总裁。2006年1月，经过近3个月、四轮竞逐，原蒙牛集团副总裁、液态奶本部总经理杨文俊，从来自国内外64名竞争对手中，以总分88.45分脱颖而出。在董事长牛根生的信任和指导下，成为年轻少帅的杨文俊彻底放开了手脚，带领蒙牛新的领导队伍，在全球国际化的舞台上演了一场自主创新的话剧。

平均每9天就有一项专利申请，每6天就有一个新产品问世。现在大家看到的整箱牛奶便于携带的塑料提手、特仑苏的外包箱都来自杨文俊等一班人的创意。

伴随着蒙牛产品品质的日趋国家化，其业绩也越来越受到国外投资者的追捧，肯德基、NBA、迪斯尼、星巴克等国际品牌先后把蒙牛产品定为指定乳制品，远销俄罗斯、新加坡、马来西亚等十几个国家和地区，连续几年占中国香港、中国澳门乳品市场50%的份额。

2007年，蒙牛为了把全球最先进的乳业科技引入中国，斥资12亿元与英国剑桥大学等12家顶级乳业研发机构共同成立了中国最大的乳品研发中心和智能化高科技生产车间。2008年，他们成立了中国乳业的第一个海外研发中心，将科研投入占总收入的比例提升到全球领先的水平，使中国乳业巨头和世界乳业巨头迅速拉近。

※思考导向

蒙牛的火箭速度来源于开始就选择了“借鸡下蛋”的经营方式，来源于蒙牛初期就制定的“蒙牛”、“中国牛”、“世界牛”的品牌战略；来源于年轻少帅杨文俊的发散思维、自主创新、敢想敢干的大无畏精神。否则，就没有斥资12亿元，与英国剑桥大学等12家顶级乳业研发机构，共同成立中国最大的乳品研发中心和智能化高科技生产车间的壮举，也就没有今天的快速发展。

四、 发散思维训练游戏体验

（一）灯的游戏

如下图所示，灯和开关分别在不同的房间，一间房里有甲、乙、丙三盏灯，另一间房里则是控制灯的A、B、C三个开关。已知每个开关仅控制其中的一盏灯，现在三盏灯都是灭的。假如只能进这两个房间各一次，你能正确判断出各盏灯分别由哪个开关控制吗？

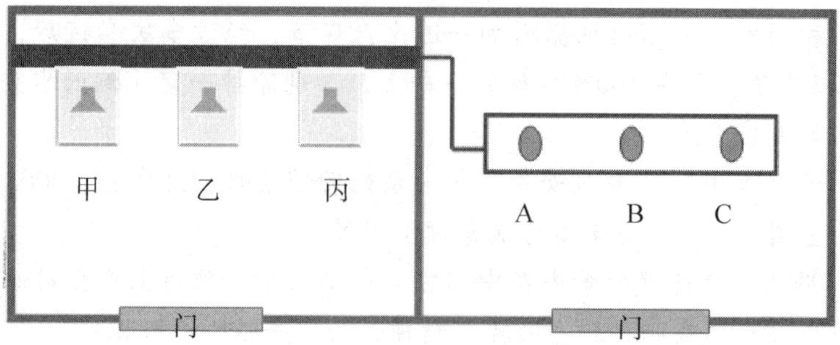

（二）摆硬币

用 5 枚大小相同的硬币，要求其两两相接触，该怎么摆？

（三）拼十字形

现有一张长方形的纸，纸的长是宽的 2 倍。请你把它剪成 3 块，并拼成一个十字形，如图所示，请问该如何剪？

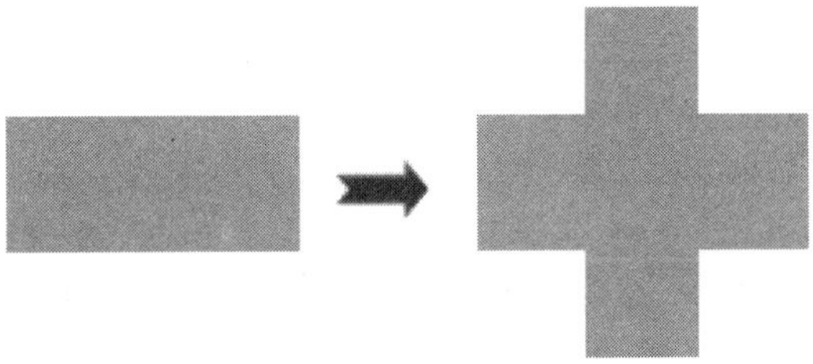

（四）找出假币

有四个钱袋，里面装有数量不等的银币。现在知道这四袋银币中有三袋是真的，一袋是假的，但是假银币从外观上来看几乎能乱真，只是重量比真银币稍轻。因为真银币每枚重 25 克，而假银币每枚重 20 克。假如给你一架有砝码的托盘天平，你能只称一次就确定哪袋银币是假的吗？请写出你的方法。

（五）地板砖

有一个博物馆要重新铺地板砖了，可是主管部门要求施工部门只能使用五边形的地板砖，并且每个地板装的形状、大小都必须一模一样，只有铺到边上才允许将地板砖打破。请问用五边形的地板砖铺地，能不能够做到没有缝隙？

（六）方格中的数字

将提供的数字插入到格子中，使得方格中的每个横排、纵列和对角线上的数字相加为 175。

请问，你能做到吗？

			5			
			14			
			16			
49	41	33	25	17	9	1
			34			
			36			
			45			

46	38	30
37	29	28
11	3	44
6	47	39

31	23	15
40	32	24
35	27	19
26	18	10

22	21	13
20	12	4
2	43	42
28	7	48

第五章　逆向思维训练

逆向思维能力自测自检（10 个选项）

◆请完成以下 10 个自测选项，选 A 得 3 分，选 B 得 2 分，选 C 得 1 分。获 24 分以上，说明你的逆向思维能力很强，请继续保持和提升；获 15-24 分，说明你的逆向思维能力一般，请努力提升；获 15 分以下，说明你的逆向思维能力很差，急需提升。

1. 你如何理解逆向思维能力？（　　）

A. 是决策思维的重要方式　B. 具有一定的逻辑性　C. 没有逻辑性

2. 在日常生活和工作中，你如何分析事物或事情？（　　）

A. 能熟练地从正反两方面分析　B. 有时候从正反两方面分析　C. 一般都只从一方面分析

3. 当遇到棘手的问题时，你通常的做法是？（　　）

A. 方法思路很多　B. 或许能找到合适的办法　C. 根本没有解决的办法

4. 你在遇到困难时是否具备把不利因素转换为有利因素的能力？（　　）

A. 经常能够做到　B. 有时能够做到　C. 很少能够做到

5. 你是否具备逆向思考问题的习惯？（　　）

A. 经常会有　B. 有时会有　C. 很少有

6. 当常规方法受到阻碍时，你是否能够从反方向找出解决问题的途径？（　　）

A. 总能够　B. 大多数情况可以　C. 很少能够

7. 当你处于逆境时，你将如何对待和认识？

A. 说不定会存在一定的机会　B. 逆境是一种自我认识　C. 坚持现状等待转机

8. 当你解决某一问题的方法受到阻碍时，你将持有什么样的态度？（　　）

A. 变换思考角度　B. 坚持现在的做法　C. 知难而退

9. 你对新鲜事物是否具有好奇心？（　　）

A. 具有很强的好奇心，并会对其进行探究　B. 对自己感兴趣的东西会很注意　C. 没有

10. 你是否经常提出别人不敢思考的问题？（　　）

A. 经常会提出　B. 根据自己对问题领域的了解程度而定 C. 偶尔会提出

一、 认识逆向思维

（一）逆向思维的内涵

逆向思维是什么？逆向思维是人们重要的一种思维方式，也叫求异思维，是对司空见惯的似乎已成定论的事物或观点，反过来思考的一种思维方式，是大家都朝着一个固定的思维方向思考问题时，你却独自朝相反的方向思索的一种思维方式。

其实，对于某些特殊问题，从结论往回推，倒过来思考，从求解回到已知条件，反过去想或许会使问题简单化，使解决它变得轻而易举。例如《司马光砸缸》的故事就是一个典型案例，小孩落水常规的思维模式是“救人离水”，而司马光面对紧急险情，运用了逆向思维，果断地用石头把缸砸破，“让水离人”，救了小伙伴性命。

与常规思维不同，逆向思维是反过来思考问题，是用绝大多数人没有想到的思维方式去思考问题。运用逆向思维去思考和处理问题时，要敢于“反其道而思之”，让思维向对立面的方向发展，从问题的相反面深入地进行探索，因此，逆向思维的结果就是以“出奇”去达到“制胜”，常常会令人大吃一惊，喜出望外，别有所得，有所新发现，树立新思想，创立新形象，这就是逆向思维和它的魅力。

（二）逆向思维的特征

1. 普遍性

逆向性思维在各种领域、各种活动中都有适用性，由于对立统一规律是普遍适用的，而对立统一的形式又是多种多样的，有一种对立统一的形式，相应地就有一种逆向思维的角度，所以，逆向思维也有无限多种形式。不论哪种方式，只要从一个方面想到与之对立的另一个方面，都是逆向思维。如性质上对立两极的转换：软与硬、高与低等；结构、位置上的互换、颠倒；上与下、左与右等；过程上的逆转：气态变液态或液态变气态、电转为磁或磁转为电等。

2. 批判性

逆向是与正向比较而言的，正向是指常规的、常识的、公认的或习惯的想法与做法。逆向思维则恰恰相反，是对传统、惯例、常识的逆向思维反叛，是对常规的挑战。它能够克服思维定势，破除由经验和习惯造成的僵化的认识模式。

3. 新颖性

循规蹈矩的思维和按传统方式解决问题虽然简单，但容易使思路僵化、刻板，摆脱不掉习惯的束缚，得到的往往是一些司空见惯的答案。其实，任何事物都具有多方面属性。由于受过去经验的影响，人们容易看到熟悉的一面，而对另一面却视而不见。逆向思维能克服这一障碍，往往是出人意料，给人以耳目一新的感觉。

（三）启发逆向思维小故事

◆富翁巧理财 1 美元

一天，犹太富翁哈德走进纽约花旗银行的贷款部。看到这位绅士很神气，打扮得又很华贵，贷款部的经理不敢怠慢，赶紧招呼：

“这位先生有什么事情需要我帮忙的吗？”

“哦，我想借些钱。”

“好啊，你要借多少？”

“1 美元。”

“只需要 1 美元？”

“不错，只借 1 美元，可以吗？”

“当然可以，像您这样的绅士，只要有担保多借点也可以。”

“那这些担保可以吗？”

犹太人说着，从豪华的皮包里取出一大堆珠宝堆在写字台上。

“喏，这是价值 50 万美元的珠宝，够吗？”

“当然，当然！不过，你只要借 1 美元？”

“是的。”犹太人接过了 1 美元，就准备离开银行。

在旁边观看的分行行长此时有点傻了，他怎么也弄不明白这个犹太人为何抵押 50 万美元就借 1 美元，他急忙追上前去，对犹太人说：“这位先生，请等一下，你有价值 50 万美元的珠宝，为什么只借 1 美元呢？假如您想借 30 万、40 万美元的话，我们也会考虑的。”

“啊，是这样的：我来贵行之前，问过好几家金库，他们保险箱的租金都很昂贵。而您这里的租金很便宜，一年才花 6 美分。”

从这个故事我们得到启发：用循规蹈矩的方法解决问题，得到的通常是一些司空见惯的答案。而逆向思维能有效克服这一弊病，它常常用出人意料的方法，在解决问题的时候使人感到耳目一新。在我们解决问题用某种方法受阻时，应及时改变方法，或变换思考问题的角度，只有这样才能有效解决问题。

◆慧妇巧渡婚姻危机

以逆向思维处理婚姻中出现的不忠问题也会收到奇效。

婚姻中，如一方不忠，比如说丈夫在外面有了情人，顾家爱夫的妻子知道后，习惯用或哭，或闹，或打上门去，或以死相逼等激烈或极端的方式，来试图挽救濒死的婚姻，然而以此方式却很少有成功的，即便丈夫出于压力没有离婚，但夫妻之间的感情也会彻底崩溃的。

有位聪明的妻子却采用了逆向思维的方式。丈夫在外面有了情人，如痴如醉。妻子得知后，便默默地离开了家，为丈夫和他的情人腾出了空间。临走时留下一张字条，上面写到：“亲爱的，自从嫁给你，我就是在用自己的心深深地爱着你，非常希望你幸福快乐。既然你喜欢和她在一起，对你的爱告诉我，就让你得到自己的幸福快乐吧！我先暂时离开家一段时间，请你认真思考我们的关系后再做出决定。”

这位妻子是这样考虑问题的：

第一，既然丈夫已经心有他属，一哭二闹三上吊或采取其他激烈的方式是无济于事的，而且还会彻底伤害夫妻多年的情分，使夫妻关系彻底破裂。而选择冷静地离开，就算不能挽回家庭婚姻，但至少双方都不会受到很深的伤害。

第二，如果丈夫的情人各方面很优秀，那么丈夫爱情人就有他的道理，自己又哭又闹只会让丈夫愈加地瞧不起自己，是弱者的表现，变相地证明自己确实是不如情人。

第三，男人喜欢情人往往是出于得不到的就是最好的心理，因为双方的关系处于秘密和地下的状态，这种距离感使情人之间产生了强烈的美感，索性让你们近距离接触，让你更现实并更快地真正了解她。

那位丈夫在和情人亲密接触后却陡然发现情人很多地方都不及贤惠的妻子，没多久就果断地离开情人，回到了妻子的身边。

这位妻子运用逆向思维，不哭不闹，给丈夫留出了空间，给自己留出了空间，同时留给了丈夫回头的空间，最终挽回了家庭。

从这个故事我们得到启发：任何事情都有积极面和消极面，我们不应只看到消极面，更应该通过逆向思维去发现积极面。本故事中的妻子在遇到自己丈夫有了婚外情后，并没有悲观只看到消极的一面，而是通过逆向思维，让自己的丈夫和婚外情人正大光面地在一起，而选择自己离开，给双方腾出空间，说明妻子在进行逆向思维的同时，懂得利用事物的缺点，化被动为主动、化不利为有利、化缺点为优点来解决问题，最终挽回了家庭。

（四）如何增强逆向思维

1. 逆向思维的三种类型

（1）反转型逆向思维法

这种方法是指从已知事物的相反方向进行思考，产生发明构思的途径。“事物的相反方向”常常指从事物的功能、结构、因果关系等三个方面作反向思维。比如，市场上出售的无烟煎鱼锅就是把原有煎鱼锅的热源由锅的下面安装到锅的上面。这是利用逆向思维，对结构进行反转型思考的产物。

（2）转换型逆向思维法

这是指在研究一问题时，由于解决问题的手段受阻，而转换成另一种手段，或转换思考角度，以使问题顺利解决的思维方法。

如历史上被传为佳话的司马光砸缸救落水儿童的故事，实质上就是一个用转换型逆向思维法的例子。由于司马光不能通过爬进缸中救人的手段解决问题，因而他就转换为另一手段——破缸救人，进而顺利地解决了问题。

（3）缺点逆用思维法

这是一种利用事物的缺点，将缺点变为可利用的东西，化被动为主动，化不利为有利的思维发明方法。这种方法并不以克服事物的缺点为目的，相反，它是将缺点化弊为利，找到解决方法。

如某时装店的经理不小心将一条高档呢裙烧了一个洞，其身价一落千丈。如果用织补法补救，也只是蒙混过关，欺骗顾客。这位经理突发奇想，干脆在小洞的周围又挖了许多小洞，并精于修饰，将其命名为“凤尾裙”。一下子，“凤尾裙”销路顿开，该时装商店也出了名。商家运用逆向思维，创造了非常良好的新商机。

2. 逆向思维的方法

（1）怀疑法

习惯性的事物不一定就是对的，我们要有敢于怀疑、善于怀疑的精神，勇于打破常规，遇事善于从反方向考虑。如：温度计的诞生，意大利物理学家伽利略曾应医生的请求设计温度计，但屡遭失败。有一次他在给学生上实验课时，由于注意到水的温度变化引起了水的体积的变化，这使他突然意识到，倒过来，由水的体积的变化不也能看出水的温度的变化吗？循着这一思路，他终于设计出当时的温度计。

（2）对立互补法

对立互补法就是以把握思维对象中对立的两个面为目标，自觉遵循逆向路径研究问题，善于把正向思考和逆向思考有机地结合起来；要求人们在处理问题时既要顺着正常的思路研究问题，也要倒过来从反方向逆流而上，看到正反两方的互补性。例如，1972 年 12 月 23 日，尼加拉瓜共和国首都马那瓜发生了大地震，一座现代化城市顷刻间变成了一片瓦砾，死亡万余人，震中 511 个街区的房屋被无情地震毁。令人惊奇的是，一片废墟中唯独 18 层的美洲银行大厦竟安然屹立，而大厦正前方的街道地面却呈现了上下达 1/2 英寸的错动！如此奇迹，轰动了全球。

奇迹的创造者就是著名工程结构专家美籍华人林同炎。他在设计美洲银行大厦时，试图设计一座震中不会出现房屋崩裂的大厦，但是无论如何都没有办法解决建筑材料在强大外力下不变形和裂开的问题。就在他一筹莫展之际，忽然想到如果不是把思维的重点放在正面（因为放在正面不能彻底解决防震问题），而是把思维着重放在反面呢？

于是，在多方筛选测算后，他采取了框筒结构。这种结构和一般结构不同，具有刚柔相济的特点：在一般受力的情况下，建筑物有足够的刚度来承受外力；而当受到突如其来的强烈外力时，可由房屋内部结构中某些次要构件的开裂使房屋总刚度骤然减弱，从而大大减少主要构件建筑材料承受的地震力。这种以房屋次要构件开裂的损失来避免建筑物倒塌的设计思想突破了一般常规的思维框架，突破了以钢对钢的正面思维模式，从而创造了世界上少有的奇迹。

在这里，林同炎选择了以“逆”保护来保护建筑。保护与破坏是完全对立的，但这不意味着它们不能互补共存。如果不遗余力的保护不能达到“保护”的最终目的，那么用“破坏”来“保护”就是雅努斯式思维的精髓所在了。使“保护”和“破坏”双方呈现出相互依存的态势，主动设计一些在强地震中会被破坏的东西，恰恰成就了保护的目的。在主要建筑体完好的前提下，次要内部结构的破坏反而使得建筑物避开了强震的摧残。

（3）悖论法

悖论法是对一个概念、一个假设或一种学说，积极主动地从正反两方面进行思考，以求找出其中的悖论之处。例如：日本有一位家庭主妇对煎鱼时总是会粘锅的问题而感到很恼火，煎好的鱼常常是烂开或不成片。有一天，她在煎鱼时突然产生了一个念头，能不能不在锅的下面加热，而在锅的上面加热呢？经过多次尝试，她想到了在锅盖里安装电炉丝，采取从上面加热的方法，最终制成了令人满意的煎鱼不糊的锅。

（4）批判法

批判法是对言论、行为进行分辨、评断、剖析、以求发现客观事实。这种方法需要以一般的思维技能为基础，比如比较、分类、分析、综合、抽象和概括等。例如：变仰焊为俯焊：最初的船体装焊时都是在同一固定的状态进行的，这样有很多部位必须作仰焊。仰焊的强度大，质量不易保障。后来改变了焊接顺序，在船体分段结构装焊时将需仰焊的部分暂不施工，待其他部分焊好后，将船体分段翻个身，变仰焊为俯焊位置，这样装焊的质量与速度都有了保证。

（5）反事实法

在心理上对已经发生了的事件进行否定，并表征其原本可能出现而实际未出现的结果。这就是反事实思维。

二、 逆向思维训练寓言启发

（一）大象智驱闹者

大象退休后，在动物小学附近买了一间简陋的房子。住下的前几个星期还很安静，但不久就有三个家伙开始在附近踢垃圾桶闹着玩。

大象实在是受不了这些噪音，出去跟三个家伙谈判。

“你们玩得真开心啊。”他说：“我喜欢看你们玩得这样高兴。如果你们每天都来踢垃圾桶，我将每天给你们每个一块钱。”

三个家伙很高兴，更加卖力地表演“足下功夫”。不料三天后，大象忧愁地说：“通货膨胀减少了我的收入，从明天起，只能给你们每个五毛钱了。”

三个家伙显得不大开心，但还是接受了大象的条件。他们每天继续去踢垃圾桶。一周后，大象又对他们说：“最近没有收到养老金支票，对不起，每天只能给两毛了。”

“两毛钱？”其中一个家伙脸色发青，“我们才不会为了区区两毛钱浪费宝贵的时间在这里表演呢，不干了！”

从此以后，大象又过上了安静的日子。

※思考与启发：

从本寓言我们可以得到启发，管理血气方刚的三个家伙，如果大象采取强制性的命令只会让他们变本加厉适得其反，这时大象巧妙地利用逆向思维，旁敲侧击，把面子给足他们，才能将其控制在股掌之中，事情的结果才能向自己的意愿发展。

在日常生活中，常规思维难以解决的问题，通过逆向思维却可以轻松破解。

（二）动物王国里的企业代表选举

动物王国的一企业实行差额选举，规定从23名候选者中选出21名委员。常规操作方法是按选举代表数量发出选票，上列23位候选者名单。代表拿到选票后选择出自己同意的那21位候选者，投票后由监票者进行唱票统计，最后21位最高得票者当选。对于这种司空见惯的做法，动物王国成员谁都没有异议。但是，这是一种效率低下的做法。大嘴猴对于这个问题，提出了一个巧妙的办法：当大家拿到选票后，选择出自己不同意的那两位，唱票时，每张选票也只唱两次，最后，谁的“票多”谁就落选。这样，每一位代表所花的时间只有原来的十分之一，每一张选票的唱票时间也只有原来的十分之一，选举效率提高了十倍。仔细想过就不难发现，这种做法不但提高了效率，而且也有助于提高候选人和代表的压力感和责任感。选取赞成的21位，很多都是从前往后打钩，只要不是很不顺眼就按着顺序往下钩了，最后的结果往往是居于最后面位置的两位候选者落选的可能性最大。逆向思维采用这种做法使得落选者压力不是很大，谁让自己的地理位置不佳呢。而要代表从23位候选者中选择出2位自己认为是不合适的，那么对候选者来说加大了压力，就必须十分注重自己的形象，改进自己的不足。对代表来说，必须经过慎重思考，负责任地表达自己的意见。

※思考与启发：

从本寓言我们可以得到启发，懂得变通的人充满智慧，遇到常规办法难以解决的问题，需要我们反其道而思之，从问题的对立面深入地进行探索，从而打破常规，找到解决问题的有效途径。

生活中自觉运用逆向思维，会将复杂的问题简单化，从而使办事效率和效果成倍提高。

三、 逆向思维训练案例示范

（一）福特汽车流水线组装法产生

美国汽车大王福特在街上散步时，偶然间看到肉铺仓库里的几个工人顺次分别切牛的里脊肉、胸肉、头肉。

他的脑海里马上浮现出与此相反的过程：让工人顺次分别装上汽车的种种零部件。这就是用流水线组装汽车的方法，它和以前让每一个工人自始至终地装配一辆汽车相比，由于每个工人只负责汽车中的一小部分，操作简单、容易熟练，因此工人劳动效率大大提高，而且很少出差错。流水线组装法使福特公司脱颖而出，奠定了福特在汽车行业中的地位

※思考导向

逆向思维会使你独辟蹊径，在别人没有注意到的地方有所发现、有所建树，从而

制胜于出人意料。

（二）双尖绣花针

十岁的湖北小学生王帆发明的双尖绣花针获得第四届全国青少年发明创造比赛一等奖，被中国发明协会授予专项发明奖。王帆曾仔细观察过大人们的湘绣绣花过程，看到绣花针刺到布下面，针尖朝下，需要掉转针头，才能再刺到布的上面来，又需要再次掉转针头刺下去，如此反复操作，非常麻烦。小王帆想，能不能不掉转针头进行刺绣呢？常规的绣花针一端是针尖，另一端是针鼻，显然用针鼻不能代替针尖的功能，反过来针尖也不能代替针鼻的功能。怎样对绣花针进行改进呢？王帆想，既然要不掉转绣花针进行刺绣，绣花针必需对称。两端即让两端都是针尖。那么针鼻怎么办呢？经过思考，王帆将针鼻选择在针的中段位置。王帆发明的这种双尖绣花针下面有针尖，可以刺透绣花布，从下面拔出针，上面也有尖，不再需要掉转绣花针就可以继续刺绣，减少了刺绣操作的步骤，提高了刺绣的速度。双尖绣花针虽然简单，却非常新颖和具有实用性。

小王帆就是利用逆向思维的方法，把不对称的绣花针改为对称，发明了双尖绣花针。

※思考与启发：

当事情按照常规思维、常规方法很难解决时，管理者就需要展开逆向思维，从反方向对问题进行思考和分析，从而找出解决问题的有效方法。任何事物内部都包含着既对立又统一的两个方面，这两个方面同时存在、不可分割，这就要求管理者坚持一分为二的分析方法看待事物，客观地反映事物的本来面目。

（三）网球充气

关于给网球充气。网球与足球、篮球不一样，足球、蓝球有打气孔，可以用打气针头充气。网球没有打气孔，漏气后球就软了、瘪了。如何给瘪了的网球充气呢？专业人士首先分析了网球为什么会漏气？气从哪里漏到哪里？我们知道网球内部气体压强高，外部大气压强低，气体就会从压强高的地方往压强低的地方扩散，也就是从网球内部往外部漏气，最后网球内外压强一致了，就没有足够的弹性了。怎么让球内压强增加呢？运用逆向思维，专业人士考虑让气体从球外往球内扩散。怎么做呢？那就是把软了的网球放进一个钢筒中，往钢筒内打气，使钢筒内气体的压强远远大于网球内部的压强，这时高压钢筒内的气体就会往网球内“漏气”，经过一定的时间，网球便会硬起来了。

让气体从外向里漏的逆向思维让没有打气孔的网球同样可以实现充气。很显然，通过逆向思维，把不可能变为了可能。

※思考与启发：

逆向思维会使你在多种解决问题的方法中获得最佳方法和途径。

由此可见，在日常生活中积极主动地运用逆向思维，则能够起到拓宽和启发思路的重要作用。当你陷入思维的死角不能自拔时，不妨尝试一下逆向思维法，打破原有的思维定势，反其道而行之，说不定就会眼前一亮，豁然开朗呢。

（四）不收麦子的原因

春秋战国时期的宓子践，是孔子的弟子，鲁国人。有一次齐国进攻鲁国时，战火迅速向鲁国单父地区推进，而此时宓子践正在做单父宰相。由于齐军进攻之时正值收麦子的季节，大片的麦子已经成熟了，不久就能够收割入库了。可是齐军一来，这眼看到手的粮食就会被抢走。

当地一些乡亲向宓子践提出建议："麦子马上就要成熟了，应该赶在齐国军队到来之前，让咱们这里的老百姓去抢收，不管是谁种的，谁抢收了就归谁所有，肥水不流外人田。"而另外的一些人也认为："是啊，这样把粮食打下来，可以增加我们鲁国的粮食，而齐国的军队就不能抢走麦子做军粮了，他们没有粮食，自然也就坚持不了多久。"

尽管乡中父老再三请求，宓子践坚决不同意这样的做法。过了一些日子，齐军一来，真的把单父地区的小麦一抢而空。

为了这件事情，许多乡亲父老埋怨宓子践，鲁国的大贵族孙氏也非常愤怒，派出使臣向宓子践兴师问罪。

宓子践说："今年没有麦子，明年我们可以再种。如果官府这次发布告示，让人们去抢收麦子，那些不种麦子的人则可能不劳而获，得到不少好处，单父的百姓也许能抢回来一些麦子，但是那些趁火打劫的人以后便会年年期盼敌国入侵，民风也会变得越来越坏！其实单父一年的小麦产量，对于鲁国强弱的影响微乎其微，鲁国不会因得到单父的麦子就强大起来，也不会因为失去单父这一年的小麦而衰弱下去。但是如果让单父的老百姓，以至于鲁国的老百姓都存在这种借敌国入侵能获得意外之财的心理，这是危害我们鲁国的大敌，这种侥幸获利的心理，那才是我们几代人的大损失呀！"

※思考与启发：

有时候，看似合情合理的事情，却隐藏着严重的问题。这需要我们运用逆向思维，透过事物的表面现象对其进行深层次的分析。

进行逆向思维，需要我们敢于打破常规的、普遍的、传统的或者习惯的做法和想法，敢于挑战传统、常识和常规。只有突破传统与常规才能克服思维的定势，破除由于经验和习惯造成的僵化认识模式。

四、 逆向思维训练游戏体验

（一）组图形

请用 8 根火柴棍组成 2 个正方形和 4 个边长相同的三角形。

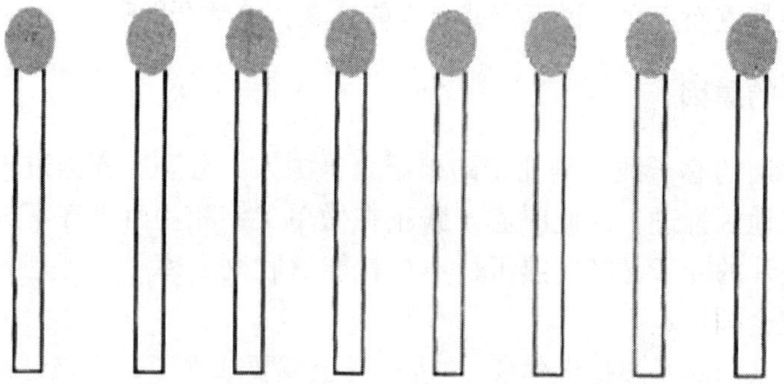

（二）趣味数学

请在白纸上摆出如下算式，能否在不增减火柴棍情况下，只做一次变动就让下面算式的答案等于 100？

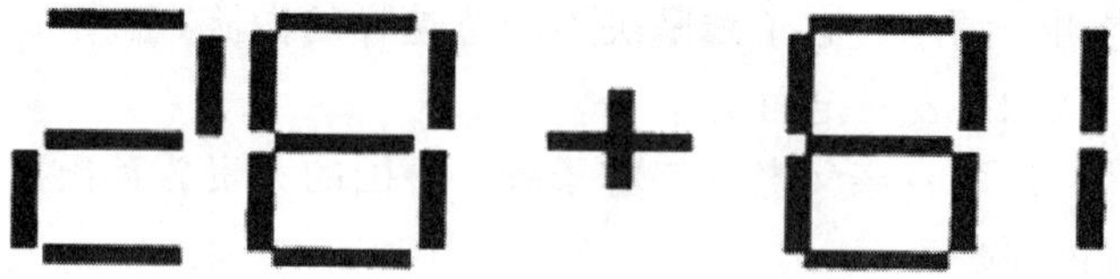

（三）拆弹

请在 90 秒内按照正确的顺序按下 6 个按钮，最后按“P”键，顺序按对，炸弹拆除，否则炸弹将爆炸。按钮上的 D 表示向下（down），U 表示向上（up），R 表示向右（right），L 表示向左（left），数字表示移动的位置数。

请问首先必须按下哪个按钮？按键的顺序是如何？

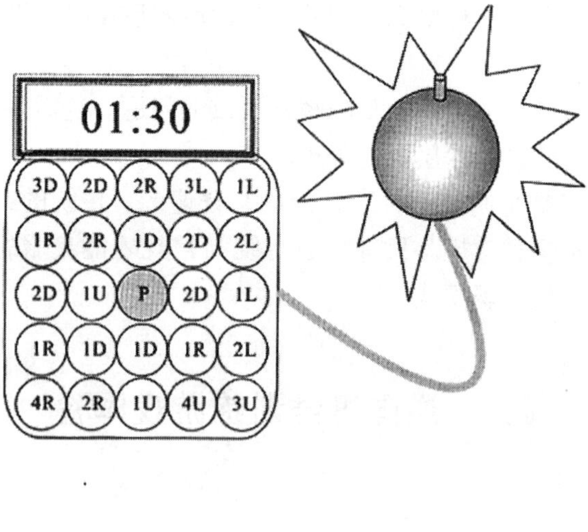

（四）四人过桥

四个人结伴出去玩耍，玩到天已经黑漆漆的了，但是他们中间只有一个人带了手电筒。由于这天的天气不好，没有月光，周围也黑漆漆一片，所以，他们几个在走路时只能一直在一块儿。

当他们走了一段路时，来到一座很狭窄而且也没有护栏的桥边。这个时候，如果没有手电筒的照明，他们是根本无法自己走过这座小桥的。不仅如此，更糟糕的是这座桥每次只能承受两个人的重量，如果他们各自单独过桥的话，需要的时间分别是 3、4、6、9 分钟。但是，如果两个人同时过桥，又同时需要找到手电筒，那么他们过桥所需要的时间就是比较慢的那个人单独过桥所需要的时间。这样计算到最后，他们就会在过桥时花费许多时间。

因此，你能帮助这四个人设计出一个完美的方案，让他们用最快的时间过桥吗？

（五）分牛

据说俄国大作家列夫·托尔斯泰设计了这样一道题：从前有个农夫，死后留下了一些牛，他在遗书中写道：妻子得全部牛的半数加半头；长子得剩下的牛的半数加半头，正好是妻子所得的一半；次子得还剩下的牛的半数加半头，正好是长子的一半；长女分给最后剩下的半数加半头正好等于次子所得牛的一半。结果一头牛也没杀，也没剩下，问农夫总共留下多少头牛？

（六）多少压岁钱

每到过春节，阳阳就会收到长辈们给的压岁钱。这一年，过完春节，阳阳把大人们给他的压岁钱都存进了银行。他的 4 个表兄妹开始猜测阳阳今年到底收了多少压岁钱。

哥哥说：“阳阳有 500 元压岁钱。”

姐姐说：“阳阳至少有 1000 元压岁钱。”

弟弟说：“我猜阳阳哥哥的压岁钱不到 2000 元。”

妹妹说：“阳阳哥哥的存折上最少有 100 元。”

如果这 4 人中，只有一个人猜对了，那你能推断出阳阳到底收了多少压岁钱？

第六章 逻辑思维训练

逻辑思维能力自测自检（20 个选项）

◆每一组题后都有一个或若干个结论，如果你认为根据这些说法所得出的结论是真实和符合逻辑的，就在□内打√。（测试时间：20 分钟）

测试结果为 0-13 分者为优秀（上限 10%）；14-19 分者为良好（20%）；20-25 分者为中等（30%）；26-48 分者为不佳（下限 40%）。

评分方法：答错 1 题得 1 分，答漏 1 题也得 1 分，将得分相加就是你的成绩。

1. 大象是动物，动物有腿，因此

□大象有腿。

2. 我的秘书还未到参加选民选举的年龄。我的秘书有着漂亮的头发。所以

□我的秘书是个未满 21 周岁的姑娘。

3. 这条街上的商店几乎都没有霓虹灯，但这些商店都有遮篷。所以

□有些商店有遮篷或霓虹灯。

□有些商店既有遮篷又有霓虹灯。

4. 所有的 A 都有三只眼睛，这个 B 有三只眼睛，所以

□这个 B 与 A 是一样的。

5. 土豆比西红柿便宜，我的钱不够买两千克土豆。所以

□我的钱不够买一千克西红柿。

□我的钱可能够，也可能不够买一千克西红柿。

6. 韦利·美斯是个和斯坦·茂斯尔一样强的棒球击手。斯坦·茂斯尔是个比大多数人都要强的棒球击手。所以

□韦利·美斯应是这些选手中最出色的。

□斯坦·茂斯尔应是这些选手中最出色的，尤其是在国内比赛更是如此。

□韦利·美斯是个比大多数人都要强的棒球击手。

7. 水平高的音乐家演奏古典音乐，要成为水平高的音乐家就得练习演奏。所以

□演奏古典音乐比演奏爵士乐需要更多的练习时间。

8. 如果你的孩子被宠坏了，打他屁股会使他发怒；如果他没有被宠坏，打他屁股会使你懊悔。但是要么是被宠坏了，要么是没有宠坏。所以

□打他屁股要么会使你懊悔，要么使他发怒。

□打他屁股也许对他没有什么好处。

9. 正方形是有角的图形，这个图形没有角，所以

□这个图形是个圈。

□无确切的结论。

□这个图形不是正方形。

10. 格林威尔在史密斯城的东北，纽约在史密斯城的东北，所以

□纽约比史密斯城更靠近格林威尔。

□史密斯城在纽约的西南。

□纽约离史密斯城不远。

11. 绿色深时，红色就浅。黄色浅时，蓝色就适中。但是要么绿色深要么黄色浅，所以

□蓝色适中。

□黄色和红色都浅。

□红色浅，或者蓝色适中。

12. 你正在开车行驶，如果你突然停车，那么跟在后面的一辆卡车将撞上你的车。如果你不这么做，你将撞倒一个过马路的妇女，所以

□行人不应在马路上行走。

□那辆卡车车速太快。

□你要么被后面那辆卡车撞上，要么撞倒那个妇女。

13. 我住在乔的农场和城市之间的那个地方。乔的农场位于城市和机场之间，所以

□乔的农场 到我住处的距离比到机场要近。

□我住在乔的农场和机场之间。

□我的住处到乔的农场的距离比到机场要近。

14. 聪明的赌徒只有在形势对他有利时才下赌注，老练的赌徒只有在他有大利可图时才下赌注。这个赌徒有时去下赌注，所以

□他要不是个老练的赌徒，就是个聪明的赌徒。

□他可能是个老练赌徒，也可能不是个老练赌徒。

□他既不是个老练赌徒，也不是个聪明赌徒。

15. 当 B 等于 Y 时，A 等于 Z；当 A 不等于 Z 时，E 要么等于 Y，要么等于 Z，所以

□当 B 等于 Y 时，E 既不等于 Y 也不等于 Z。

□当 A 等于 Z 时，Y 或者 Z 等于 E。

□当 B 不等于 Y 时，E 既不等于 Y 也不等于 Z。

16. 当 B 大于 C 时，X 小于 C；但是 C 绝不会大于 B，所以

□X 绝不会大于 B。

□X 绝不会小于 B。

□X 绝不会小于 C。

17. 只要 X 等于红色，Y 就一定等于绿色；只要 Y 不等于绿色，Z 就一定等于蓝色。但是，当 X 等于红色时，Z 绝不会等于蓝色，所以

□只要 Z 等于蓝色，Y 就可能是绿色。

□只要 Y 不等于红色，Z 就可能不是蓝色。

□只要 Y 不等于绿色，X 就不可能是红色。

18. 有时印第安人是阿拉斯加人，阿拉斯加人有时是律师，所以

□有时印第安人不见得一定是阿拉斯加人的律师。

□印第安人不可能是阿拉斯加人的律师。

19. 前进不见得死得光荣，但是后退没死也不见得是耻辱，所以

□后退意为死得光荣。

□前进可意为不死就是耻辱。

□前进可意为死得光荣。

20. B 排士兵向敌军进攻时被敌人消灭了，也许 B 排只有一个叫史密斯的士兵在基地医院身体康复了，所以

□B 排的其他人都被消灭了。

□B 排的所有人都被消灭了。

□B 排的所有人不见得都被消灭了。

参考答案：

1 是

2 否

3（1）否（2）是

4 否

5（1）否（2）是

6（1）否（2）否（3）是

7 否

8（1）是（2）否

9（1）否（2）否（3）是

10（1）否（2）是（3）否

11（1）否（2）否（3）是

12（1）否（2）否（3）是

13（1）否（1）否（3）是

14（1）是（2）否（3）是

15（1）是（2）否（3）否

16（1）是（2）否（3）否

17（1）否（2）否（3）是

18（1）是（2）否

19（1）否（2）否（3）否

20（1）是（2）否（3）是

测试结果评价参考：

总分 0-13 分，逻辑思维能力优秀；总分 14-19 分，逻辑思维能力良好。

总分 20-25 分，逻辑思维能力中等；总分 26-45 分，逻辑思维能力不佳。

一、 认识逻辑思维

（一）逻辑思维的内涵

逻辑思维指人们在认识过程中借助于概念、判断、推理等思维形式能动地反映客观现实的理性认识过程，又称理论思维。

只有经过逻辑思维，人们才能达到对具体对象本质规定的把握，进而认识客观世界。它是人的认识的高级阶段，即理性认识阶段。

逻辑思维是指符合某种人为制定的思维规则和思维形式的思维方式，我们所说的逻辑思维主要指遵循传统形式逻辑规则的思维方式。我们常称它为“抽象思维”或“闭上眼睛的思维”。

逻辑思维是人脑的一种理性活动，思维主体把感性认识阶段获得的对于事物认识的信息材料抽象成概念，运用概念进行判断，并按一定逻辑关系进行推理，从而产生新的认识。逻辑思维具有规范、严密、确定和可重复的特点。

（二）启发逻辑思维小故事

◆大独裁者

1938 年 10 月，幽默大师卓别林写了揭露希特勒的电影脚本《独裁者》。第二年春天，影片开拍时，派拉蒙电影公司说：“理查德·哈克·戴维斯曾用《独裁者》写过一出闹剧，所以这个名字是他们的‘财产’”。卓别林派人与他们谈判无结果，又亲自找上门去商谈解决办法。派拉蒙公司坚持说：“如果卓别林一定要借用《独裁者》这个名字，必须付出 2.5 万美元的转让费，否则要诉诸法律。”卓别林灵机一动，当即在片名前加了一个“大”字，变为《大独裁者》，并且风趣地说：“你们写的是一般的独裁者，而我写的是大独裁者。”对方哑口无言。事后，卓别林说：“我多用了一个‘大’字，省下了 2.5 万美元，可谓一字值万金!”

请问：卓别林运用了什么逻辑方法，巧妙地改变了被动局面，省下了 2.5 万美元?

卓别林运用限制的逻辑方法，在“独裁者”这个概念前，增加一个内涵属性“大”，从而把“独裁者”的外延缩小到“大独裁者”的外延。这样，卓别林拍的《大独裁者》影片的片名，与派拉蒙公司所说的《独裁者》影片的片名，就是两个不同的名称了，也就谈不到‘借用’名字，从而也无须付转让费。可见，多加一个字的事虽小，但它却使卓别林获得了节省 2.5 万美元的经济效益。

这个事例启示我们，人们在面对一个难题的时候，要运用创新思考的方法，不要拘泥于一种思维定势，更不能单一地沿着别人的思维轨道去想解决办法。试想如果卓别林固执于原来的名称，其结果只能是付出 2.5 万美元转让费了事。那样，不但经济受损失，片名也失去了新意。而卓别林却能“灵机一动”，转移思考角度，在原来的名称前只加了一个“大”字，局面便完全改观。这个创新思考的点睛之笔，不但巧妙地解决了面对的难题，而且使影片的名称变得更恰当，更能准确地反映出该片的主题思想。

◆黑石子与白石子

从前，在欠债不还便足以使人入狱的时代，伦敦有位商人，欠了一位放高利贷的债主一笔巨款。那个又老又丑的债主，看上商人青春美丽的女儿，便要求商人用女儿来抵债。

商人和女儿听到这个提议都十分恐慌。狡猾伪善的高利贷债主故作仁慈，建议这件事听从上天安排。他说，他将在空钱袋里放入一颗黑石子，一颗白石子，然后让商人女儿伸手摸出其一，如果她拣中的是黑石子，她就要成为他的妻子，商人的债务也不用还了；如果她拣中的是白石子，她不但可以回到父亲身边，债务也一笔勾销；但是，假如她拒绝探手一试，她父亲就要入狱。

虽然是不情愿，商人的女儿还是答应试一试。当时，他们正在花园中铺满石子的小径上，协议之后，高利贷的债主随即弯腰拾起两颗小石子，放入袋中。敏锐的少女突然察觉：两颗小石子竟然全是黑的！

如果你是那个不幸的少女，你先想想要怎么办？

故事中的女孩不发一语，冷静地伸手探入袋中，漫不经心似的，眼睛看着别处，摸出一颗石子。突然，手一松，石子便顺势滚落到路上的石子堆里，分辨不出是哪一颗了。

“噢！看我笨手笨脚的，”女孩呼道，“不过，没关系，现在只需看看袋子里剩下的这颗石子是什么颜色，就可以知道我刚才选的那一颗是黑是白了。”

当然，袋子剩下的石子一定是黑的，债主不得不承认自己的诡诈，也就只好承认她选中的是白石子。

这个故事是合乎情理的，故事中的这位姑娘对贪婪狠心的债主所做的估计，既有合理的现实依据，也有合情的心理揣度，是富有智慧的。故事赞扬了这位姑娘的临危不惧，沉着应付，表现出了非凡的聪明和才干。她以自己的急中生智，赢得了这场较量的胜利。

（三）如何增强逻辑思维

1. 掌握科学的思维方法

（1）分析与综合法

分析法：把事物和现象的整体分割成若干部分进行研究和认识的一种思维方法。它是一种科学的思维活动，是在通过感性认识获得大量感性知识基础上进行的。

综合法：是把剖析过的事物和现象的各个部分及其特征，结合为一个整体概念的思维方法。

分析与综合是相互渗透和转化的，在分析的基础上综合，在综合的指导下分析。分析与综合，循环往复，进而推动认识的深化和发展。

（2）归纳与演绎法

归纳和演绎是科学研究中运用得较为广泛的逻辑思维方法。

归纳法即归纳推理，所谓归纳推理，就是从个别性知识推出一般性结论的推理。根据一类事物的部分对象具有某种性质，推出这类事物的所有对象都具有这种性质的推理，叫做归纳推理（简称归纳）。归纳是从特殊到一般的过程，它属于合情推理。

演绎法即演绎推理，所谓演绎推理，就是从一般性的前提出发，通过推导即“演绎”，得出具体陈述或个别结论的过程。演绎推理的逻辑形式对于理性的重要意义在于，它对人的思维保持严密性、一贯性，且有着不可替代的校正作用。

归纳和演绎这两种方法既互相区别、互相对立，又互相联系、互相补充，它们相互之间的辩证关系表现为：一方面，归纳是演绎的基础，没有归纳就没有演绎；另一方面，演绎是归纳的前导，没有演绎也就没有归纳。一切真理都是归纳和演绎辩证统一的产物，离开演绎的归纳和离开归纳的演绎，都不能达到科学的真理。

归纳和演绎是互为条件，互相渗透，并在一定条件下互相转化。归纳出来的结论，成为演绎的前提，归纳转化为演绎；以一般原理为指导，通过对大量材料的归纳得出一般结论，演绎又转化为归纳。归纳和演绎是相互补充，交替进行。归纳后随之进行演绎，为归纳出的认识成果得到扩大和加深；演绎后随之进行归纳，用对实际材料的归纳来验证和丰富演绎出的结论。人们的认识，在这种交互作用的过程中，从个别到一般，又从一般到个别，循环往复，步步深化。我们在运用归纳和演绎方法时，必须把二者有机地联系在一起，同时还必须有机地将归纳与演绎的方法、分析等思维方法结合起来运用，才能充分发挥逻辑思维的作用。

2. 建立辩证的思维观点

辩证思维是指人们通过概念、判断、推理等思维形式对客观事物辩证发展过程的正确反映，即对客观辩证法的反映。辩证思维最基本的特点是将对象作为一个整体，从其内在矛盾的运动、变化及各个方面的相互联系中进行考察，以便从本质上系统地、完整地认识对象。

辩证思维是指以变化发展视角认识事物的思维方式，通常被认为是与逻辑思维相对立的一种思维方式。在逻辑思维中，事物一般是“非此即彼”、“非真即假”，而在辩证思维中，事物可以在同一时间里“亦此亦彼”、“亦真亦假”，而无碍思维活动的正常进行。

辩证思维指的是一种世界观。世间万物之间是互相联系、互相影响的，而辩证思维正是以世间万物之间的客观联系为基础，而进行的对世界进一步的认识和感知，并在思考的过程中感受人与自然的关系，进而得到某种结论的一种思维。辩证思维模式要求观察问题和分析问题时，以动态发展的眼光来看问题。

辩证思维是唯物辩证法在思维中的运用，唯物辩证法的范畴、观点、规律完全适用于辩证思维。辩证思维是客观辩证法在思维中的反映，联系、发展的观点，也是辩证思维的基本观点。对立统一规律、质量互变规律和否定之否定规律是唯物辩证法的基本规律，也是辩证思维的基本规律，即对立统一思维法、质量互变思维法和否定之否定思维法。

3. 养成良好的思维品质

思维品质，实质是人的思维的个性特征。思维品质反映了每个个体智力或思维水平的差异，主要包括深刻性、灵活性、独创性、批判性、敏捷性和系统性六个方面。

（1）深刻性

深刻性是指思维活动的抽象程度和逻辑水平，涉及思维活动的广度、深度和难度。人类的思维主要是言语思维，是抽象理性的认识。在感性材料的基础上，去粗取精、去伪存真，由此及彼、由表及里，进而抓住事物的本质与内在联系，认识事物的规律性。个体在这个过程中，表现出深刻性的差异。思维的深刻性集中表现为在智力活动中深入思考问题，善于概括归类，逻辑抽象性强，善于抓住事物的本质和规律，开展系统的理解活动，善于预见事物的发展进程。超常智力的人抽象概括能力高，低常智力的人往往只是停留在直观水平上。

（2）灵活性

灵活性是指思维活动的灵活程度。它的特点包括：一是思维起点灵活，即从不同角度、方向、方面，能用多种方法来解决问题；二是思维过程灵活，从分析到综合，从综合到分析，全面而灵活地做“综合的分析”；三是概括——迁移能力强，运用规律的自觉性高；四是善于组合分析，伸缩性大；五是思维的结果往往是多种合理而灵活的结论，不仅仅有量的区别，而且有质的区别。灵活性反映了智力的“迁移”，如我们平时说的，“举一反三”、“运用自如”等。灵活性强的人，智力方向灵活，善于从不同的角度与方面起步思考问题，能较全面地分析、思考问题，解决问题。

（3）独创性

独创性即思维活动的创造性。在实践中，除善于发现问题、思考问题外，更重要的是要创造性地解决问题。人类的发展，科学的发展，要有所发明，有所发现，有所创新，都离不开思维的独创性品质。独创性源于主体对知识经验或思维材料高度概括后集中而系统的迁移，进行新颖的组合分析，找出新异的层次和交结点。概括性越高，知识系统性越强，伸缩性越大，迁移性越灵活，注意力越集中，则独创性就越突出。

（4）批判性

批判性是思维活动中独立发现和批判的程度。是循规蹈矩、人云亦云，还是独立思考、善于发问？这是思维过程中一个很重要的品质。思维的批判性品质，来自于对思维活动各个环节、各个方面进行调整、校正的自我意识。它具有分析性、策略性、全面性、独立性和正确性等五个特点。正是有了批判性，人类才能够对思维本身加以自我认识，也就是人类不仅能够认识客体，而且也能够认识主体，并且在改造客观世界的过程中改造主观世界。

（5）敏捷性

敏捷性是指思维活动的速度，它反映了智力的敏锐程度。有了思维敏捷性，在处理问题和解决问题的过程中，能够适应变化的情况来积极地思维，周密地考虑，正确地判断和迅速地做出结论。

（6）系统性

系统性是指思维活动的有序程度，以及整合各类不同信息的能力。

二、 逻辑思维训练寓言启发

（一）阿凡提解梦

有一天，皇帝梦见一个人把他的牙都拔光了，皇帝问周围的大臣，谁能解这个梦。

丞相解释道："陛下全家将比陛下早死。"皇帝听后大怒，要对丞相处以极刑。这时正赶上阿凡提进宫，皇帝就让阿凡提解梦。阿凡提说："陛下将比您全家的人长寿。"皇帝听后非常高兴，立刻赠给阿凡提一件棉袍。

请问：阿凡提的解释与丞相的解释，其含义相同。皇帝为什么听了丞相的解释后大为震怒，而听了阿凡提的解释后却非常高兴？

阿凡提和丞相给皇帝解梦，都只说了一句话。说法虽然不同，但实际表达的含义却一样，其结果是丞相要被处死，而阿凡提却得到一件棉袍，其效果如此不同。从逻辑上分析，这两句话都是表达关系判断，只是阿凡提精于逻辑与逆向思维的运用，有高超的语言技巧，巧妙地用一个等义的关系判断，代替了丞相使用的关系判断。

"陛下全家将比陛下先死"作为关系判断，其关系词"……比……先死"所表示的关系是反对称关系，即由"甲比乙先死"可推出"乙比甲不先死"。阿凡提正是利用了这一关系，及时改变了思考中的前后关系项，同时将"不先死"改为"长寿"做出了"陛下比您全家的人长寿"的判断。这样一改，事理相同，却能得到截然不同的效果。

※思考与启发：

由此可见，懂得一些关系判断的知识，就可以给人们的逻辑思维插上一只翅膀，能够更好地发挥创新思维的作用。思维的深刻性是逻辑思考能力的重要要求，其含义是在深入研究事物时，要善于抓住事物的核心和本质。从本故事我们可以看出，阿凡提弄清了事实的真相，在认识各种事物的过程中，从表面现象入手，通过逻辑思考逐步探索出了事物的本质，即语言表达的本质，审时度势地选择恰当的说法，同时又不改变原意，以求得最佳效果。

（二）蜜蜂装上玻璃瓶后

有一只玻璃瓶平放在桌子上，瓶底朝着窗户。一只蜜蜂不知什么原因飞到了瓶子里边，却怎么也飞不出去了。

对蜜蜂来说，玻璃是一种超自然的神秘之物，它们在自然界中从没有遇到过这种突然不可穿透的大气层。它以为，这个玻璃做成的囚室的出口必然在光线最明亮的地方，所以，它不停地重复这种看似合乎逻辑的行动。

然而，这种奇怪的障碍让蜜蜂显得无所适从，它的种种努力丝毫没有作用，一直到力竭倒毙，也没有能找到出去的通道。

※思考与启发：

逻辑思维是对客观现实的理性认识过程，它是创造过程中的思考方式。因此，逻辑思考不等于主观臆测，更不等于墨守成规。

本寓言故事中的小蜜蜂不加思考地"迎难而上"，只得装个头破血流，这个时候的它应该用逻辑思维仔细思考和观察，探寻出问题和障碍产生的原因，根据原因采取针对性强、效率更高的措施来解决问题和排除障碍。

三、 逻辑思维训练案例示范

（一）用垃圾统治世界

2002年的一天，在费城的地铁里，菲茨吉拉德听到一个女孩向一个男孩炫耀：“在我们社区，5千克垃圾就能换5美元，相当于一杯星巴克咖啡。”

作为一个经常接手环保官司的律师，菲茨吉拉德一直对费城的垃圾处理系统有着自己的思考。女孩无意中的一句话，给了他灵感：社区、5美元、星巴克，为什么不能将它们组合在一起呢？他找到了费城市长，描绘他的宏伟蓝图：“我将构建一个包括政府、居民、企业在内的垃圾回收生态系统。在这个系统里，每个家庭都有一个账户，投递5千克可回收垃圾，就在它们的账户上赠送5美元，以此类推，上限为每月35美元。账户上的钱，人们可以参加这个项目的商店购物，到快餐店消费，设置可以用来付汽油费。”

最后，菲茨吉拉德提出要求他负责处理全市的垃圾，政府每年补助1200万美元；转卖可回收垃圾所得的收入，双方平分。费城每年生产75万吨垃圾，仅垃圾处理这一项，政府每年的开始就高达4000万美元。现在有人主动来接这个烫手山芋，何乐不为呢？更何况，转卖可以回收垃圾，每年还有数百万美元的进账。

消息传开，业内顿时砸开了锅。有人替菲茨吉拉德算了一下：一个三口之家，平均每月要生产50千克至75千克垃圾，其中可再生产垃圾约15千克至25千克，以每千克1美元的卖价计算，收入约15美元至25美元。而菲茨吉拉德每月返回给住户的钱也是15美元至25美元。这就是说，菲茨吉拉德不但把卖垃圾的收入完全返还给住户，他还要倒贴垃圾处理费。同行断言，此人不是疯子就是傻子。

菲茨吉拉德自然不傻，他早已为这笔账找到了买单的主。此前，他走访了费城的几十家大公司，得知不少公司每年都要捐钱给环保机构，垃圾处理工作却不尽如人意，因此，大多心存不满。能不能把这些公司纳入到自己的计划中，让他们心甘情愿地掏腰包呢？

菲茨吉拉德详细描述了他的整个商业模式：他给每个家庭提供了一个固定的免费垃圾桶，垃圾桶的底部装有电脑芯片。这笔钱来自政府的补助。住户投递了多少垃圾，会被芯片及时记录下来。住户每投递5千克可再生垃圾，菲茨吉拉德就向他支付5美元，这笔钱划到专门为住户开的银行卡上。拿着这张银行卡，住户可以拿到参加该计划的任何一家商家消费，这张卡就成为联系住户与商家的纽带。商家虽然要拿出10美元（向住户支付的5美元和菲茨吉拉德获得的5美），却能将消费绑定。获利远大于支出，哪个商家不愿意呢？

这个环保计划既能帮助商家赚钱，菲茨吉拉德自己也从中赚了钱，形成了一种多赢格局。菲茨吉拉德称此系统为再生银行。

就这样，再生银行通过拥有大量的终端消费，获得了与商家谈判的话语权。在商家不断涌入的同时，政府也给予积极的回应，项目的风险大大降低。

这种模式是一个开放的系统，参与的商家越多，消费者获得的实惠就越大，可供选择的消费场所就越多，而这反过来又会促使更多商家的加入，项目的影响力与日俱增。

关于未来，菲茨吉拉德的设想更加宏伟，等到项目覆盖整个城市，我就拥有一个空前庞大的数据库。通过住户倾倒的垃圾，可以清楚了解到他们的收入水平，而他们在商家的消费，也一目了然。同时，整个城市的商业业态分布和发展状况，也在我的掌握之中。以后有商家要进入费城市场，就得先找我，因为我能够提供目标客户群的详细资料，我还可以为银行做全市居民和商家的资信调查，还可以将整个模式复制到全美国，甚至全世界。

※思考导向

菲茨吉拉德计划对于普通用户来讲，把垃圾变成了直接可使用的金钱；对于商家来讲，把普通用户绑定成了自己的客户，对于费城政府来讲，麻烦的垃圾处理有人解决，而且每年节约了 3000 万美元。于别人熟悉中看出特别的机会，于别人习惯中走出了一条自我发展的道路，这正是菲茨吉拉德的创新之举。

进行逻辑思维思考问题时，需要用发展的眼光看问题，要认真思考事物过去、现在及未来的变化规律，从而有效地把握思考对象的本质。逻辑推理应具有一定的灵活性和敏捷性，要能根据环境条件的变化分析问题，从而找出解决问题的有效办法。

（二）将劣势变成优势

有的时候，人的劣势未必就是劣势，可能反而成为了优势。

在日本，有一个 10 岁的小男孩，在一次车祸中失去了左臂，但是他很想学习柔道。

最终，小男孩拜一位大师做了师傅，开始学习柔道。他学得很刻苦，可是练了 5 个月，师傅只教了他一招，小男孩就有点弄不明白了。

他终于忍不住问师傅："我是不是应该再学学其他招数了?"

师傅回答说："不错，你的确只会一招，但你只需会这一招就够了。"

小男孩不是很明白，但他很相信师傅，于是就继续照着练习下去。

几个月后，师傅第一次带小男孩去参加比赛。小男孩自己都没有想到，居然轻轻松松地赢得了前两轮。第三轮稍稍有点艰难，但对手还是很快就变得急躁，连连进攻，小男孩敏捷施展出自己的那一招，又赢了，就这样，小男孩在不知不觉间进入了决赛。

决赛的对手比小男孩高大，强壮了许多，也似乎更有经验。小男孩一度显得有点招架不住，裁判担心小男孩会受伤，就叫了暂停，还打算就此终止了比赛，然而师傅不答应，坚持说："继续下去!"

比赛重新开始后，对手放松了戒备，小男孩立刻使出了他的那招，制伏了对手，由此赢得了比赛，得了冠军。

回去的路上，小男孩和师傅一起回顾每场比赛的每一个细节，小男孩鼓起勇气道出了心里的疑问："师傅，我怎么凭借一招就赢得了冠军？"

师傅回答道："有两个原因：第一，你几乎完全掌握了柔道中最难的一个招。第二，据我所知，对付这一招唯一的办法就是对手抓住你的左臂。"

就这样，小男孩最大的劣势成了他最大的优势。

※思考导向

很多人都曾因为自己的缺陷而苦恼，失去了对生活的信心，但是文中的小男孩却恰恰利用了自己的这一劣势，获得了冠军。生活是美好的，只要你善于去发现自己的优势，并真正利用它，你就会取得成功。

我们在进行逻辑思考时，需要能够从事物特殊的或个别的特征和表象出发，有效推断出其本质和规律。逻辑思考能力是体现我们思维水平的重要因素之一，只有具有较强的逻辑思维能力，才能在工作中做到技高一筹、游刃有余。

（三）天才卡尔·克洛耶

1964 年，重达 2700 吨的货船"尔·科威特"号船身倾斜，沉到科威特港的海底。要不是因为船上载了 6000 只绵羊，卡科威特政府可能就不会去管它了！

科威特政府唯恐羊的尸体腐烂，污染了港口，所以他们要求船舶公司清理这个烂摊子。但是没有人知道怎么清理。科威特政府和船舶公司，都不知道如何从海底捞起数千只的死羊。之后，有人想起了卡尔·克洛耶。他是丹麦的发明家。有人说，他是一个天才。他的发明为他赚得好几百万——他的发明包括脚踏车轮缘衬里、各种厨房用具、防滑公路路面，以及其他有用的专利品，都是他的国际声誉之所系。

于是，科威特的船主们去找卡尔·克洛耶。

卡尔·克洛耶没有办法在海底进行清理工作，必须先把货船吊在水面。

船主们同意了，但是，他们尝试了所有的传统吊船方法，全都失败了。

卡尔·克洛耶说，他想想办法，科威特人不久就会听到他的消息。

他们确实听到了他的好消息了。

卡尔·克洛耶派一艘小船到科威特港，穿上装设了一条长的注水水管，以及 300 亿个像豌豆一样大小的合成树脂弹丸。如果能把中空、密封着空气而有超强浮力的橡胶弹丸，注射进那艘沉船的船舱里。那么船本身就会变得有浮力，而浮到海面上来。

卡尔·克洛耶的潜水人员潜到科威特港，他们根据指示行事，计划成功了。货船升上来，龙骨露出水面。任务完成了。

卡尔·克洛耶获得了一笔相当高的酬劳——18.6 万美元。

消息传遍了各地。

之后，纷纷有公司来找他解决类似的问题。

最后，荷兰的凡·登·托克——欧洲最大的海南营救公司——与发明家卡尔·克洛耶合作，如虎添翼。今日，各国仍在使用合成树脂弹丸来使沉船浮升，而这在不久以前是做不到的。

如果卡尔·克洛耶能够为他的这种方法获得专利，那么他可能真的财源滚滚而来。

然而，他却无法为一种已经存在的观念获得专利权。

因为，卡尔·克洛耶的“空塑胶弹丸”的想法是“借用”的。他在一本杂志上读到类似的事，他所读到的内容是一艘下沉的游艇被塞满了乒乓球而浮到水面！

天才发明家和工程师卡尔·克洛耶记得自己在1949年出版的一份杂志中读到此事。

那是一本漫画书。

卡尔·克洛耶这位天才背后的天才是沃尔特·迪斯尼的“唐老鸭”。

※思考导向

天才之所以能够成为天才，是因为它们能够把书中所读到的知识灵活运用到现实生活中，解决现实生活中的一个个疑难问题。就如文章中向我们介绍的发明家和工程师卡尔·克洛耶一样，迪斯尼创作的漫画“唐老鸭”的故事，也能够成为他发明的灵感，并运用逻辑思维将两者联系起来，发明了“空塑胶弹丸”解决了问题。

在进行逻辑思维思考时，要学会运用归纳和演绎的思维方式，归纳是从特殊的或个别的事实出发，概括出一般性的原理；演绎是从一般的原理出发，推导出特殊性或个别性的知识。这需要我们运用普遍联系的观点进行逻辑思考，也就是说，思考过程中要从空间上考察对象的横向联系。

（四）倾斜的商机

一家规模比较大的公司到内地某城市的商贸一条街开了家专卖店，左邻右舍卖同类商品的有几家，结果这家商店一开张就出现了门庭冷落情景。货是同样的货，价格也是同样的价格，而相邻的商店却是一派繁忙。

商店经营者前去做了一番市场调查终于弄清了原因：原来，内地城市的消费者相信老牌的商店，对于一个初来乍到的新商店一时还不认可。

为了吸引顾客，这家商店利用传统的有奖促销方式来刺激消费者，但是情况依然没有得到好转，反而让这座城市的消费者觉得这家商店是挂羊头卖狗肉、打一枪换一个地方的主儿。

眼看商店到了快关门的尴尬境地，商店的管理层在内部出重金购买拯救商店的好点子。

消息发出的当天，这家商店门口打扫卫生的保洁员前去献策。

商店的高层对眼前这位土里土气的保洁员很是吃惊，也不相信她会有什么好办法。这位保洁员知道他们对自己持怀疑态度，就说：“你们可以按我所说的去做，如果成功了，再奖励我也不迟。”

这位保洁员的办法很简单，就是把商店门口的行人过道铺上非常漂亮的地砖，但挨着商店门口的这边比另一边要低5厘米。

商店的主管们将信将疑地按此主意把商店门口的走道改造了一番。

人行过道改造完毕的当天，因商店门口是很微小的倾斜，过往的行人不容易察觉，但走着走着就到了商店门口。于是他们就抱着反正已经到了门口，就进商店看看的想法踏进了门槛儿。货比货，价比价，踏进商店了，顾客就马上发现原来这里的东西也很不错的。

第二天、第三天……越来越多的行人因倾斜地砖给“倾”进了这家商店。就这样，这家商店的营业额在同类中慢慢地稳居榜首。

商店在奖励那位保洁员的时候，问她是怎样想到这个办法的，保洁员笑道说：“你们难道没有发现高速公路的交叉转弯处，公路都是倾斜的吗？听说，这样司机不怎么打方向就开了转弯车。”

众人一听，恍然大悟，感慨为什么自己就没有想到。是啊，谁会想到眼前这些不起眼的变化或许就成了你在社会上独领风骚的法宝呢？

※思考导向

高速公路的交叉转弯处都是倾斜的，所以司机不怎么打方向就开了转弯车；同样的道理，因为挨着商店门口的这边比另外一边要低 5 厘米，路过的顾客也就很自然地“倾斜”进了这家商店。这“倾斜”的创造，无疑是让顾客走进商店的金点子，它是最不起眼，却更让顾客感到一种自然和温暖。

同一时间、同一关系上，我们不能对同一对象做出不同的断定，否则便会自相矛盾。但在同一时间、同一关系上，需要我们针对同一事物两个相互矛盾的论断必须做出明确的选择，肯定其中的一个。

四、 逻辑思维训练游戏体验

（一）硬币的放法

有两个盒子，里边分别放了一些硬币。这两个盒子里的硬币一共 100 枚，其中 1 毛的 50 枚，5 毛的 50 枚。

如果要使随机从一个盒子中选出一枚 5 毛的硬币的概率最大，一开始应该在 2 个盒子里边各放多少 1 毛和 5 毛的硬币？得到 5 毛硬币的概率是多少？

（二）红眼睛和蓝眼睛

一个岛上有 100 个人，其中分为红眼睛和蓝眼睛的人。这个岛有三个奇怪的宗教规则：（1）他们不能照镜子，不能看自己眼睛的颜色；（2）他们不能告诉别人对方的眼睛是什么颜色；（3）一旦有人知道了自己是红眼睛，他就必须在当天夜里离开。

某天，有个旅行者到了这个岛上。由于不知道这里的规矩，所以他在和全岛人一起狂欢的时候，不留神就说了一句话：“你们这里有红眼睛的人。”第二天大家都没有离开，第三天也没有离开，直到第四天，大家发现少了一些人。

假设这个岛上的人足够聪明，每个人都可以做出缜密的逻辑推理。请问这个岛上有多少个红眼睛的人？如何推理的？

（三）贴标签

有三筐密封的水果，第一筐装的全是香蕉，第二筐装的全是菠萝，第三筐装的是菠萝与香蕉混在一起。筐上的标签被贴错了（如果标签写的是菠萝，那么肯定框里不会只有菠萝，可能还有香蕉），你的任务是拿出其中一筐，从里边只拿一个水果，然后为三筐水果贴上正确的标签，你能做到吗？

（四）比赛结果

某次世界杯的四强赛中，小红、小明、小强、对 A、B、C、D 四支球队的排名情况做了预测如下：

小红：A 队第一，B 队第三。

小明：C 队第一，D 队第四。

小强：D 队第二，A 队第三。

比赛结束后，三个人都没有完全猜中，但都猜对了一半，那么到底四支球队的排名情况如何呢？

（五）谁是姐姐

森林里住着一堆小精灵姐妹，姐姐上午说真话，下午说假话；妹妹则刚好相反。一个猎人在森林里迷了路，正好遇见她们俩。

猎人问：“你们中谁是姐姐？”

高个的说：“是我”。

矮个的也说：“是我”。

猎人又问：“现在是什么时间了？”

高个的说：“现在是上午。”

矮个的说：“现在是下午”

请你判断一下现在是上午还是下午？到底哪一个是姐姐？

（六）谁是冠军

A、B、C、D、E、F 六人参加一场决赛，赛前三人对结果做了如下猜测：

甲：冠军不是 A，就是 B。

乙：冠军是 C 或 D。

丙：D、E、F 绝不可能是冠军。

赛后发现他们三个人的猜测只有一个是正确的，那么谁是冠军？

（七）除法算式

如下除法竖式，10 个符号分别代表 0-9 中的某个数字，求竖式中这 10 个符号分别代表哪个值？

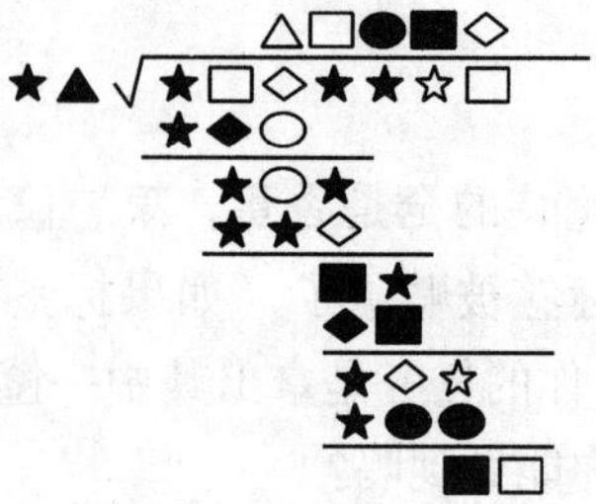

第七章 聚合思维训练

聚合思维能力自测自检

◆请完成以下聚合思维测试题，看下你的聚合思维如何。

1. 请在括号里填上正确的数字：2 5 8 11 （ ）；7 10 9 12 11 （ ）

2. 以下各词：沙丁鱼、鲸鱼、鳕鱼、鲨鱼、鳗鱼，哪个与众不同？

3. 猜灯谜：最新纪录。（谜底：史无前例）；七除以二（谜底：不三不四）

4. 填成语：羽扇纶__________帼须__________来眼__________日苦__________愁善感

5. 以下哪一个不是著名的音乐家？请圈出来。富兰克林、贝多芬、巴赫、莫扎特、宾沙利亚

6. 选一篇较熟悉的课文，三、四个同伴齐声朗读，你以延迟四、五个字的差距轻声读，要求不跟过去，并与同伴保持一致的速度。

7. 高尔基童年在食品店干杂活，曾碰到过一位刁钻的顾客，“订九块蛋糕，但要装在四个盒子里，而且每个盒子里至少要装三块蛋糕”，该怎么装？

8. 有一个人用 60 美元买了一匹马，又以 70 美元卖了出去。然后他又用 80 美元买回来，再以 90 美元卖了出去。在这场交易中，他一共赚了多少钱？

9. 测量一块砖头的对角线长度。

10. 有一个篮球运动员。一天，他只穿了一条短裤，戴了一块手表，在球场上练习投篮，有个人给了他 20 个鸡蛋，这个人把鸡蛋散放在球场边的地上就走了。练习结束后他发现球场边没有任何可以用来装鸡蛋的东西，也找不到可以帮忙的人，但是最后他还是巧妙地将鸡蛋带走了。你知道他想出了什么好办法吗？

一、认识聚合思维

（一）聚合思维的内涵

聚合思维法又称为求同思维法、集中思维法、辐合思维法或同一思维法等。聚合思维法是把广阔的思路聚集成一个焦点的方法。它是一种有方向、有范围、有条理的

收敛性思维方式，与发散思维相对应。聚合思维是从不同来源、不同材料、不同层次探求出一个正确答案的思维方法。因此，聚合思维对于从众多可能性的结果中迅速做出判断，得出结论是最重要的。它也是创造性思维的一种重要思维方式。

聚合性思维是我们在解决问题中经常用的一种思维方法。科学家要从已经掌握的多种资料中，通过对数据和信息的抽象、概括、判断、推理的思考过程，得出揭示某种事物规律的科学的结论。公安人员要通过各种勘查、侦察手段获取大量证明犯罪事实的信息，例如现场印痕、作案时间、手法、物证、人证，将这些已知的信息经过分析综合之后指向一个目标，就是谁是确信无疑的罪犯，用的也是这种思维。还有在考试中常用的，从多种答案中选择出一个正确答案，也是运用聚合思维法。学生在学校里的学习、考试，大都是靠聚合思维进行的，因而也可以说，学生学习成绩的优劣，与他们的聚合思维水平关系密切。

（二）启发聚合思维小故事

◆破案推理

1940 年 11 月 16 日，纽约爱迪生公司大楼一个窗沿上发现一个土炸弹，并附有署名 F. P 的纸条，上面写着：爱迪生公司的骗子们，这是给你们的炸弹！这种威胁活动越来越频繁，越来越猖狂。1955 年竟然放上了 52 颗炸弹，并炸响了 32 颗。对此报界连篇报道，并惊呼此行动的恶劣，要求警方给予侦破。纽约市警方在 16 年中煞费苦心，但所获甚微。所幸还保留几张字迹清秀的威胁信，字母都是大写。其中，F. P 写到：我正为自己的病怨恨爱迪生公司，要使它后悔自己的卑鄙罪行。为此，不惜将炸弹放进剧院和公司的大楼等等。警方请来了犯罪心理学家布鲁塞尔博士，博士依据心理学常识，应用层层剥笋的思维技巧，在警方掌握材料的基础上做了如下的分析推理：

（1）制造和放置炸弹的大都是男人。

（2）他怀疑爱迪生公司害他生病，属于偏执狂病人。这种病人一过 35 岁后病情就加速加重。所以 1940 年是他刚过 35 岁，现在 1956 年他应是 50 出头。

（3）偏执狂总是归罪他人。因此，爱迪生公司可能曾对他处理不当，使他难以接受。

（4）字迹清秀表明他受过中等教育。

（5）约 85%的偏执狂有运动员体型，所以 F. P 可能胖瘦适度，体格匀称。

（6）字迹清秀、纸条干净表明他工作认真，是一个兢兢业业的模范职工。

（7）他用卑鄙罪行一词过于认真，爱迪生也用全称，不像美国人所为。故他可能在外国人居住区。

（8）他在爱迪生公司之外也乱放炸弹，显然有 F. P 自己也不知道的理由存在，这表明他有心理创伤，形成了反权威情绪，乱放炸弹就是在反抗社会权威。

（9）他常年持续不断地乱放炸弹，证明他一直独身，没有人用友谊或爱情来愈合其心理创伤。

（10）他虽无友谊，却重体面，一定是一个衣冠楚楚的人。

（11）为了制造炸弹，他宁愿独居而不住公寓，以便隐藏和不妨碍邻居。

（12）地中海各国用绳索勒杀别人，北欧诸国爱用匕首，斯拉夫国家恐怖分子爱用炸弹。所以，他可能是斯拉夫后裔。

（13）斯拉夫人多信天主教，他必然定时上教堂。

（14）他的恐吓信多发自纽约和韦斯特切斯特。在这两个地区中，斯拉夫人最集中的居住区是布里奇波特，他很可能住那里。

（15）持续多年强调自己有病，必是慢性病。但癌症不能活16年，恐怕是肺病或心脏病，肺病现代容易治愈，所以他是心脏病患者。

根据这种层层剥笋式的方式，博士最后得出结论：警方抓他时，他一定会穿着当时正流行的双排扣上衣，并将纽扣扣得整整齐齐。而且，建议警方将上述15个可能性公诸报端。F. P重视读报，又不肯承认自己的弱点。他一定会做出反应以表现他的高明，从而自己提供线索。果不其然，1956年圣诞节前夕，各报刊载这15个可能性后，F. P从韦斯特切斯特又寄信给警方："报纸拜读，我非笨蛋，决不会上当自首，你们不如将爱迪生公司送上法庭为好。"依循有关线索，警方立即查询了爱迪生公司人事档案，发现在三十年代的档案中，有一个电机保养工乔治梅特斯基因公烧伤，曾上书公司诉说染上肺结核，要求领取终身残废津贴，但被公司拒绝，数月后离职。此人为波兰裔，当时（1956年）为56岁，家住布里奇波特，父母早亡，与其姐同住一个独院。他身高1.75米，体重74千克。平时对人彬彬有礼。1957年1月22日，警方去他家调查，发现了制造炸弹的工作间，于是逮捕了。当时他果然身着双排扣西服，而且整整齐齐地扣着扣子。

从这个故事我们可以看出：犯罪心理学家布鲁塞尔博士能从已知信息和现成的资料中，依据心理学常识，通过逻辑推理、层层剥笋的方式，形成了一种有方向、有条理的思维方式，最后得出令人信服的结论。其结果与其结论高度一致，可见聚合思维方法的强大力量。

（三）聚合思维的特征与步骤

1. 聚合思维特征

俗话说："内行看门道，外行看热闹。"许多时候，人们在信息量的占有上并无多大差别，但有些人能从中看出问题，抓住机会，有些人却茫然无知，视若无睹。为什么会有这种差异呢？从思维的角度来分析，这是由于头脑的内在思维观察结构的不同造成的。收敛思维能力较强的人，其思维观察结构严谨细密，在占有相同的信息量的情况下，对信息的提取率比较高。

聚合思维也是为了解决某一问题，在众多的现象、线索、信息中，向着问题的一个方向思考，根据已有的经验、知识或发散思维中针对问题的最好办法去得出最好的结论和最好的解决办法。特征如下图7-1所示：

由图可见，聚合思维主要有如下特征：

（1）封闭性

把发散思维的结果集合起来，从中选择一个合理的答案，它是有范围、方向和条

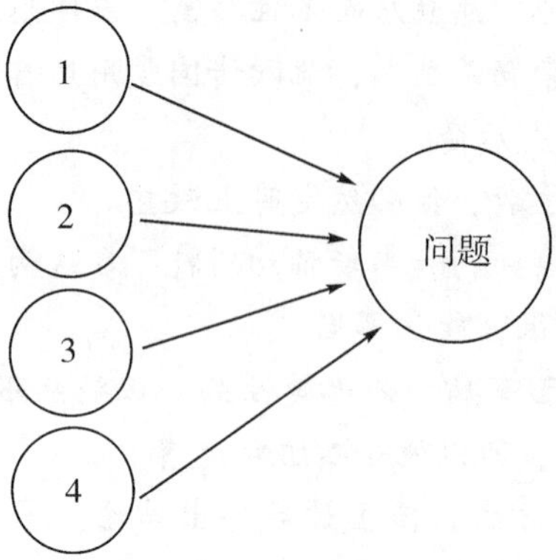

图 7-1　聚合思维特征

理的求同过程。

（2）程序性

聚合思维是一环扣一环的，先做什么，后做什么，有一定的顺序，具有较强的程序性。

（3）求实性

发散思维所产生的众多设想或方案，一般来说多数都是不成熟的，也是不实际的，我们也不应对发散思维做这样的要求。对发散思维的结果，必须进行筛选，聚合思维就可以起这种筛选作用。被选择出来的设想或方案是按照实用的标准来决定的，应当是切实可行的。这样，聚合思维就表现了很强的求实性，或者说是可行性。

2. 聚合思维步骤

为了使解决问题有章法可循，使用聚合思维有它具体的步骤：

第一步是收集掌握各种有关信息。采取各种方法和途径，收集和掌握与思维目标有关的信息，而且资料信息愈多愈好。这是选用聚合思维的前提，有了这个前提，才有可能得出正确结论。

第二步是对掌握的各种信息进行分析清理和筛选。这是聚合思维的关键步骤。通过对所收集到的各种资料进行分析，区分出它们与思维目标的相关程度，以便把重要的信息保留下来，把无关的或关系不大的信息淘汰。经过清理和选择后，还要对各种相关信息进行抽象、概括、比较、归纳，从而找出它们的共同的特性和本质的方面。

第三步是获得思维目标。客观地、以信息为证据得出科学结论，从而获得思维目标。

二、 聚合思维训练寓言启发

（一）鲁班发明锯子

在春秋时期，有一位著名的创造发明家——鲁班。两千年来，他的名字和有关他的故事，一直流传着。他主要从事木工工作。那时人们要使树木成为既平又光滑的木板，还没有什么好办法。鲁班在实践中留心观察，模仿生物形态，发明了许多木工工具，如锯子、刨子等。鲁班是怎样发明锯子的呢？相传有一次他进深山砍树木时，一不小心，手被一种野草的叶子划破了，他摘下叶片轻轻一摸，原来叶子两边长着锋利的齿，他的手就是被这些小齿划破的，他还看到在一棵野草上有条大蝗虫，两个大板牙上也排列着许多小齿，所以能很快地磨碎叶片。鲁班就从这两件事上得到了启发。他想，要是这样齿状的工具，不是也能很快地锯断树木了吗！于是，他经过多次试验，终于发明了锋利的锯子，大大提高了工效。

※寓言思考

人类具有征服自然和适应社会的才智，这种智慧不仅源于学习，思考和简单的积累，而且源于能从周围的事物，其他的事件中举一反三，融会贯通，充分发挥聚合思维能力，从而得到有益的启示。

（二）一则消息的价值

1875年春，美国实业家亚默尔像往常一样在办公室里看报纸，一条条的小标题从他的眼睛中溜过去。突然，他的眼睛发出了光芒，他看到了一条几十字的短讯：墨西哥可能出现了猪瘟。

他立即想到：如果墨西哥出现猪瘟，就一定会从加利福尼亚、德克萨斯州传入美国。一旦这两个州出现猪瘟，肉价就会飞快上涨，因为这两个州是美国肉食生产的主要基地。

他的脑子正在运转，手已经抓起了桌子上的电话，问他的家庭医生是不是要去墨西哥旅行。家庭医生一时间弄不清什么意思，满脑子的雾水，不知道怎么回答。

亚默尔只简单地说了几句，就又对他的家庭医生说：“请你马上到野炊的地方来，我有要事与你商议。”

原来那天是周末，亚默尔已经与妻子约好，一起到郊外去野餐，所以，他把家庭医生约到了他们举行野餐的地方。

亚默尔和他的妻子及他的家庭医生很快就聚集在一起了，他满脑子都是钱，对野餐已经失去了兴趣。他最后说服他的家庭医生，请他马上去一趟墨西哥，证实一下那里是不是真的出现了猪瘟。

医生很快证实了墨西哥发生猪瘟的消息，亚默尔立即动用自己的全部资金大量收购佛罗里达州和德克萨斯州的肉牛和生猪，很快把这些东西运到美国东部的几个州。

不出亚默尔的预料，瘟疫很快蔓延到了美国西部的几个州，美国政府的有关部门下令一切食品都从东部的几个州运往西部，亚默尔的肉牛和生猪自然在运送之列。

由于美国国内市场肉类产品奇缺，价格猛涨，亚默尔抓住这个时机狠狠地发了一笔大财，在短短的几个月时间内，就足足赚了900多万美元。

事后，亚默尔还感到很后悔，他本来是想叫他的家庭医生当天就到墨西哥去的，由于野餐白白地耽搁了一天时间，使自己少赚了100万美元。

※寓言思考

有个成语叫作“视而不见”，意思很清楚：虽然眼睛看到了，但是就像没有看到一样，并没有发现事物的真谛。因此，“看”不是一件简单的事情，难怪佛家有慧眼的说法。亚默尔之所以能够赚到这样一大笔别人没有赚到的钱，就是因为他看到消息后充分地发掘出信息背后的经济价值。

三、 聚合思维训练案例示范

在现实生活当中，由于人们具有聚合思维的优势，能从表面的蛛丝马迹当中，通过条理分析，发现事物背后隐藏的真相或规律。

（一）侦察推测

第一次世界大战期间，法国和德国交战时，法军的一个司令部在前线构筑了一座极其隐蔽的地下指挥部。指挥部的人员深居简出，十分诡秘。不幸的是，他们只注意了人员的隐蔽，而忽略了长官养的一只小猫。德军的侦察人员在观察战场时发现：每天早上八九点钟左右，都有一只小猫在法军阵地后方的一座土包上晒太阳。德军依此判断：（1）这只猫不是野猫，野猫白天不出来，更不会在炮火隆隆的阵地上出没；（2）猫的栖身处就在土包附近，很可能是一个地下指挥部，因为周围没有人家；（3）根据仔细观察，这只猫是相当名贵的波斯品种，在打仗时还有兴趣玩这种猫的绝不会是普通的下级军官。据此，他们判定那个掩蔽部一定是法军的高级指挥所。随后，德军集中六个炮兵营的火力，对那里实施猛烈袭击。事后查明，他们的判断完全正确，这个法军地下指挥所的人员全部阵亡。

※思考导向

一个士兵看到一只猫而联想到德军的高级军官，这就是一种悟性；而从高级军官又联想到司令部，这就是对信息的分析和利用。在现实生活中，很多人没有养成分析问题的习惯，对很多有价值的信息听而不闻，视而不见，这是很可惜的。

（二）农夫分苹果的故事

一个农夫叫懒惰的儿子把一堆苹果分为两类，装进两个篓子里，一个篓子装大的苹果，一个篓子装小的。傍晚农夫回到家里，看见儿子已经把苹果分开装进篓子。而且，鸟啄虫蛀的烂苹果也被挑出来堆在一边了。农夫谢过儿子，夸他干得漂亮。然后他取出一些口袋，把两个篓子里的大小苹果混装在一起。结果，大小苹果被胡乱搅和在一起。并没有以什么大小来分开装。儿子气坏了。他认为父亲在耍花招，想考考他，看看他是否愿意干活。反正父亲是要把苹果混在一起的，干嘛又要他把苹果分开呢？这是白费劲呀！农夫告诉儿子说，这不是什么花招。原来他是要儿子检查每一个苹果，把烂苹果扔掉。两个篓子只不过是拐了一个弯的间接手段，它的目的是要儿子非常仔细地检查每一个苹果。如果它不拐个弯，而是直截了当地叫儿子把烂苹果甩掉，那么儿子就不会仔细检查每一个苹果。它就会急忙忙地把苹果翻检一下，只寻出那些一望而知已经坏透了的烂苹果，而不会去检查那些貌似完好其实已坏的烂苹果了。

※思考导向

农夫知道儿子比较懒惰，担心其分拣马虎，用一种拐了弯的间接手段，去寻找“关键”技术或目标，达到另个真正目的。也就是说，要求你把东西分类别，分类的过程导致另一个后果；对被分类的东西进行仔细考察，去评估每一种有关的信息，这才是农夫的真实意图。

（三）洛克菲勒买地

在第二次世界大战刚结束不久，战胜国决定成立一个处理全球事务、调解国际纷争的联合组织，也就是后来的联合国。

成立联合国的计划一提出来，可谓众志成城，大家的反应都相当热烈，可是应该在什么地方建立组织的总部，却成了头号问题，一下子也决定不出个所以然。

照理说，联合国的地点应该选择在世界一流的繁华城市，可是在任何一座繁华都市购买足够兴建总部的土地，都需要一笔天文数字的资金。

那时候的联合国才刚起步，筹一分钱都肩负着重责大任，根本没有办法在短时间内拿出这么一大笔资金。就在各国首脑为此不知所措时，洛克菲勒家族得知此事，立刻出资 870 万美金，在纽约最豪华的地段买下一块地皮，并且在众人惊诧的眼光中，无条件捐给联合国。

洛克菲勒家族的义举为他们博得了良好的名声，也和联合国建立了深厚的交情，但是最大的受益人却还是他们自己。

联合国大楼完工以后，周围的地价跟着水涨船高，立刻飙升起来，洛克菲勒家族当初在买下捐赠给联合国的那块地皮时，顺便也买下了所有与联合国大楼毗邻的地皮，如今土地的价值一翻再翻，没有人能够计算出该家族趁机卖出这些地皮，赚回多少个 870 万。

※思考导向

洛克菲勒家族能够取得这样的回报，除了是因为他们曾经无偿地帮助过联合国，更重要的是能对别人帮助过程中，注意与商业的结合，发掘出其中的更大的商机。这其中商机信息的挖掘，一方面靠的是决策者社会经验与阅历丰富，更重要的是与洛克菲勒具备良好的聚合思维模式。

（四）日本人获得大庆油田情报信息

20 世纪 60 年代，中国大庆油田的位置、规模和加工能力是严格保密的。日本为了能和中国做成炼油设备的交易，迫切需要知道大庆油田的位置、规模和加工能力。为此，日本情报机构从中国公开刊物中收集了大量有关信息，对所收集的信息进行了严格的定性及定量处理后，得出了有关大庆油田的位置、规模和加工能力的准确情报。

（1）大庆油田的位置

首先，日本情报机构从1964年的《人民日报》上看到了题为“大庆精神大庆人”的报道，从而判断出：中国的大庆油田确有其事。以此为线索，日本情报机构开始全面搜集中国报刊、杂志上有关大庆的报道。在1966年的一期《中国画报》上，日本情报机构看到了王进喜站在钻机旁的那张著名的照片，他们根据照片上王进喜的服装衣着确定，只有在北纬46度至48度的区域内冬季才有可能穿这样的衣服，因此大庆油田可能在冬季为零下三十度的齐齐哈尔与哈尔滨之间的东北北部地区。之后，来中国的日本人坐火车时发现，来往的油罐车上有很厚一层土，从土的颜色和厚度日本情报机构得出了“大庆油田在东北三省偏北”的结论。

1966年10月，日本情报机构又对《人民中国》杂志上发表的王进喜的事迹介绍进行了详细的分析，从中知道了“最早钻井是在北安附近着手的”，并从人拉肩扛钻井设备的运输情况中判断：井场离火车站不会太远；在王进喜的事迹报道中有这样一段话：“王进喜一到马家窑看到大片荒野说：‘好大的油海！我们要把石油工业落后的帽子丢到太平洋去。’”，于是日本情报机构从伪满旧地图上查到：“马家窑是位于黑龙江海伦县东南的一个村子，在北安铁路上一个小车站东边十多公里处。”经过对大量有关信息严格的定性与定量分析，日本情报机构终于得到了大庆油田位置的准确情报。

（2）大庆油田的规模

为了弄清楚大庆油田的规模，日本情报机构对王进喜的事迹作了进一步的分析。报道说：“王进喜是玉门油矿的工人，是1959年到北京参加国庆之后志愿去大庆的。”日本情报机构由此断定：大庆油田在1959年以前就开钻了。对于大庆油田的规模，日本情报机构分析后认为：“马家窑是大庆油田的北端，即北起海伦的庆安，西南穿过哈尔滨与齐齐哈尔之间的安达附近，包括公主岭西南的大赉，南北四百公里的范围。”估计从东北北部到松辽油田统称为“大庆”。

（3）大庆油田的加工能力

为了弄清楚大庆炼油厂的加工能力，日本情报机构从1966年的一期《中国画报》上找到了一张炼油厂反应塔照片，从反应塔上的扶手栏杆（一般为一米多）与塔的相对比例推知塔直径约5米，从而计算出大庆炼油厂年加工原油能力约为100万吨，而在1966年大庆已有820口井出油，年产360万吨，估计到1971年大庆年产量可增至1200万吨。通过对大庆油田位置、规模和加工能力的情报分析后，日本决策机构推断：“中国在近几年中必然会感到炼油设备不足，买日本的轻油裂解设备是完全可能的，所要买的设备规模和数量要满足每天炼油一万吨需要。”

有了如此多的准确情报，日本人迅速设计出适合大庆油田开采用的石油设备。当我国向世界各国征求开采大庆油田的设计方案时，日本人一举中标。

※思考导向

日本间谍通过一张公开刊登王进喜的照片及相关的报道文章，分析照片上王进喜的衣着、站立的姿势、使用的采油工具及背景上的油井架等隐藏背后的信息，经过筛选、对比、甄别和汇总，从而得出大庆油田的地理位置和产量，可见日本情报分析水平之高，而这也正是日本人利用聚合思维所得出的结果。

一般来说，如果需要解决的问题是一个常规性的问题或思考者对问题已经有了透彻的认识，就可以绕过发散思维的环节，直接进入聚合思维状态。如果要创造性地解决某个问题，就需要运用发散思维想到问题解决的多种可能方式，然后通过聚合思维找到最佳解决方案。

（五）挂钟与密码

第一次世界大战期间，德国女间谍玛塔·哈丽奉德军情报部的命令去“接近”法军最高统帅部的机要官莫尔根将军，窃取他所保管的英国19型坦克设计图。莫尔根是一个丧偶多年的老人，哈丽没用多久时间便在莫尔根家中充当起了类似家庭主妇的角色。哈丽很快就发现了在一张巨幅古典油画的后面有一个保险柜，但却不知道保险箱密码锁的号码。在德军情报部给哈丽完成任务限期的最后一个晚上，她决心竭尽全力做最后一次拼搏。她深知如不能按时完成任务将会有什么样的后果在等待着她。她用安眠药使莫尔根熟睡后，先是以极快的速度试拨了一些号码，但她很快就明确了不能采取这样的笨办法。哈丽估计记忆力已衰退的莫尔根，一定会想出个什么办法来帮助自己记住密码锁上的6个数字的号码，可是该从什么地方去寻找这方面的线索呢？她在焦急、紧张而又惊恐的心情下，眼睛向整个房间的四周和各个角落不断地搜索。当她的目光接触到墙上的挂钟时，她突然意识到，密码是数字，钟面上也有数字，莫尔根很可能利用钟面上的数字来记忆密码。她发现，钟早已停摆，这时钟面上的时、分、秒三针所指示的时间，合起来是9点35分15秒。93515才5个数字，还差一个数字。在她差一点就要放弃这一努力的时候，脑中又突然闪过一个念头：晚上9点，不同时也就是21点吗？将“9”换为“21”，不就成了6个数字了吗？怀着极其兴奋喜悦的心情，她按213515这6个数字在密码锁上一拨，只听见“塔”的一声，保险柜被打开了，哈丽取出设计图，按时完成了任务。玛塔·哈丽创造了世界间谍史上的一个奇迹。她的这次成功被公认为是全世界经典性的著名间谍案例之一。

※思考导向

哈丽在关系到她成败与生死的千钧一发的危急时刻，突然意识到钟面上的数字与保险柜的密码可能有联系，她思考这个问题的过程中，联想到莫尔根记忆力不好、密码为数字、时钟停摆等看似不相关的事物，通过聚合思维，联系其内在的逻辑关系进而推断出保险柜的密码。

（六）晋厉公攻郑

公元前574年4月，晋厉公联合齐、宋、鲁、卫四国攻打郑国。楚国是郑国的盟友，立即出兵支援。双方军队在鄢陵相遇。

当时，楚郑联军共有兵车五百三十乘，将士九万三千人。晋军先期到达鄢陵，有兵车五百乘，将士五万余人，而宋、齐、鲁、卫的军队还未到达。楚共王见诸侯各军未到，就想乘机击溃晋军，因此命令大军在大营附近列阵。

晋厉公率从将登上高地观察楚军列阵情况，并研究决战计划。晋将大多惧于楚郑联军的兵力优势，主张坚守不战，以待友军赶到。唯有新军副将郗至在观察了敌阵之后发言反驳了主战的意见。

郗至说："根据我的观察和掌握的情报来看，楚郑联军有几个致命的弱点。立即出击，定能获胜。第一，楚军人数不少，但老兵很多。这些老兵行动迟缓，根本没有什么战斗力；第二，郑国的军队一团糟，到现在还没有列成像样的阵势，这说明他们缺乏训练，不堪一击；第三，两军都在喧闹不止，没有一点临战的紧张气氛；第四，据我所知，不但楚郑两方面军队协调不好，就是楚军内部，中军和左军也在闹意见……

郗至说得有理有据，晋厉公和从将都赞同他的建议：立即发起进攻。

将军苗贲皇原是楚国人，对楚军很熟悉，他献计道："楚军的精锐在右军，只要能打败他的左、右两军，再合力攻打中军，楚军必败。

晋厉公接受了苗贲皇的建议，命令晋军首先向楚军右军和郑军发起猛烈进攻。战斗开始后，晋厉公的战军忽然陷入泥沼中。进退不得，楚共王远远地看在眼里，亲自率领一支人马杀奔而至，企图活捉晋厉公。不料，螳螂扑蝉，黄雀在后。晋将早已发现楚共王的企图，一箭射去，正中楚共王的左眼，楚共王拔箭，连眼珠都带了出来。楚军见楚共王负伤，军心浮动。这时候，晋厉公的战车从泥沼中摆脱出来，晋厉公指挥晋军冲杀过去，楚军以为诸侯四国的军队已经赶到，阵势大乱，纷纷后撤，一直退到颍水南岸才停止，当天晚上就班师回国了。

※思考导向

聚合思维是一种从面到点的思维方式，如果养成具有聚合思维的习惯，前提就是要养成大量收集整理并占有信息的习惯，因为不这样，进行收敛所需要的那个"面"是无法形成的，没有作为基础的"面，又何来收敛的"点"呢？此例中晋厉公就是在大量收集、整理信息的基础上，听取合理化建议，再发挥聚合思维，从而做出正确的结论，最后取得了胜利。

四、 聚合思维训练游戏体验

（一）伪造高手

从下列四个选项中选出与下边这段话类似的推理。

真正高明的伪造家制造的钞票从不会被发现，所以一旦他的作品被认出是伪造的，则伪造者不是位高明的伪造者，真正的伪造家从不会被抓到。

A. 查理是一个玩魔术的专家，他的魔术总能掩人耳目，从未被揭穿，所以他是一个高明的魔术师。

B. 大卫是一个玩魔术的人，他的魔术一般不会被看穿，偶尔有一两次被人看穿，但这不妨碍他是一名优秀魔术师。

C. 皮特是一个玩魔术的人，他的魔术一般不会被人看穿，偶尔有一两次被人看穿，说明他并不是一个高明的魔术师，因为高明的魔术师不会被人看穿。

D. 迈克的魔术很好，从不会被看穿，所以他是一个优秀的魔术师。

（二）家有四兄弟

张先生有 4 个儿子，是四胞胎，老大、老二、老三性格都很调皮顽劣，只有最小的弟弟为人实在，不会撒谎。不过老二也还算诚实，有时也会说实话。

兄弟四人在同一个班级上学，因为村里只有一个学校，学校里每个年级只有一个班。这天，班里新来了一位老师，由于以前的老师退休了，便由这位新老师接替班主任的职务。新老师很快便搞清楚了班里同学的名字和年龄、大小等一些具体情况，却唯独对这四胞胎有些束手无策，若不是在上课时间，他还真不知道哪个是哪个。

有人向老师报告四胞胎中的其中两个跟别的同学发生了矛盾，应该是其中的老大和老三，但四胞胎仿佛要给老师个下马威，就是不告诉老师谁是谁，即使最老实的老四说的是实话，老师也不好判断。

无奈之下，老师只能把四胞胎统统叫到办公室中，然后对他们一一询问。但无论老师怎么问，他们每人都只说一句话。下边就是四个兄弟关于年龄所讲的话。

A：“B 比 C 年龄小。”

B：“我比 A 小。”

C：“B 不是老三。”

D：“我是长兄。”

老师听了他们的话后，琢磨了一下，便知道他们的大小顺序了，接着老师便问老大和老三是不是惹祸了，老大和老三见他们的鬼把戏被老师识破了，也只能乖乖认错。

根据以上的信息，你能判断出 A、B、C、D 中兄弟四人的大小顺序吗?

（三）地理考试

在一次地理考试中，有这样一道题目，试卷上分别改成了五大洲的图形，每个图形都编了号，题目的要求是，在五大洲的图形中，任意选填两个洲名。

同学甲、乙、丙、丁、戊在看了图形之后，分别给出了以下答案：

同学甲选填了 3 和 2，他给出的答案是：3 是欧洲，2 是美洲。

同学乙选填了 4 和 2，他给出的答案是：4 是亚洲，2 是大洋洲。

同学丙选填了 1 和 5，他给出的答案是：1 是亚洲，5 是非洲。

同学丁选填了 4 和 3，他给出的答案是：4 是非洲，3 是大洋洲。

同学戊选填了 2 和 5，他给出的答案是：2 是非洲，5 是大洋洲。

结果，老师看了他们五个人的试卷后，给出的结论是，他们五个人每个人只对了一半。那么，下边的问题四：根据以上条件，你能判断出下列正确的选项是哪一个吗?

A. 1 是亚洲，2 是欧洲

B. 2 是大洋洲，3 是非洲

C. 3 是欧洲，4 是非洲

D. 4 是美洲，5 是非洲

（四）狂欢游行的彩车队

小镇上举行一年一度的游行狂欢，参加游行的一列彩车车队共 30 辆，每辆车长 4 米，前后每辆车相隔 5 米。那么你能算出这列车队共排列了多长吗？如果车队每秒行驶 2 米，当这列车队要通过 535 米长的一个广场时，需要多长时间？

（五）男女朋友

根据题目所给的条件，你能判断出男孩与女孩的关系吗？

（六）猴子分桃子

5 只猴子一起分 1 堆桃子，但是怎么分都平分不了。最后通过商量，猴子决定先睡觉，等到第二天再分。半夜有 1 只猴子偷偷爬起来，将 1 个桃子扔到了后山，此时正好可以分成 5 份，这只猴子将自己的 1 份藏起来，然后睡觉去了。之后又有 1 只猴子爬起来，将 1 个桃子也扔到了后山，此时也正好能分为 5 份，它也将自己的 1 份藏起来，然后睡觉去了。结果第 3 只、第 4 只、第 5 只都是这样做的，将 1 只桃子扔到后山，然后藏起自己的 1 份。

如果最后剩下了 1020 个桃子，那么请问最开始有多少个桃子？

第八章　随机应变思维训练

随机应变思维能力自测自检（5个自检题）

◆请完成以下随机应变思维测试题，说说你的想法或做法。

1. 领导布置的事情本来需要你4天完成，结果突然领导改主意要你2天就必须完成，你该怎么办?

2. 在一次大会上由你为领导撰写的发言稿上有一处明显错误，这时领导已开始发言，你该怎么办?

3. 在一次有两小组10人接力赛跑比赛中，其中有一位同学在准备拿接力棒时，不小心摔倒了，你作为该小组的队员，应该如何处理?

4. 一次你的朋友病了，你买了礼物去看他，在楼道里碰见你单位领导的爱人，她以为你是来她家的，顺手接过礼物，并说谢谢，问你如何说明你的真实来意并不使对方尴尬?

5. 假如领导派你和一个有矛盾的同志一起出差，你如何处理?在日常生活中，出现这样的事情你是如何处理的?试举例说明。

一、认识随机应变思维

（一）随机应变思维的内涵

随机应变思维法又称为应变思维法，就是面对突然而至的意外变故，在既无先例可循，又较难作出准确判断的情况下，最大限度地发挥自己的聪明才智和想象力，冲破常规的思维模式，能够根据实际情况作出恰当而有效的反应以取得成功或达到圆满解决问题的思维方法。随机应变思维的本质就是要面对突如其来的变化，能够作出恰当的快速反应。

世界上的任何事物都在变化，而且变化不可能完全一样，每一件事具有自己的特点。古希腊哲学家有一句名言："一生绝对不可能两次踏进同一条河流。"这也就是说任何事物处在不停地变化之中，空间、时间均在发生变化。一个人要具备随机应变思维，就必须首先认识了解到我们的世界是在不断地变化中，并注重其中的变化，只有这样，才能取得事业上的成功。

随机应变思维应该有如下几个特点：

1. 变通性

办任何事情，首先在意识上就要有变通的准备。碰到一件棘手的难题，如果按照老的想法和办法来考虑解决，四处碰壁，似乎没有办法了。此时必须从实际出发，实事求是，见机行事，懂得权衡变化，才能找到解决问题的有效办法。

2. 独特性

既然世界上的万事万物没有相同的，即使有相同的，也在不停地运动变化当中。随机应变思维能够切合当时事情发展的具体情况，能从以前所没有的角度、观点去认识事物并及时作出适当的反映，形成与众不同的独特见解，这也是随机应变思维最基本也是最高的目标。

3. 及时性

随机应变的及时性是指思维路线畅通无阻，灵敏快捷，能在较短的时间内做出合理的反应，根本看不出牵强附会的痕迹。在现实生活当中，我们有这种体验，很多时候当时不知所措，后来静下心来思考后，常常后悔当时怎么就没有想到，就是思维的及时应变能力不够。可见要加强随机应变思维的及时性，需要在日常生活具有危机意识时多做准备，才能在危急时刻不手忙脚乱。

（二）启发随机应变思维小故事

◆苏沃洛夫的奇怪问题

18 世纪俄国大军事家苏沃洛夫非常注意培养训练士兵随机应变、当机立断和快速反应的能力。苏沃洛夫认为这些是一个士兵必不可少的品质和素质。苏沃洛夫与士兵们在一起时，常常会突然问：

“森林里有多少细菌?”

“天空中有多少星星?”

“这个蚁穴里有多少只蚂蚁?”开始，有的士兵不明白他的用意，被弄得摸不着头脑，只好回答：“我不知道。”

苏沃洛夫最讨厌的就是这句不负责任的“我不知道”，一听这话就异常愤怒。

其实，苏沃洛夫突然地提出一些使人发蒙的问题，正是他训练士兵随机应变、快速反应的一种方法。他常常说：“谁要是在平时经不住突然的一问而惊慌失措，那他在战斗时又怎么能禁得住敌人突然一击呢?”

如果苏沃洛夫提出一个明显无法回答的问题，如“那颗星星离地面有多远?”而士兵回答“相当于苏沃洛夫行军路程”，或者某个士兵突然提出一个问题反问他：“侯爵大人，你知道我祖母叫什么名字吗?”而他却无法回答，他就格外高兴。

因为他知道，这样的士兵不再是一个只知道机械服从命令、向前冲锋而没有头脑的机器，而是成为了一名有头脑、有主动创造精神和敏锐反应力的真正战士了。这样的战士才能打胜仗。久而久之，苏沃洛夫的战士们都能迅捷自如地回答他提出的任何一个突如其来的问题。同时，对敌人的一切突然袭击，战士们也都能表现得从容镇定、应付自如，以灵活大胆的反击来回敬敌人。

从这个故事中我们可以看出，随机应变能力不仅是战士必不可少的素质，也是当代人应当具有的基本能力之一。在当今社会中，我们每个人每天都要面对比过去成倍增长的信息，如何迅速地分析这些信息，是人们把握时代脉搏、跟上时代潮流的关键。另一方面，随着社会竞争的加剧，人们所面临的变化和压力与日俱增，每个人都可能面临择业、下岗等方面的困扰。努力提高自己的应变能力，对保持健康的心理状况是很有帮助的。

（三）如何锻炼随机应变思维能力

训练随机应变思维能力的方法其实并不神秘，只要在日常学习、工作和生活中，注意提高自己的文化素质，有较丰富的知识，有较高的道德品质，有较好的心理素质，就能比较从容地应对各种意料之外的情况，提高随机应变思维能力。

1. 提高文化素质

有时候我们只能眼睁睁面对突然发生问题，却没能及时做出应对，主要原因就在于缺乏广博的知识，缺乏一定的文化理论素养。只有具备必要的专业知识和丰富的相关知识，加上学以致用，才能有利于展现随机应变思维的合理性。也许有人问，没有丰富的知识的人也能想出好的点子。知识并不很不丰富的人常有聪明的随机应变之举，但知识不广博的人可以聪明一时，很难聪明一世，万一碰上特别复杂的问题，也就无能为力。

2. 具备较高的道德品质

随机应变思维的指向性必须是符合人类社会道德的，在应变的同时，不会对他人和社会造成危害或损失，否则就是没有原则性的乱变而造成祸害。

汪精卫是民国政治史中一个重要而复杂的人物，汪精卫以“烈士”登上历史舞台，却以“汉奸”结束政治生命。在其六十余年的生涯中，集中了“无政府党人”和“国民政府主席”、“民族主义者”和“汉奸”、“革命志士”和“反革命”等多种相互对立的政治身份和立场。在复杂多变的社会动荡中，汪精卫可谓“识时务者为俊杰”，然而由于缺乏道义、民族精神及坚韧意志等道德品质，在随机应变中失去了方向，随波逐流，甚至沦为为虎作伥、祸害人民的“汉奸”。

3. 具备较好的心理素质

在工作、学习等社会生活中，经常遇到意外。人们遇到意料之外的情况，本能是惊慌失措，胡乱应对，就会导致不堪设想的后果。无论遇到什么措手不及的情况下，都需要保持冷静，不乱方寸，才能把握主动权，稳操胜券。在表情上及动作上我们看起来若无其事，思想上却在紧张思考，须以镇静和稳定的心理素质为前提。有处变不惊的本事，才有随机应变思维能力发挥的余地。为锻炼较好的心理素质，平时大家就要有应对变化的心理准备，即使遇到突至变化，虽然难免一时紧张，但要善于控制情绪，稳住阵脚，勇敢地面对困难，及时调整，随机应变，才能控制甚至驾驭事态的发展。

二、 随机应变思维训练寓言启发

（一）按图索骥

战国时期，秦国有个人叫孙阳，精通相马，无论什么样的马，他一眼就能分出优劣。他常常被人请去识马、选马，人们都称他为伯乐。

有一天，孙阳外出打猎，一匹拖着盐车的老马突然向他走来，在他面前停下后，冲他叫个不停。孙阳摸了摸马背，断定这是匹千里马，只是年龄稍大了点。老马专注地看着孙阳，眼神充满了期待和无奈。孙阳觉得太委屈这匹千里马了，它本是可以奔跑于战场的宝马良驹，现在却因为没有遇到伯乐而默默无闻地拖着盐车，慢慢地消耗着它的锐气和体力，实在可惜！孙阳想到这里，难过得落下泪来。

这次事件之后孙阳深有感触，他想：这世间到底还有多少千里马被庸人所埋没呢？为了让更多的人学会相马，孙阳把自己多年积累的相马经验和知识写成了一本书，配上各种马的形态图，书名叫《相马经》。目的是使真正的千里马能够被人发现，尽其所才，也为了自己一身的相马技术能够流传于世。

孙阳的儿子看了父亲写的《相马经》，以为相马很容易。他想，有了这本书，还愁找不到好马吗？于是，就拿着这本书到处找好马。他按照书上所画的图形去找，没有找到。又按书中所写的特征去找，最后在野外发现一只癞蛤蟆，与父亲在书中写的千里马的特征非常像，便兴奋地把癞蛤蟆带回家，对父亲说："我找到一匹千里马，只是马腿短了些。"父亲一看，气不打一处来，没想到儿子竟如此愚蠢，悲伤地感叹道："所谓按图索骥也。"

※寓言思考

相千里马相出癞蛤蟆来，笑不笑话？虽然有点夸张，但在现实中确实有类似令人啼笑皆非的事情。因此在学习和工作中，不能死背教条，生搬硬套，否则会闹出笑话，招致损失；应当在实践中验证前人流传下来的书本知识，联系当前实际情况加以取舍并加以发展，这才是正确的态度。

（二）执着与变通的实验

美国威克教授曾经做过一个有趣的实验：把一些蜜蜂和苍蝇同时放进一只平放的玻璃瓶里，使瓶底对着光亮处，瓶口对着暗处。结果，那些蜜蜂拼命地朝着光亮处挣扎，最终气力衰竭而死，而乱窜的苍蝇竟都溜出细口瓶颈逃生。这一实验告诉我们：在充满不确定性的环境中，有时我们需要的不是朝着既定方向的执著努力，而是在随机应变中寻找求生的路；不是对规则的遵循，而是对规则的突破。我们不能否认执著对人生的推动作用，但也应看到，在一个经常变化的世界里，灵活机动的行动比有序的衰亡好得多。

※寓言思考

只知道执著的蜜蜂走向了死亡，知道变通的苍蝇却生存了下来。执著和变通是两种人生态度，不能单纯地说哪个好或哪个不好。单纯的执著与单纯的变通，二者都是不完美的，只有二者相辅相成才能取得最后的成功。

三、随机应变思维训练案例示范

（一）物业管理案例

小区一租住户想要搬出一部分家私，他千方百计联系此时正在国外的业主，但就是联系不上。按照管理规定，租住户搬出家私等贵重物品，必须有业主的书面许可，而没有业主的书面许可，门卫不予放行（这一规定有必要，现实中确实发生过个别租住户拖欠业主房租、搬走业主家私而偷偷溜之大吉的事情）。急于搬出家私的住户万般无赖，只好找到物业管理公司经理，恳请给予通融放行。

物业管理公司经理考虑，若简单放行，恐怕损害业主的利益；若拒不放行，又会使住户感到不便（租住户和业主同样都是物业公司的服务对象，兼顾二者利益应为物业管理公司所必需，绝不能只对业主关心备至，而对租住户冷若冰霜）。于是鉴于租住户只是搬出部分家私，物业公司提出了一个变通办法，租住户列出所搬出家私清单，并暂交与家私价值相当的押金，物业管理公司做好记录，并出具收取押金的收据，一旦租住户能够提供业主的书面许可材料，物业管理公司立刻全额退还押金（这一办法有可取之处，但前提是要让其正确理解，否则容易引起财产纷争）。这位租住户觉得物业管理公司的建议合情合理，便欣然接受。

时隔不久，该租住户拿到了搬出家私的业主书面许可材料后，再到物业管理公司换取押金，还对物业管理公司既对业主负责又为住户着想的做法赞许有加。

※思考导向

在工作中，执行规章制度必须一丝不苟，但一丝不苟并不等于死咬住条条框框不放。正确的做法应当是把握住规章制度的基本精神，把原则性与灵活性结合起来，才能真正把制度落到实处。

（二）恒宝手表的广告

国际汽联副主席伯尼·埃克莱斯顿拍摄的一幅恒宝表（Hublot）广告，广告图片上的他右眼乌青，左边嘴角也被殴打至青肿。下面的广告语是："看这些人干的好事，只是为了抢一块恒宝手表。"

事情的经过原来是这样的。伯尼在赛车世界可谓一手遮天，但他怎么也想不到自己会被劫匪盯上。一日晚上十点左右，伯尼和30岁的美丽女友弗洛西刚刚走出位于伦敦市中心的F1管理公司，就被4个劫匪团团围住。面对突如其来的袭击，伯尼没做任何抵抗。劫匪们搜走了伯尼和女友身上的所有现金，还掳走了价值20万英镑的珠宝和恒宝手表。或许是因为仇富心理，钱财到手的劫匪还对伯尼进行了一番拳打脚踢，然后扬长而去。

随后赶来的警察把伯尼送往了医院。虽然头部和右手有轻微的创伤，右眼也出现了淤血，但医生认为伯尼并无大碍，就让他回了家。抢劫后的第二天，伯尼就带着他那被严重打伤的右眼照常上班了。打劫事件已经发生了快半个月，伦敦警方还没有找到任何头绪。警方为破案而苦恼，伯尼却乐在其中，反而利用遭劫事件给恒宝的手表做起了平面广告。广告中，伯尼黑肿的右眼特别引人注目，这也是该广告的最大看点。另外，伯尼还给广告配了一句话："看这些人干的好事，只是为了抢一块恒宝手表。"

※思考导向

把黑肿的眼睛当成商业卖点？不得不佩服伯尼的商业头脑和遇事随机应变之道。估计伯尼从中获得的广告代言费比他遭劫的财物损失多得多，难怪这个渔夫的儿子能执掌全世界最贵的运动（F1赛车）36年之久。

（三）周恩来巧拒基辛格

长沙马王堆汉墓发现不腐女尸引起世界轰动。基辛格博士秘密访华时曾向周总理提出一个要求："尊敬的总理阁下，贵国马王堆一号汉墓的发掘成果震惊世界，那具女尸确是世界上少有的珍宝啊！本人受我国科学界知名人士的委托，想用一种地球上没有的物质来换取一些女尸周围的木炭，不知贵国愿意否？"周总理听后，随口问道："国务卿阁下，不知贵国政府将用什么来交换？"基辛格说："月土，就是我国宇宙飞船从月球上带回的泥土，这应算是地球上没有的东西吧！"周总理听后哈哈一笑说："我道是什么，原来是我们祖宗脚下的东西。"基辛格听后一惊，疑惑地问道："怎么？你们早有人上了月球，什么时候？为什么不公布？"周总理笑了笑，用手指着茶几上的一尊嫦娥奔月的牙雕，认真地对基辛格说："我们怎么没公布？早在5000多年前，我们就有一位嫦娥飞上了月亮，在月亮上建起了广寒宫住下了，不信，我们还要派人去看她呢！怎么，这些我国妇孺皆知的事情，你这个中国通还不知道？"周总理机智而又幽默的回答，让博学多识的基辛格博士笑了。

※思考导向

长沙马王堆汉墓女尸经历千年而不腐烂，这是一个应当严禁外泄的国家科研机密。周总理不为基辛格博士提出的用月土交换木炭的方案所动心，并且巧妙地借用中国古代传说，婉转地拒绝了对方的请求。

（四）床罩的发明

床罩的历史可以追溯到14世纪的法国。据记载，这个伟大的发明者是一个普通的法国高卢妇女。她是一个红脸颊、满脸雀斑和害羞的姑娘，名叫迪迪，在与同村的马夫路易幽会了3个月后正式举行了婚礼。不幸的是，一直到了新婚后的第一个早晨，年轻的妻子才发现马夫有遗尿的毛病——他把婚床和被褥变成了尿布。这时，祝贺婚礼的客人们已陆续临近，在门外，他们大声笑闹，捶打木门，更换被褥已经没有时间了。聪明的妻子望着神情沮丧的丈夫，忽然灵机一动，从衣橱里取出一张床单，迅速铺在潮湿臊臭的被褥上，然后开门迎客。客人们按经常的惯例为新郎新娘祝福，并参观他们的新居。突然，客人中的一个指着床单惊奇地叫道："多奇怪的布罩呀，这洁白的'床罩'一定是巴黎上流社会的最新玩意儿吧?"新娘微微一笑，不置可否。客人们发出啧啧的赞叹："哦，这么时髦，多么漂亮!"

于是，在他们离开后，一种崭新的铺床法就迅速地在法国各地传播开来。3 年后，法国宫廷正式采用了这种方法，按那个客人所说的那样，命名为"床罩"，并把它载入了"宫廷起居事典"。几个世纪后，随着法国军队和文化的隆隆步伐，床罩征服了世界。

※思考导向

法国姑娘迪迪的铺床方法，本来是为了遮丑，没想到被理解为一种全新的铺床方法。其实在日常生活当中遇到一些尴尬事情，只要我们能够转换思维变通处理，不仅能够完美化解，还能有意想不到的收获。

（五）招聘考试

小张去一家外资企业应聘，该公司把前来应聘的人安排在会议室考试，要考三次，时间为三天。第一次考试，小张就以 98 分成绩取得第一，一位姓王的先生以 95 分排在第二。第二次考试时，小张一拿到试卷就感到很纳闷，试题和第一次完全一样。开始，小张认为发错了试卷，但监考人员多次强调试卷没有发错。只要监考员说了没发错，小张也懒得去想，反正自己心中有底能答好。考试时间还没有到一半，就把试卷答完了。于是，小张把试卷交上了，其他的考生也陆续地交了卷子。每个人都春风满面，一副洋洋得意的样子，显然，大家都认为自己稳操胜券。第二次成绩一公布，小张的成绩仍然排在第一。而那位最后交卷的姓王的朋友则以 97 分的成绩排在第二。第三天准时进行了第三次考试。"这次总不会用那同样的题目考试了吧，"小张心里暗自嘀咕道。其他的应聘者也议论纷纷。试卷一发下来，考场顿时沸腾起来，考题和前两次的完全一样。"安静一下，安静一下大家听我说，这次考题和前两次的一样，是公司经理部安排的。他们怎么安排，我们就怎么执行，请大家原谅！如果有哪位先生或者女士觉得这种考试不合理，而你不能接受的话，请你放下试卷，可以走出考场。"监考人员把桌子拍得震天响，大家一看招聘人员动了真格，只好老老实实地低下头来答卷。这次考试更简单，大部分考生根本不看试题就把原先已经熟记在心的答案给写上了。大约有四十分钟的光景，考试应聘者几乎都走光了，只剩下那位王先生。他用手托着腮在那儿冥思苦想，直到收卷铃响起，他才把答卷交上去。第三次考试分数出来后，小张长长地出了一口气，仍旧以 98 分的成绩排在第一，但那位王先生却以 98 分和小张并列第一。不过，小张一点也没有担心被他挤下来。第四天公布录用结果时，小张一下子就傻眼了：王先生被录用了，小张却落选了。小张当时真是气坏了，于是就找到总经理办公室。一见面，小张就异常激动地向经理质问道："我三次都考了 98 分，总成绩排在第一，为什么不录用我，而录用了前两次考分都比我低的考生呢？你们这种考核太不公平了吧？”总经理满脸带笑地看着小张，等到他平静下来后才说：“先生，你的考分确实是第一名，但我的公司没有许诺说谁考的分数高就要谁啊！考分只是我们录用人才的一个依据，而并非最终结果。虽然你考了最高分，只可惜你的答案没有多少变化，几乎一模一样。如果我的公司总用一种思维去经营，也像你的答卷一样，其最终的命运会是什么呢？我们需要的职员不单是有才华，更应该善于思考，有灵活的思维方式，善于反思才能为公司的发展找到好的出路。我们三次考题完全一样，不是仅仅考你们的知识，也是在考你们的反思能力。这次你没被录用，我实在很抱歉。”最后，小张非常羞愧地离开了总经理的办公室。但这次应聘却给他上了非常有意义的一课。

※思考导向

这个故事告诉我们，在经济飞速发展的今天，人们的思维也应该赶上社会发展变化的节奏，应该真正地学会用自己的头脑去思考、创新，而不能故步自封，失去创新的活力。只有你具备了随机应变的创新思维，才能真正地有所开拓创新，并进而获得事业的成功。

（六）米老鼠的诞生

美国的迪斯尼曾一度从事美术设计，后来他失业了。原来他和妻子住在一间老鼠横行的公寓里。但失业后，因付不起房租，夫妇俩被迫搬出了公寓。这真是连遭不测，他们不知该去哪里。一天，二人呆坐在公园的长椅上，正当他们一筹莫展时，突然从迪斯尼的行李包中钻出一只小老鼠。望着老鼠机灵滑稽的面孔，夫妻俩感到非常有趣，心情一下子就变得愉快了，忘记了烦恼和苦闷。这时，迪斯尼头脑中突然闪过一个念头。对妻子惊喜地大声说道：“好了！我想到好主意了！世界上有很多人像我们一样穷困潦倒，他们肯定都很苦闷。我要把小老鼠可爱的面孔画成漫画，让千千万万的人从小老鼠的形象中得到安慰和愉快。”风行世界数十年之久的“米老鼠”就这样诞生了。

在失业前，迪斯尼一直住在公寓里，每天从早到晚都同老鼠生活在一起，却并没有产生这样的设想。而在穷途末路、面临绝境的时候出现了这样的创意，原因何在？其实，“米老鼠”就是触发思维的产物。

※思考导向

这个故事告诉我们，在对问题已进行较长时间思考的探索过程中，需随时留心和警觉，在同某些相关与不相关的事物相接触时，有可能在头脑中突然闪现所思考问题的某种答案或启示。就像迪斯尼夫妇被小老鼠触发一样，许多意想不到的东西都可以成为触发创意的媒介物。这一点也就是要求我们无论面对什么困难时，一定要随时保持高度警觉，并对变化的情况做出及时合理的反应。

四、 随机应变思维训练游戏体验

（一）高难度的早餐

老王一家四口人都非常喜欢吃鹌鹑蛋，但每个人对鹌鹑蛋煮熟的程度各有不同的偏好。

这一天，老王家里的早餐就是鹌鹑蛋和热汤。但有点麻烦的就是，家里四个人不但对鹌鹑蛋几分熟的要求不一样，就连煮汤的时间要求也不相同。老王自己喜欢吃煮了 10 分钟的蛋和 5 分钟的热汤；老王的爱人喜欢吃煮了 8 分钟的蛋和 8 分钟的热汤；老王的儿子则喜欢 12 分钟的蛋和 6 分钟的热汤；女儿喜欢 6 分钟的蛋和 10 分钟的热汤。

家里只有一口煮蛋熬汤的锅，但老王还是很快就做好了早餐。那么，要做好能满意一家人口味的鹌鹑蛋和热汤，最少需要花多长的时间？

（二）准确的案发时间

一天夜里，一个小区里突然发出一声很响的惨叫声，夜深人静的时候特别刺耳，所以小区里好几家住户都听到了。

第二天一大早，小区里的住户就发现原来昨晚的尖叫是死在花园里受害者的声音。来办案的警察向邻居们了解案件发生的确切时间，向大家询问听到叫声的准确时间。一位邻居说他是 12：08 分听到的，另一位老头说是 11：40 分，杂货店的老板说他清楚地记得是 12：15 分，还有一位先生说是 11：53 分。但这 4 个人家的表都不准确，在这些表里，一个慢了 25 分钟，一个快了 10 分钟，还有一个快 3 分钟，最后一个慢 12 分钟。

那么你能帮警察确定作案时间吗？

（三）两种颜色的字母

根据下面的逻辑，Z 应该是黑色还是白色的？

A（白）；F（白）；K（白）；
P（白）；U（黑）；B（白）；
L（黑）；O（黑）；T（白）；
V（黑）；C（黑）；H（白）；
M（白）；R（白）；W（黑）；
D（白）；N（白）；S（黑）；
X（白）；E（白）；J（黑）；
Y（黑）……

（四）地图中的城镇

下图是一张地图，A、B、C、D、E、F 各代表一个城镇，C 在 A 的南边，E 在 B 的东南边，B 在 F 的西南边，E 在 C 的西北边。有如下问题请回解答：

①图中的 1 是哪个城镇？

②哪个城镇位于最西边？

③哪个城镇位于 A 的西南边？

④哪个城镇在 D 的北边？

⑤图中的 6 是哪个城镇？

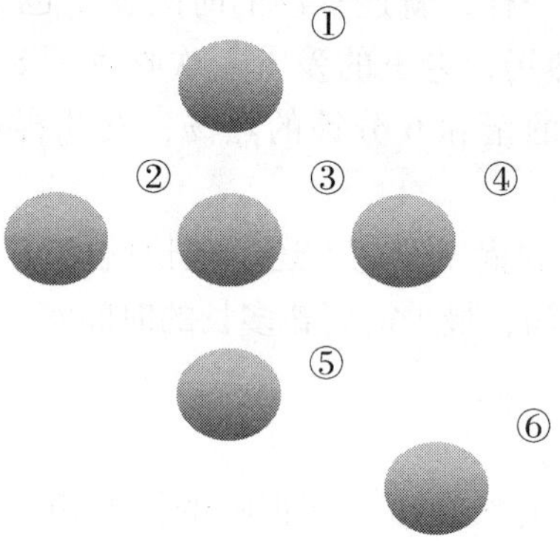

（五）推算等式

现在有这样两个等式：

12345679×9 = 111111111

12345679×18 = 222222222

现在，不通过计算，你能不能在下边的算式中填入适当的两位数，从而让等式成立呢？

12345679×（　　）= 333333333

12345679×（　　）= 444444444

12345679×（　　）= 555555555

12345679×（　　）= 666666666

12345679×（　　）= 777777777

12345679×（　　）= 888888888

12345679×（　　）= 999999999

（六）中介公司的收费方法

一家中介公司按照服务项目所涉及的金额，按照一定的比例收费。他们的标准如下：1 万元及其以下收取 50 元的费用；1 万元以上、5 万元（含）以下的部分收取 3%；5 万元以上、10 万元（含）以下的部分收取 2%，比如一项服务涉及的金额是 5 万元，那么收取的服务费是 1250 元。

现在有一项服务费涉及的金额为 10 万元，那么请计算该中介公司的收费金额。

第九章　学习创新思维训练

学习创新思维能力自测自检（10个选项）

◆请完成以下10个自测选项，选A得3分，选B得2分，选C得1分。获24分以上，说明你的学习创新思维能力很强，请继续保持和提升；获15-24分，说明你的学习创新思维能力一般，请努力提升；获15分以下，说明你的学习创新思维能力很差，急需提升。

1. 你通常以哪一种学习为主？（　　）
   A. 自我学习　B. 有针对性的培训
   C. 脱产学习
2. 你如何理解“在解决问题中提升学习能力”？（　　）
   A. 实践出真知　B. 是有目的的学习
   C. 能知道学习中更应注意的地方
3. 你如何认识“学习”？（　　）
   A. 学习是为了创新　B. 为了探究事情的原因
   C. 学习知识和经验
4. 如果别人有了新的创意，你通常怎么认识？（　　）
   A. 我也许还能改进和完善　B. 它的创意思维值得学习
   C. 根据实际评估其创意
5. 你通常在何种环境下进行学习？（　　）
   A. 在工作和生活中　B. 在工作中
   C. 在课堂和培训课上
6. 你如何应用自己学到的知识？（　　）
   A. 根据实际情况加以创新应用　B. 首先模仿，然后改造
   C. 照搬照用
7. 在学习中，你如何联想？
   A. 把看到和学到的与自己的目标相联系B. 通过比较和平行思考
   C. 很少联想
8. 你如何看待学习中的模仿行为？（　　）
   A. 学习需要模仿，更需要创新　B. 单纯的模仿有时会误入歧途
   C. 模仿是一种简单的学习方式

9. 你如何理解学习对问题解决的重要意义？(　　)

A. 能够提高问题解决能力　　B. 能够开拓问题解决的思维

C. 能够学到问题解决的方法

10. 你如何认识勤奋学习？(　　)

A. 任何成功都是勤奋的结果　　B. 勤奋学习不一定会带来成功

C. 聪明的人可以不勤奋

一、认识学习创新思维

（一）学习创新思维的内涵

学习创新思维能力是通过对环境中的学习对象进行分析和研究，从而获得新观点、新创意和新成果的能力。在创新已成为社会发展原动力的今天，学习创新作为重要的创新方式，正在受到越来越多的人的重视。

（二）启发学习创新思维小故事

◆响声得到启发

法国著名医生雷内克瓦带着女儿在公园玩。女儿要求爸爸跟她玩跷跷板，玩了一会，雷内克瓦觉得有点累，就将半边脸贴在跷跷板的一端，假装睡着了。

突然，他听见一声清脆的响声，原来是女儿用小木棒在敲跷跷板的另一端。这一现象，立即使雷内克瓦联想到自己在医疗中遇到的问题：在给患者听诊时，他是将耳朵贴近患者的部位，这种方法不科学也不方便，于是通过跷跷板的启发，是否可以通过某样东西，使病人身体各个部位的声响让医生能清楚听见呢？于是就这样诞生了世界第一个听诊器。

从本故事中我们可以受到启发，医生雷内克瓦利用小木棒敲击跷跷板发出声响的现象，通过自己的思考和分析，运用在医学领域而成功发明听诊器，这是典型的学习创新过程，也正是依靠他的学习创新能力，获得了巨大的成功。生活当中的点点滴滴都应该是我们的学习对象，因为他们很可能就是创新的来源，这就需要我们在生活中处处留心，时时留意。学习对象无处不在，我们要通过学习把他们打造成一把钥匙，用这把钥匙打开创新的大门。

站在巨人的肩膀上，才能站得高、望得更远。这就需要我们在创新活动中积极添加学习的因素，从而使自己在创新之路上走得更快、走得更远。学习创新能力已经成为瞬息万变的时代对我们创新素质的要求，是我们必须具备的素质。

（三）如何增强学习创新思维

我们在进行学习创新过程中，首先要选择学习对象。环境中的学习对象范围广泛，形式也多种多样，没有固定的限制。但概括起来，包含以下四个方面来增强学习创新思维：

1. 一般环境中学习对象

一般环境是指一定时空内的所有组织和个人面临的总体环境，这是我们选择学习对象的“大仓储”。因此，我们要扩大自己的视野，关心社会各方面的发展状况，学会利用社会环境中取之不尽，用之不竭的资源进行创新。

2. 行业环境中学习对象

行业环境是我们获得创新灵感的重要来源，关注行业变化不仅可以让我们把握组织的前进方向，更可能给我们的创新活动带来意想不到的启示和帮助。

3. 以竞争对手为学习对象

竞争对手采取的行动与我们的组织利益密切相关，竞争对手的任何行为和改变都值得我们密切关注，这是我们获得学习对象的重要来源。

4. 以身边人为学习对象

身边人包括我们的同学、家庭成员、亲朋好友等，这些人是我们接触最多的人，我们要善于观察他们的行为和活动，善于从他们身上找到引发创新的灵感。

（四）学习创新过程

在确定了学习对象以后，管理者就开始了对学习对象的加工和改造过程，这个过程要经过感觉、记忆和分析处理三个系统。学习创新是一个完整的过程。环境中的学习对象经过人的感觉系统、记忆系统和分析处理系统的吸收和处理，最终产生创新成果。

1. 感觉系统

感觉是学习对象直接作用于人的感觉器官时，人们对学习对象个别属性的反映。感觉是各种复杂的心理过程（如记忆、思维）的基础，是管理者获得创新成果的源泉。

我们对学习对象的认识是从感觉开始的，它是最简单的认识形式。例如当榴莲作用于我们的感觉器官时，我们通过视觉可以反映它的颜色；通过味觉可以反映它的味道，通过嗅觉可以反映它的清香气味，同时，通过触觉可以反映它粗糙的凸起。

感觉虽然是一种极简单的心理过程，可是它在学习创新中具有重要的意义，管理者失去感觉，就不能分辨客观事物的属性和自身状态，就无法进行学习创新的高级阶段。

2. 记忆系统

记忆是人类大脑对过去经验的反映，诸如过去感知过的事物、思考过的问题、体验过的情绪与情感、做过的动作等，都可能保存于大脑中。

记忆是大脑系统活动的过程，一般可以分为识记、保持和重现三个阶段。识记，就是通过感觉器官将学习对象的信息留在大脑中；保持，是将识记下来的信息，短期或者长期地留在大脑里，使其暂时不遗忘或者许久不遗忘；重现，是指根据需要把识记过的材料从大脑里重新分辨并取出来的过程。

我们的创新能力离不开记忆这个源泉，失去了记忆，管理者的行为就必然失去活力和创造力。

3. 分析处理系统

分析处理是指对记忆系统中的信息进行分析和处理，基本过程包括分析、抽象、综合、概括和对比等。

分析是把学习对象分解为各个部分，并把学习对象的各个属性单独分离开的过程。

综合是分析的逆向过程，它是把学习对象的各个部分、各个属性都结合起来，形成一个整体的学习对象。

抽象是把学习对象的共有的特征、属性都抽出来，并对与其不同的，不能反映其本质的内容进行舍弃。

分析处理是我们根据学习对象获得创新成果的关键阶段，分析处理过程的品质决定着我们是否能成功获得理想的创新成果。

二、 学习创新思维训练寓言启发

(一) 猴子伐木反被夹

有一个人想做一套家具，就到树林里去砍树。他在砍树的时候，把树干的一头搁在了树墩上，自己骑在树干上，然后往锯开的缝隙里打了一个楔子，接着再锯，过了一会又把楔子拔出来，再打进一个新的地方。

一只猴子在树上看到了他干的这一切，心想：原来伐木这么简单。后来，这个人干累了，便躺下来打盹。这时，猴子爬下来骑到了树干上，模仿着人的动作锯起树来，锯起来很轻松，但是，当猴子要拔出楔子时，树一合拢，却夹住了它的尾巴。

猴子疼的尖声大叫，无法脱身。

※寓言思考

学习不是照搬，创新不等于模仿。我们在创新中不能机械地模仿他人的经验，否则很可能会适得其反。创新=模仿+改进，没有改进就不是创新。在学习他人成功经验时，我们需要找出他人成功的条件，分析自己是否具有这些条件，只有不断比较双方的差距，才能确保创新能够取得成功。

(二) 厕所不可太豪华

泰迪熊家住在市镇与市镇之间的路上，以种菜为生，常为肥料不足而苦恼。

有一天，泰迪熊灵机一动："这条路上，往来贸易的动物这么多，如能在路边盖个厕所，一方面给过路的动物方便，另一方面也解决了肥料的问题。"于是用竹子与茅草盖了一间厕所，果然往来的路人无不称好，种菜的肥料也从此不缺。

对面的黑熊家也以种菜为生，看见了邻居的收获，非常羡慕，心想："我也在路边盖个厕所，为吸引更多人来，它把厕所盖得非常豪华、清洁、美观、大方"。于是，它用上好的砖瓦搭盖了一间厕所，内外都漆上了石灰，比对边的茅厕大了一倍。完工后，他觉得非常满意。然而，对面的茅厕依旧人来人往，而自己盖的豪华厕所却无人光顾，黑熊家感到非常奇怪，就问了过路人是怎么回事。原来，由于自己的厕所太美、太干净，一般人都不知道是厕所，当然不会进了。

※寓言思考

学习对象的成功都有客观原因，我们不可凭借自己的主观想象进行判断，否则，学习创新的结果不但达不到理想效果，甚至会徒劳无功。与学习对象拥有相似的环境条件时，我们的创新成果与学习对象差别越大，就越应该慎重决策。

三、 学习创新思维训练案例示范

（一）两个秀才比书法

在清代乾隆年间，有两个秀才练习书法，一个极认真地模仿古人，讲究一笔一画都要酷似某某，如某一横要像苏东坡，某一竖要像李白。自然，一旦练到了这一步，他颇为得意。另一个则正好相反，不仅苦苦练习，还要求每一笔每一画都要不同于古人，讲究自然，直到练到了这一步，才觉得心里踏实。

那么，究竟谁更高明呢？两个人谁也不服谁。

有一天，第一个秀才嘲讽第二个秀才，说："请问仁兄，您的字有哪一笔是古人的？"后一个秀才并不生气，而是笑着嘲讽反问一句："也请问仁兄，您的字，究竟哪一笔是您自己的？"第一个秀才听了顿时哑口无言。

※思考导向

模仿固然重要，但创新更为关键，我们需要在模仿中进行创新。机械地模仿，只能跟在他人后面跑；在学习中进行创新，则能从容地走在领域的前沿。

（二）游戏带来的计划

罗宾在美国拥有几家糖果商店，但经营状况都不理想。在众多糖果商店的竞争之下，他虽然使出浑身解数，但都收效甚微。面对销量越来越少的局面，他整天苦想：怎样让小孩来买"香甜"牌糖果呢？

有一天，罗宾看见一群孩子玩游戏，立即被吸引住了。孩子们把几颗糖果平均放到口袋里，由一个公选的人把一颗"幸运糖"放在其中某个口袋中，不许别人看见，然后大家随意选一个口袋，有幸拿到"幸运糖"的人就要享受特权……

他思索着这个奇怪有趣的游戏规则，突然一个灵感闪现在他的脑海中，他欣喜若狂。思考了许久，终于有一个宏伟的计划。当时，一颗糖售价为 1 美分，他就在糖果包里包上 1 美分钱币作为"幸运品"，并在报纸、电视上打出广告："打开，它就是您的！"果然，这一招很奏效，如果买的糖中包有钱币的话，就等于免费吃了一颗糖，于是孩子们纷纷都来他这里买糖吃，罗宾把"香甜"这个名字也改成了"幸运"。他除了大量投入生产外，还不惜血本找来许多经销商，并大做广告，将"幸运"糖描绘成一种可以获得幸运机会的新鲜事物，他还创造出一个可爱的小动物形象作为"幸运"糖的标志，使人人都非常熟悉这个品牌。因为方法奇特新颖，"幸运"糖立即闻名全国，于是罗宾的糖果店生意就像长了翅膀一样，销售倍增。

※思考导向

环境中缺乏的不是学习的对象，而是善于发现的眼睛；缺乏的不是创新的灵感，而是善于思考的大脑。环境中的学习对象范围极广，形式多样，没有固定的限制，因此，我们需要扩大自己的视野，学会利用环境中取之不尽，用之不竭的资源进行创新。

（三）东施效颦把人吓

春秋时代，越国有一位美女叫西施。她的美貌简直到了倾国倾城的程度，无论是她的举手投足，还是她的音容笑貌，样样都惹人喜爱。西施略用淡妆，衣着朴素，走到哪里都有很多人注视她，没有人不惊叹她的美貌。

西施患有心口痛的毛病，有一天，她的病又犯了，只见她手捂胸口，双眉紧闭，露出一种娇媚柔弱的美丽。当他从乡间走过，乡里人都无不睁大眼睛竞相观看。

有一名丑女叫东施，她平日动作粗俗，说话大声大气，却整天都做着“美女梦”。今天穿这样的衣服，明天梳那样的发式，正巧这一天，东施碰见西施捂着胸口、双眉紧闭竟博得这么多人的青睐，因此回去后，她也学者西施的样子，手捂胸口，紧皱眉头，在村里走来走去。哪知她的矫揉造作，使她更不堪入目。结果人们见她不是紧闭门户，就是远远地躲开。

※思考导向

进行某项活动时，管理者要意识自己不是他人，他人的成功经验只能看和思，而不能简单地模和仿。我们在进行学习创新时，既要分析对象的成功之点，可取之处，也要进行自我剖析，找出自己的差距，根据差距进行适合自身水平和条件的创新活动。

（四）学步以后只会爬

相传在两千年前，燕国寿陵地方有一位少年。

这位少年不愁吃穿，论长相也不错，可他就是缺乏自信心，经常无缘无故地感到自己低人一等——衣服是人家的好，饭菜是人家的香，站相坐相都是人家高雅。他见什么学什么，学一样丢一样，虽然花样翻新，始终不能做好一件事，不知道自己该是什么模样。

家里劝他改一改这个毛病，他反而嫌家里人管得太多。亲戚、邻居们说他是狗熊掰棒子，他也根本听不进去。日久天长，他竟怀疑自己该不该这样走路，越看越觉得自己走路的姿势太笨、太丑了。

有一天，他在路上碰见几个人说说笑笑，听见有人说邯郸人走路的姿势非常美，就急忙上前，想打听个明白。不料，那几个人看见他，一阵大笑之后就扬长而去。

他想象不出来，邯郸人走路的姿势竟是怎么样的美呢？这成了他的一块心病。终于有一天，他瞒着家人，跑到遥远的邯郸学走路去了。

一到邯郸，他处处感到新鲜，简直令人眼花缭乱。看到小孩走路，他觉得活泼，就学了起来；看见老人走路，他觉得稳重，又学了起来；看见妇女走路，摇摆多姿，又跟着学了起来。就这样，不过半月光景，他自己连走路也不会了，路费也花光了，只好爬着回去了。

※思考导向

勤学学习是应该肯定的，但一定要从自己的实际出发，取人之长、补己之短，而不可妄自菲薄、盲目崇拜、生搬硬套、亦步亦趋。

在进行学习创新时，我们应根据创新目标选择学习对象，从而使学习的过程更有针对性和更有效果。

四、 学习创新思维训练游戏体验

（一）汽车归属

哈利、佛瑞德和保罗 3 个邻居各有 3 辆车，一辆双开门，一辆四开门，一辆五开门。他们各有一辆别克、福特和本田。同一品牌的车门数不同。哈利的别克与佛瑞德的福特有同样数量的开门。保罗的别克和哈利的福特有同样数量的开门。哈利的本田是双开门。福瑞德的本田是四开门，请问：

①谁有一辆 5 开门的本田？

②谁有一辆 5 开门的福特？

③谁有一辆双开门的福特？

④谁有一辆 4 开门的别克？

⑤谁有一辆 5 开门的别克？

⑥谁有一辆双开门的别克？

（二）火柴棒围城

下边有一个用 35 根火柴组成的火柴棒围城。你能在这座城市上，只移动其中的 4 根火柴，使原来的图形变成 4 个封闭的大小不等的正方形吗？

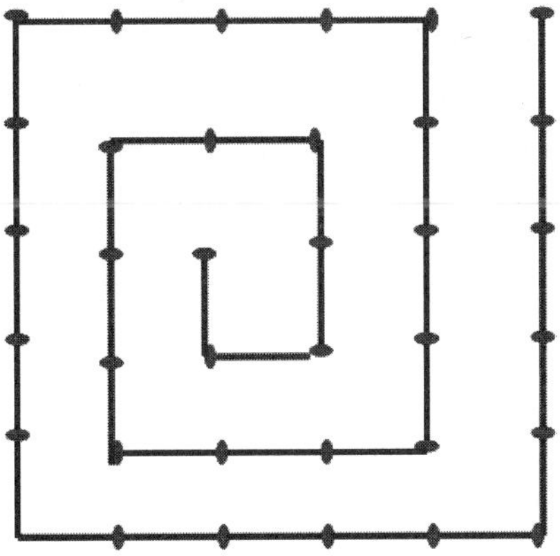

（三）上下交错

看下边这个数列，找出其中的规律，在问号处填入适当的数字。

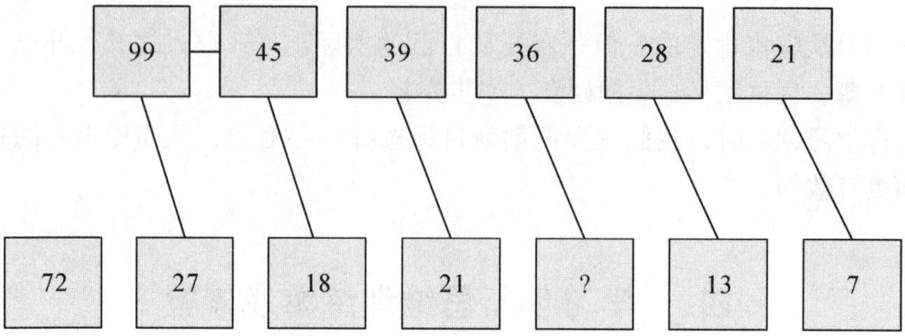

（四）处理排名

有三个著名演员应邀到一个剧场演出，他们向剧场的经理提出一个同样的要求，即在海报上把自己的名字排在前边，否则，他们将退出演出。

这个难题令剧场经理头痛不已，三名演员同台献艺的消息早已传开，总不可能临时改为个人专场演出，何况这几位演员都是走红明星，得罪哪一个都对剧场经营不利，该如何是好呢？

（五）中国银行有多少钱

在 1950 年，一次外国记者问周恩来总理，“中国银行有多少钱？”面对这个一语双关的不友好的询问，如从正面无论怎样回答，都不会产生好的效果。如果你是总理，你将怎么回答呢？

（六）商贩的苹果

商贩甲和商贩乙是好朋友，有一天商贩甲出了一点事情，就将自己出售的苹果托付给乙帮着出售，已知甲和乙的苹果个数一样多，但是因为甲的苹果比较小，所以卖 1 块钱 3 个，而乙的苹果比较大，所以卖 1 块钱 2 个。现在乙为了方便，将所有的苹果都混在一起了，以 2 块钱 5 个的价格出售。

等到苹果卖完之后，甲和乙开始分钱。此时，他们都发现，这样出售苹果比单独卖要少 7 块钱。请计算出甲和乙每个人到底有多少苹果？

第十章　管理创新思维训练

管理创新思维能力自测自检（10个选项）

◆请完成以下10个自测选项，选A得3分，选B得2分，选C得1分。获24分以上，说明你的管理创新能力很强，请继续保持和提升；获15-24分，说明你的管理创新能力一般，请努力提升；获15分以下，说明你的管理创新能力很差，急需提升。

1. 你对管理创新的理解？（　　）

A. 是为了实现组织目标的创新活动

B. 是管理模式的创新

C. 是制度的创新

2. 你认为管理创新的目的是什么？（　　）

A. 使组织可持续发展　　B. 提高工作效率

C. 提高企业利润率

3. 你对组织创新的理解？（　　）

A. 是管理创新的必然要求　　B. 目的是提高企业效率

C. 是组织机构调整

4. 你认为管理创新与维持之间的关系应该是怎样的？（　　）

A. 创新是维持基础上的发展　　B. 相互紧密联系

C. 要创新就必须放弃维持

5. 你作为一名管理者将如何理解自发创新和组织创新？（　　）

A. 组织创新的成功机会更大　　B. 都是管理创新

C. 自发创新必然会失败

6. 你认为管理创新最大的推动力是？（　　）

A. 客户　　B. 竞争对手

C. 管理者

7. 作为管理者，当下属犯了一点小错误，你如何处置？

A. 按照规定严格处理　　B. 进行适度批评

C. 不必在意，谁都有犯错的时候

8. 你如何理解精细化管理？（　　）

A. 是一个系统工程　　B. 目的是精益求精

C. 是一个管理概念

9. 你如何看待细节管理在管理中的作用？(　　)

A. 管理就是要落实到细节　　B. 管理中要把握关键细节

C. 管理可以不关注小节

10. 在竞争中，你通常如何发现竞争对手的漏洞？(　　)

A. 从细节中发现　　B. 从竞争手段中发现

C. 从竞争战略中发现

一、认识管理创新

(一) 管理创新的内涵

管理创新是指富有创造力的组织通过把新的管理方法、管理手段、管理模式等管理要素或者要素组合引入组织管理系统，不断地将创造性思想转变为某种有用的结果，从而更有效地实现组织目标的创新活动。

(二) 启发管理创新思维小故事

◆三个和尚挑水吃的故事

从前有句老话，“一个和尚挑水吃，两个和尚抬水吃，三个和尚没水吃”。其实只要进行管理创新，三个和尚吃水问题就全解决了。

第一座庙的三个和尚商量，咱们搞个接力吧，每人挑一段路。第一个和尚从河边挑到半路，停下来休息，第二个和尚继续挑，然后传给第三个和尚，挑到缸边倒进去，空桶回来再接着挑。这样一搞接力，大家都不太累，水缸也很快就被挑满了水。这是协作的办法，可以叫“机制创新”。

第二座庙的老和尚把三个徒弟叫来，说我们成立了新的庙规，引进了竞争机制，你们三个人都去挑水，谁水挑得多，晚上吃饭加一道菜；谁水挑得少，吃白饭，没有菜。三个和尚就拼命挑水，一会儿水缸的水就满了。这个办法叫“制度创新”。

第三座寺庙的三个小和尚商量，天天挑水太累了，咱们想个办法。山上有竹子，竹子的中心是空的，把竹子砍下来接在一起，做成管道，一头装在水缸上面，一头在临河的山崖边。然后他们又买来了绳子等用具，从河边打上水，直接倒入竹管道就可以了。这样三个和尚轮流换班，一天只需要一个人就能很轻松地打满整缸水。这叫“技术创新”。

从本故事中我们可以受到启发，我们的思维需要不断发散，管理的模式也需要创新，办法也在改变。三个和尚如果不进行管理创新，最终的结果就是都没有水喝。因此，三个和尚要喝水，就必须机制创新、制度创新、技术创新，这些总括起来就是管理创新。我们在日常的工作学习中，无处不用到管理创新，通过创造性思维并将其转换成有用的产品、服务或者作业方法等过程。而组织结构、文化和人力资源这三个因素将有利于管理创新。

（三）如何增强管理创新能力

1. 掌握管理创新思维的五个方面

创新首先是一种思想及在这种思想指导下的实践，是一种原则及在这种原则指导下的具体活动，是管理的一种基本职能。

（1）目标创新

假如我们在一定的经济环境中从事经营活动，就必须根据环境要求按照特定的方式提供特定的产品。每一个具体的经营目标，需要适时地根据市场环境和消费需求的特点，以及变化的趋势加以整合，每一次调整都是一次创新。

（2）技术创新

技术创新是核心，包括企业生产的产品品种和结构的创新，而技术创新在这里就是关键，企业生产的产品创新受制于技术创新的其他方面，往往需要企业率先进行要素和要素组合创新。要素创新包括材料创新、设备创新和人事创新等；要素组合创新包括生产工艺和生产过程两个方面的创新。

（3）制度创新

制度是组织运行方式的原则规定。制度创新需要认真分析组织各成员间正式关系的调整和变革，并从产权制度、经营制度、管理制度三个方面去考虑。其方向是不断调整和优化企业所有者、管理者和员工之间的关系，使各个方面的权益都得到充分的体现。

（4）组织创新

组织形式是企业系统正常运行的载体。管理创新必然要求组织形式的变革和发展，不同的企业有不同的组织形式，同一企业在不同的时期组织形式也会相应调整。组织创新的目的在于更合理地组织管理人员，提高管理劳动的效率。

（5）环境创新

环境是企业经营的土壤，同时也制约着企业的经营。环境创新不是指企业为适应外界变化而调整内部结构或活动，而是指企业通过积极的创新活动去改造环境，引导环境朝向有利于企业经营的方向发展。

2. 管理创新的四个阶段

（1）对现状产生不满

产生管理创新的动机都来源于对企业现状的不满：或者是企业遭遇危机，或者是经营环境发生了变化，或者是竞争者的出现对自已构成战略威胁，或者是某些人对操作性问题产生了抱怨。当企业出现这些不和谐的情况后，不得不解决这些问题时，除了管理创新似乎别无选择。管理创新是对组织原有的某种形式的挑战，它更容易产生于紧要关头；不协调为创新提供了“导火线”。

（2）从其他来源中寻找灵感

管理创新的灵感来源非常广泛，可能来自其他社会体系的成功经验，也可能来自那些未经证实却非常有吸引力的新观念；但是这些来源很难从一个企业的内部产生。盲目观察、对照和模仿竞争者的行为，会使得企业缺乏创新，而导致整个产业的高度趋同。只有通过其他来源获得灵感，才能够开创出真正的全新创新。

（3）在企业内部进行创新

创新需要行动，把灵感变成执行才是最好的创新。任何想法都不可能是完美的，只有付诸行动才有意思。管理者需要找到合适的机会来推动管理创新。

（4）争取内外的一致认可

管理创新存在着回报的不确定性和巨大的风险。很多人无法理解创新的潜在收益，或者担心创新失败而造成损失，因而会竭力反对和抵制创新。实施管理创新的关键是争取内外对创新的一致认可。在尚且无法通过数据证明管理创新的有效性时，管理者通常会寻求外部认可来促使内部变革，但在最初阶段，获得组织内部的接受比获得外部人士的支持更为关键。

二、 管理创新思维训练寓言启发

（一）猴子如何来管理公司

大象和猴子分别成立了自己的公司。

大象公司和大多数公司一样，它的职员喜欢没事看看报纸，聊聊天。然后坐着等下班。大象虽然多次强调大家要提高工作效率，可并没有多大起色。听说猴子管理得不错，大象就带领一批职员前去猴子的公司考察，它在那里发现了一个奇怪的现象。

大象口渴，想喝水，它发现猴子公司的办公室里竟没有饮用水。一问才知道，猴子规定在办公室里不准喝水，要喝水就必须去饮水处。

于是大象来到了饮水处，又是一惊，它看到一种从未见过的一次性杯子——锥形水杯。这个杯子只能拿在手里，不能放下来；也就是说，它让你必须马上喝完，喝完就投入到工作中。

※寓言思考

提高工作效率是管理创新的核心，管理创新并不一定非是管理制度、组织结构等大的改变，一切可以提高管理水平和效果的内容都应该纳入管理创新的范畴。提高工作效率是管理创新的关键，为此，我们在日常生活学习中认真观察、仔细分析，任何一个微小的细节变化都可能带来意想不到的效果。

（二）动物捐纪念长椅

森林王国在老虎大王的治理之下，经济得到快速发展，动物们也越来越富裕。于是，为了提高动物们的生活水平，老虎大王决定建一个供动物们休闲娱乐玩耍的森林公园。没有多久，这个美丽的公园便诞生在森林里了，动物们奔走相告，很是高兴。

可是，没有多久，问题就出现了。原来公园里的长椅很少，动物们去公园没有休息的地方；而且很多长椅经不起重量大的动物，比如大象、长颈鹿之类的，这样椅子就特别容易坏掉。老虎大王平时公务又忙 ，无法派人及时维修好，所以动物们的意见也越来越多。

老虎大王决定改善这种现状。但是，公园这么大，一张长椅虽然不贵，可是很多长椅算下来也是一大笔钱；而且，经常去维修长椅，恐怕也没有这个精力。

这时，狐狸军师提出了一个独特的方法：请动物们主动捐献长椅。老虎决定采纳它的建议。于是向动物们提出，只要谁捐了长椅，就会派人在长椅上装一个铭牌，写上纪念某某或者某事的字样。

结果，很多动物都自发捐长椅。有的纪念某一个逝去的亲属，有的为了纪念一个深爱着的人……

从此，公园再也不缺少长椅了。

※寓言思考

进行管理创新，需要我们具备一定的逆向思维能力；当管理上的难题无法从正面解决时，不如换个角度从反面进行思考，也许就会有所发现。我们在进行管理创新时，需要对下属的需求、意愿和偏好进行有效把握，这样不但有助于获得较好的创新灵感，也更容易取得下属对创新措施的接受和支持。

三、 管理创新思维训练案例示范

（一）中国香港迪斯尼创始人沃尔特·迪斯尼“细节创新”管理故事

在中国香港迪斯尼乐园流传这样一个故事：

有一天，沃尔特·迪斯尼在迪斯尼乐园丛林游玩了一个景点过后很生气。因为这个景点的广告上说这趟旅行大约需要花上7分钟，而他计算了一下实际时间只有4分钟。这样，就很容易让顾客感到自己是受骗了。这违反了迪斯尼的文化价值观，也没有达到沃尔特的质量要求。于是，他命令加长这段旅行的行程。他说，细节粗心是不可容忍的，这样的态度会让客人怀疑迪斯尼的信誉，怀疑他们全心全意服务的宗旨和个人的信条。

为了维持迪斯尼对细节管理创新的关注度，每年管理层都要接受一周“交叉上岗”的训练活动。在训练期间，管理层的主管都要换下上班的装束，穿着各式各样的道具服，在几百个最基层的岗位中任意挑选岗位。如售票员、清洁工、卖爆米花、热狗、冰淇淋，或者充当导游、替游客停车收费等，这些细节创新管理模式都能够形成对细节的体会和重视，产生对客人的一种责任感。

对员工的上岗培训，迪斯尼也非常重视要求员工对每个细节都达到完美，对清洁工都要受到迪斯尼大学4天的格外训练，以确保他们对客人游览时提出的各种问题能够给予积极、和蔼的回答。

据了解，在管理层的培训课程中，乐园还特别增加针对内地游客的资料。例如，针对内地游客，乐园在处理厕所清洁问题上，跟其他的乐园不同，他们会派员工常驻洗手间，只要出现状况就立即清洗。若看到随地吐痰者，他们要求员工应向客人询问是不是喉咙不舒服，然后，递上纸巾后，再指示洗手间就在附近。

一名游客不小心把一瓶可口可乐掉在了地上，虽然迅速捡起来了，但是还有大半瓶可乐洒了一地。这名游客也没有理会，后来就径直走了。一名清洁工看到后立刻跑过去，一边操着粤语、简单的英语单词和普通话，招呼游客不要踩到地上的可乐，一边开始清扫。他首先用洁白的吸水纸铺在可乐的污渍上，把可乐吸干。然后，在污渍上再倒上一些清水，用扫把反复擦洗，再用吸水纸把污水吸干，这样轮番重复上述过程，直到吸水纸上看不到可乐的痕迹为止。

※思考导向

“细节决定成败”，当然这里我们更注重创新细节。香港迪斯尼乐园的创始人沃尔特·迪斯尼在“细节”创新管理的故事上再一次说明了这个道理。

香港迪斯尼乐园创始人沃尔特·迪斯尼，亲自体验“细节创新”、亲自抓细节落实，对管理层、员工都进行培训，对有的岗位还要进行特殊的培训，所以，才能“让细节如此美丽”，使精细管理成为香港迪斯尼乐园快乐的源泉。这些年，这句话在内地很多企业喊得也很响，但有些真正落实还不够。我想，我们的企业家和企业领导人看了这个故事都能够从中受到启发和学点什么。另外，故事还告诉我们：一个企业的理念不在多少，而关键在于真正是否落实。

（二）荷兰商人卡洛抓住灵感创办“开心”公司的故事

荷兰一位名叫卡洛的商人有一次到剧院观看演出，当他看到一个讲笑话的节目时，被演员所讲的笑话逗得哈哈大笑。大多数观众笑后就罢了，但卡洛却与众不同，他反复思考，认为“笑话”可以作为一种“商品”。

经过周密的研究分析，卡洛决定搞一个独特的电话服务公司——“开心公司”。

他千方百计汇集了世界各国出版的100多册笑话选集，从中挑选了成千上万精彩的笑话，请翻译译成英语，并使之富有幽默感。然后再聘请滑稽演员把这些笑话一个一个地录音下来，在电话台上增设一个特制的系统，备有专用电话号码。用户只要一拨这个专用号码，就能够听到令人哈哈大笑的笑话。当然，用户每听一次，是要支付一定的费用的。

这一别开生面的业务一开张，就受到了广大听众的欢迎，卡洛也从中获得了源源不断的收入。

为了保护自己的专利，卡洛先在荷兰全国工业产权局进行了注册登记。不久，随着生意的兴旺，卡洛在英国等24个国家也进行了该专利注册。

卡洛在荷兰先后与180个城市的电话局签订合同，都安上了特种设备，利用它们开展自己的笑话业务。在国内业务的基础上，它又开始向美国、日本、德国、俄罗斯等国家出口，年业务额达到2000多万美元。卡洛很快就富了起来。

※思考导向

留心就有创新的灵感。抓住突然冒出来的灵感，并对之进行研究、开发，结合人们的需求，找到卖点，就有可能使经营迅速走向成功。在市场竞争中，许多公司惨淡经营，却没有想到运用灵感去改变现状。“灵感”带来的创新不是凭空而来的，往往是经过一番冥思苦想后出现的“顿悟”现象。

（三）激励方式很不同

北宋时期，西北边境时常受到西夏李元昊的侵犯。北宋将领种世衡奉命驻守在边城宽州抵御西夏。

为了增加边防力量，种世衡用名加利诱之谋，以银当靶，激励当地军民练习射箭。他规定，谁射中了银子，这银子就归谁。一传十，十传百，百姓们都跃跃欲试。

第一天试射，宽州军营前来参加的群众如潮。一天下来，种世衡并没有食言，将银子奖励给了射中者。这样一来，宽州的百姓更加争相练习射箭，连僧人、道人、妇女也都积极参加，大家的射箭技术越来越高，射中的人也越来越多。

种世衡看到大伙练射箭热情高涨，又因势利导，把银靶正面的面积缩小，厚度加大，但重量不变。这样，难度加大了，人们的射箭技术也相应得到了提高。接着，种世衡又推出了一项新的规定：分派徭役者参加射击，射中者可以减免徭役；人们犯了法也要射箭，射中者可以从轻处罚。

自从种世衡的做法推广以后，宽州的百姓人人善于射箭，边防力量大大增强。在以后抗击西夏的日子里，这里的男女老少大显神威，使得西夏人一到宽州附近就心惊胆战，不敢迎战。

※思考导向

激励创新是管理创新的重要内容，我们需要以提高管理创新能力，就应提高激励的水平。创新的激励措施有赖于管理者在把握下属需求的基础上，综合运用各种激励方式，并不断开发新的激励方法。

（四）盛田昭夫很震惊

有一天晚上，索尼董事长盛田昭夫按照惯例走进职工餐厅与职工一起就餐、聊天。他很多年来一直保持着这个习惯，为了培养员工的合作意识和与他们的良好关系。这天，盛田昭夫忽然发现一个年轻的职员似乎满腹心事，只顾埋头吃饭，谁也不理。于是，盛田昭夫就主动坐在这名员工的对面，与他攀谈起来。

几杯酒下肚之后，这个员工终于开口了：“我毕业于东京大学，有一份待遇十分优厚的工作。进入索尼之前，对索尼公司崇拜得发狂。当时，我认为我进入索尼，是我一生的最佳选择。但是，现在我才发现，我不是在为索尼工作，而是在为科长干活。坦率地说，我这位科长是个无能之辈，更悲剧的是，我所有的行动与建议都必须得到科长的批准。我自己的一些小发明与改进，科长不仅不支持，不解释，还挖苦我癞蛤蟆想吃天鹅肉，有野心。对我来说，这名科长就是索尼。我十分泄气，心灰意冷。这就是索尼？这就是我的索尼？我居然要放弃那份优厚的工作来到这种地方！”

这番话令盛田昭夫十分震惊，他想，类似的问题在公司内部员工中恐怕不少，管理者应该关心他们的苦恼，了解他们的处境，不能堵塞他们的上进之路，于是产生了改革人事管理制度的想法。

之后，索尼公司开始每周出版一次内部小报，刊登公司各部门的“求人广告”，员工可以自由而秘密地前去应聘，他们的上司无权阻止。另外，索尼原则上每隔两年就让员工调换一次工作，特别是对于那些精力旺盛、干劲十足的人才，不是让他们被动地等待工作，而是主动地给他们施展才能的机会。

在索尼公司实行内部招聘制度以后，有能力的人才大多能找到自己较中意的岗位，而且人力资源部门也可以发现那些“流出”人才的上司所存在的问题。

※思考导向

管理者应知道，下属无法发挥才能就会在内心储备上显出不满，会抱有失望的情绪。下属看不到发展进步的希望就会失去动力和迷失方向。我们在作为管理者时，经常保持和下属的沟通，积极倾听下属的意见和心声，有利于及时发现组织中存在的问题，从而获得进行管理创新的动力和目标。

（五）管理模式要变形

稻盛和夫与松下幸之助、本田宗一郎、盛田昭夫一起被誉为日本的“经营四圣”。稻盛和夫创办了著名的京都陶瓷公司。

京都陶瓷公司创办不久，就接到了松下电子显像管 U 型绝缘体订单。这笔订单对京都陶瓷公司具有重大的意义。

但与松下做生意绝非易事。松下电子虽然看中京都陶瓷产品的质量，给了他们供货的机会，但给出的价格非常低。很多人都认为这笔生意无利可图，不应该做。

稻盛和夫却认为：松下给出的难题，的确是很难解决的，但是屈服于困难，就是为自己没有充分挖掘潜力找借口，只要找到创新的方法，一定能解决这一问题。

经过再三摸索，公司成立了一种名叫“变形虫经营”的管理模式。这种模式将公司分为一个个的“变形虫”小组，作为最基础的经济核算单位，将降低成本的责任落实到每一位员工身上。甚至打包的工人都知道一根打包绳值多少钱，明白浪费一根绳就会造成多大的损失。

最终，京都陶瓷公司运营成本大大降低，不但满足了松下的供货要求，同时也取得了较为客观的利润。

※思考导向

组织结构是企业管理系统正常运行的载体，它和企业所面临的环境密切相关；而环境的变化必然要求组织结构随之改变，这就需要管理者不断对组织结构进行变革和创新。企业的竞争优势来源于企业对市场变化的快速反应，管理方式和方法的创新能使企业迅速应对市场变化，赢得竞争优势。

四、 管理创新思维训练游戏体验

（一）果园规划

请把下图中的果园分成大小、形状相等的 4 份，并且每份都包括 3 棵树。

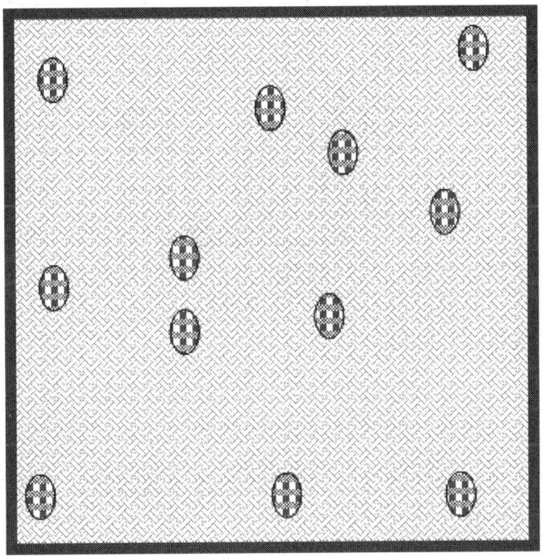

（二）巧锯正方形

乐乐家有一块奇怪形状的木板（如下图）。一天，爸爸想让乐乐把它拼成一个正方形，前提是只能锯两次。乐乐看了半天也不敢动手，你能帮乐乐吗？

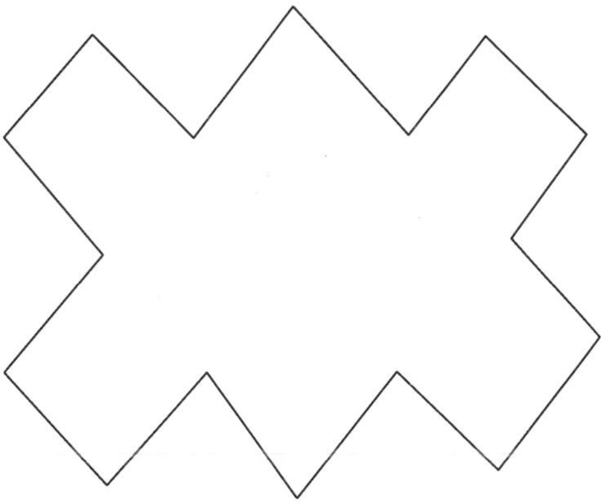

（三）比赛得名

根据以下给出的信息，将完成马拉松比赛的前 8 名选手排列名次。肖恩是第四个完成马拉松比赛的。他的排名在约翰之后，但在桑德拉之前。桑德拉在罗伯特之前完成了比赛，但在里埃姆之后。约翰在里克之后完成了比赛，但在亚历克斯之前。安妮落后于亚历克斯两名。里埃姆是第六个完成比赛的。

（四）晚餐会

安克里顿、黑泽尔、切斯特以及邓卡斯特 4 位先生携夫人一起参加了本年度的晚餐会。他们坐在同一桌（如下图所示）。已知条件如下：

（1）只有一对夫妇不是毗邻而坐，但他们也不是面对面地坐着。

（2）坐在黑泽尔先生左边的男人也坐在安克里顿夫人的对面。

（3）坐在切斯特夫人左边的男人也坐在邓卡斯特先生的对面。

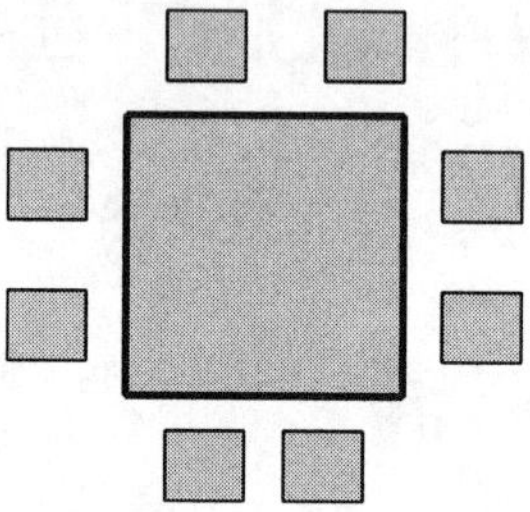

请问哪对夫妇不是毗邻而坐的？

（五）土地规划

请在下图中做出合适的土地规划，使得每块土地大小、形状都一样，并且每块土地都拥有一座房子。（H 代表房子）

H			
		H	
H		H	
	H		
		H	
		H	
H			

（六）中尉的巧妙安排

在一次战斗中，一名中尉带领着 360 名士兵守卫一座重要城池。这名中尉将这 360 人分派到四面城墙上，并且让四周的敌人看到每面墙上都有 100 名士兵。

战斗非常激烈，不断有守城的士兵阵亡，中尉的士兵一直在减少：340 人、320 人、300 人、280 人、260 人……但是在中尉的巧妙安排下，敌人看到的每面墙上的守卫士兵始终都是 100 人。见此情况，敌人慌了神，选择了逃走。

那么你知道中尉是如何合理安排人员的吗？

第十一章　分析创新思维训练

分析创新思维能力自测自检（10个选项）

◆请完成以下10个自测选项，选A得3分，选B得2分，选C得1分。获24分以上，说明你的分析创新能力很强，请继续保持和提升；获15-24分，说明你的分析创新能力一般，请努力提升；获15分以下，说明你的分析创新能力很差，急需提升。在企业中，问题分析能力是指探究与问题相关的各种因素、具体问题分析的能力，请通过下列问题对自己的该项能力进行差距测评。

1. 你如何理解“问题分析”？（　　）

A. 没有分析就不能解决问题

B. 仔细分析才能制定出有效的解决方案

C. 分析问题是解决问题的必要步骤

2. 遇到问题时，你是否会不加分析就着手解决问题？（　　）

A. 从来没有　　B. 偶尔会

C. 经常有

3. 你能否从一个问题联想到另一个与之相关的问题？（　　）

A. 经常会　　B. 有时会

C. 不会

4. 你能否准确找到问题相关的人？（　　）

A. 通常能　　B. 有时能

C. 不能

5. 你认为自己能否透过问题的表象看到问题的本质？（　　）

A. 通常能　　B. 有时能

C. 不能

6. 你能否通过分析问题及时制订出解决问题的方案？（　　）

A. 通常能　　B. 有时能

C. 不能

7. 在分析某个问题时，你能意识到几种促进问题发生的因素？

A. 3种以上　　B. 2-3种

C. 最多1种

8. 当你分析完某个问题以后，别人能找到某些遗漏吗？（　　）

A. 通常找不到　　　　B. 有时候能够找到
C. 经常能找到

9. 你是否有过因为对问题认识不清而受到上司指责的情况呢？（　　）
A. 经常有　　　　B. 偶尔有
C. 从来没有

10. 你认为自己的逻辑思考能力如何？（　　）
A. 很好，我善于逻辑推理　　　　B. 一般
C. 不好，我不善于逻辑推理

一、 认识分析创新思维

（一）分析创新思维的内涵

分析创新思维是管理者有效解决问题的基础，问题被识别出来后，我们应当做的不是马上开展解决问题的行动，而是对问题进行分析，才能更好地做到创新。只有对问题加以分析和研究，我们才能弄清楚问题出现的前因后果，才能看清问题的趋势，也才能对症下药，找到最佳的问题解决对策。

（二）启发分析创新思维小故事

◆狮子、豹子与狼的故事

狮子让一只豹子管理10只狼，并给它们分发食物。豹子领到肉之后，把肉平均分成了11份，自己要了1份，其他给了10只狼。这10只狼都感觉自己分得少，合起伙来跟豹子唱对台戏。虽然一只狼打不过豹子，但10只狼豹子却没法应付。豹子灰溜溜地找狮子辞职。

狮子听了豹子的述说后，仔细分析了豹子说的情况。然后狮子把肉分成了11份，大小不一，自己先挑了最大的一份，然后傲然对其他狼说，你们自己讨论这些肉怎么分吧。为了争夺到大点的肉，狼群沸腾了，恶狠狠地互相攻击，全然没考虑自己连平均的那点肉都没有拿到。豹子钦佩地问狮子，你是如何分析思考的呢？狮子微微一笑，听说过绩效工资吗？第二天狮子依然把肉分成11块，自己却挑走了2块，然后又傲然对狼说：你们再讨论这些肉怎么分。10只狼看了9块肉，飞快地抢夺起来，一口肉一口血地抢，完全不顾及同伴之间的那点情谊，直到最后剩下一只弱小的狼倒在地上奄奄一息。豹子钦佩地问狮子，你这又是如何分析得到办法的呢？狮子微微一笑说，听说过优胜劣汰吗？第三天狮子把肉分成2块，自己却挑走了1块，然后还是傲然地对其他狼说：你们自己讨论吧。狼群争夺起来，最后一只最强壮的狼打败了所有的狼，大摇大摆地开始享用它的战利品。这只狼吃饱以后才允许其他狼再来吃，这些狼都成了它的小弟，恭恭敬敬地服从它的管理，按照顺序来享用它的残羹。从此，狮子只需管理一只狼，只需分配给它食物，其他的不再操心。豹子钦佩地问，你是如何思考到

这样的办法的呢？狮子微微一笑，听说过竞争上岗吗？最后一天狮子把肉全占了，然后让狼去吃草，因为之前的争斗，狼群已精疲力竭，已成为一盘散沙，已丧失了反抗能力，无力再战了，于是只好顺受，各自去吃草。豹子钦佩地问，这是又如何想到呢？狮子微微一笑，听说过分析创新吗？

从本故事中我们可以受到启发，豹子最初平庸的平均分配办法得不到大家的认可，导致该办法不能正常执行下去。而随后狮子根据事态的发展，仔细分析问题的核心关键在于抓住狼的心态变化，最终根据狼的行动变化，分析采用“绩效工资”、“优势劣汰”到最后的“竞争上岗”的创新办法，很好地解决了问题。我们的分析创新思维源于对问题做出正确的分析，这样才能根据问题产生的原因和趋势采取正确的行动。问题并不像想象的那么简单。它的解决不能靠主观的想象和猜测，而要靠基于对客观事实了解基础上的正确思考和判断。

（三）如何增强分析创新思维能力

1. 问题分析的原则

要想对所要解决的问题进行正确而全面的分析，管理者就要考虑到与问题相关的各方面因素，运用多种思维方式加以整合分析，这样一来，问题的解决就变得容易多了。管理者在分析问题时要遵循“4W1H”原则。如图 11-1 所示：

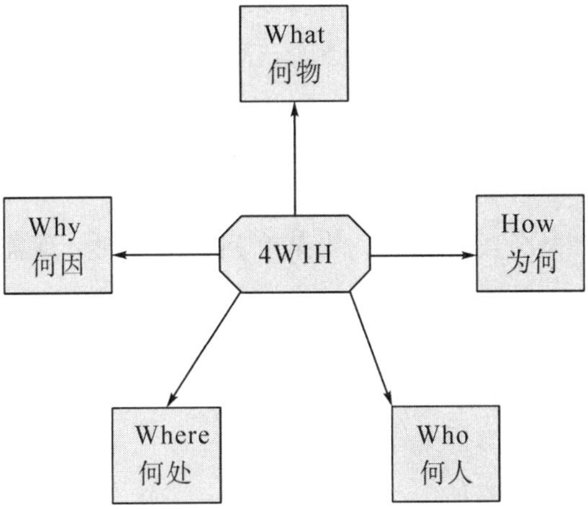

图 11-1　4W1H 原则

（1）What——何物

问题不同，问题的性质也不尽相同。因此，管理者要深刻认识所要解决的问题究竟为何物。

①问题是什么？

②这一问题能细分成不同的部分吗？

③其中某一部分是否缘于其他部分？

④这一问题与其他问题有联系吗？

⑤这一问题的背景是什么？

⑥这一问题的范围有多大？（很大、中等、较小）

⑦如果问题不被解决会发生什么情况？

⑧如果解决方法被推迟会发生什么情况？

（2）Why——何因

遇到问题怎么办，找到“病根儿”是关键。凡是出现的问题，都有其诱因，这就要求我们在遇到问题时找到问题产生的原因。

①为什么会出现这一问题？

②为什么在以前的工作中没有认识到这一问题？

③为什么一直没有尝试解决这一问题？

④是否有必要为问题制定时限？

⑤它是一个连续性的问题吗？（定期的、季节性的、某种形式的）

⑥该问题需要在什么时候被解决？（很大、中等、较小）

⑦这一问题必须按步骤逐一解决吗？

（3）Where——何处

不同的问题可能发生在同一地点，相同的问题也可能发生在不同的地点。头痛医头、脚痛医脚，管理者在解决问题时要找到“痛”在何处。

①问题发生在哪里？

②问题是否被限制在一个区域（部门、现场、出路、功能）里？

③问题发生的地点重要吗？

④问题是区域的还是全球的？

⑤问题可能在其他地方发生吗？

（4）Who——何人

工作中的任务往往是分配到人的，当某个问题出现时，就需要找到与这个问题相关的人。

①谁拥有这一问题？

②第一个注意到这个问题的人是谁？

③谁对这一问题的发生承担责任？

④谁拥有解决问题的方法？

⑤谁受到最大或最坏的影响？

⑥谁最可能从解决问题中受益？

⑦需要咨询谁？

⑧谁拥有决策权？

（5）How——如何

如何处理问题是需要考虑的关键性要素，管理者可以根据对问题的分析结果制订出解决方案。

①问题是如何第一次被注意到的？

②它是如何影响工作业绩的？

③以前是如何处理类似问题的？

④现在应该如何处理？

2. 问题分析的步骤

秩序有先后，分析有步骤。分析问题通常包括四大步骤（如图 11-2 所示）：

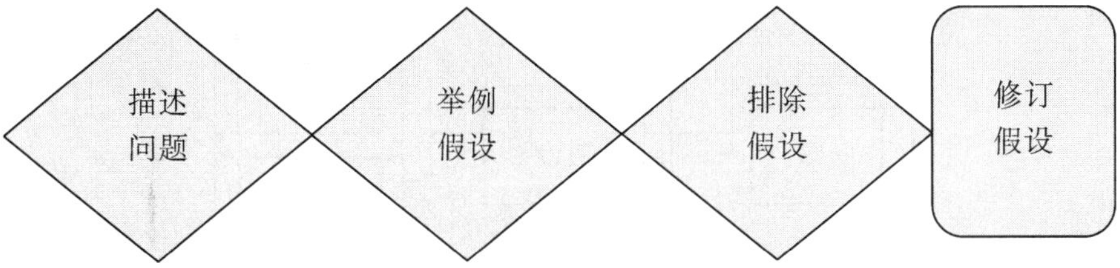

图 11-2　分析问题的四大步骤

（1）描述问题

问题描述得越清楚，问题越容易得到解决。管理者描述问题时可以遵循“4M2S”原则。（如图 11-3 所示）

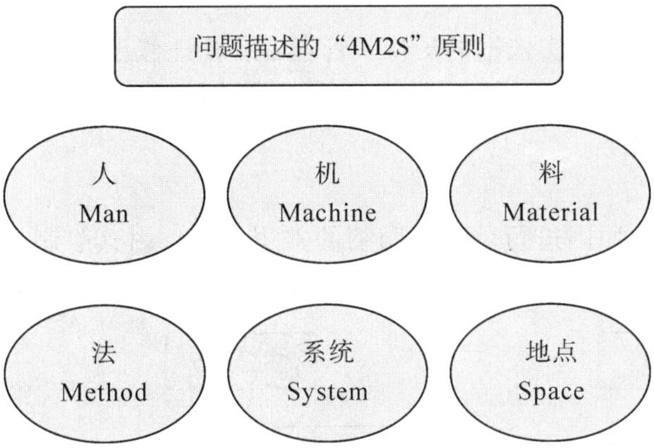

图 11-3　描述问题的“4W2S”原则

描述问题时，应注意三个关键的点：确定问题的影响范围和程度；确定问题发生的频次和概率；确定问题的主体，即是人、机还是材料。

（2）列举假设

列举问题产生原因的所有假设就是尽管不知道是否为正确的原因，但可以假想为导致问题产生的原因。在列举假设时，应注意考虑不同假设的层级、确保各种假设之间不重复、不交叉，如图 11-4 所示。

（3）排除假设

我们在列出所有的问题假设后，需要通过筛选和排查问题的主要原因。排除假设的过程就是验证假设，进而判断假设准确性的过程。

验证假设可以借助于同假设相关的事实来实施，管理者可以通过找相关人员谈话、查阅工作中形成的各种表单记录、进行观察、向专业人员咨询等方式对假设予以核实，逐步接近正确的答案。

管理者可以借助表格指导自己收集相关信息的工作，以验证问题的假设是否正确。

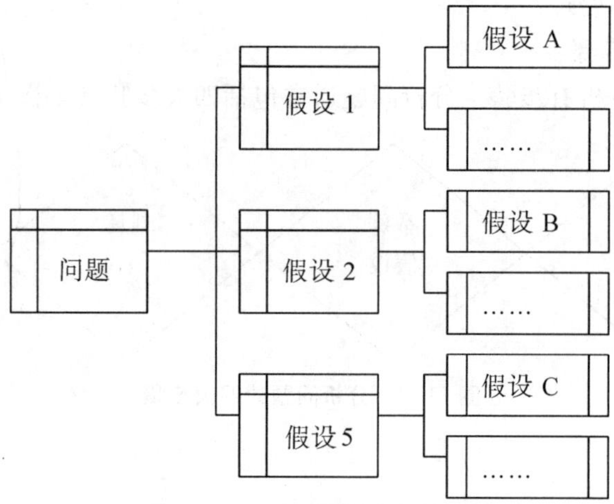

图 11-4　列举假设的层级

（4）修订假设

假设提出后还缺乏事实依据的支持。管理者在验证假设的过程中，还要密切关注问题发生了哪些新的变化，并判断是否要对原先所作的假设进行修订或者补充。

3. 问题分析的工具

（1）鱼骨分析法

鱼骨图是对问题原因进行分析、归纳的常用工具，因其绘制出来的形状像鱼骨，因此，被称为鱼骨图，如图 11-5 所示。使用鱼骨图有助于将问题分析的思路条理化。

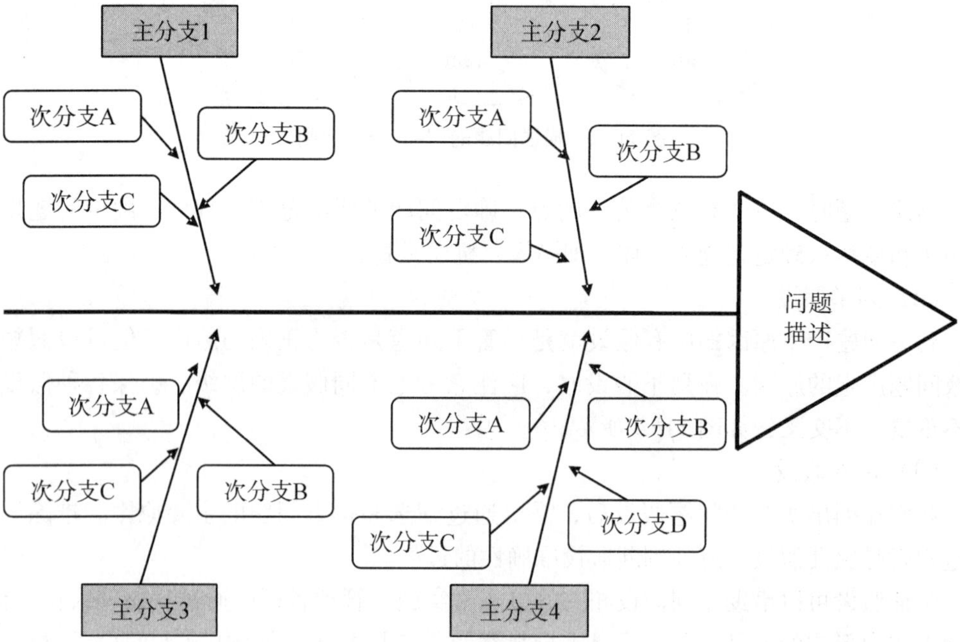

图 11-5　鱼骨图分析法

管理者在运用鱼骨图分析问题时，应当重点检查三大要点：

①逻辑

从描述问题的鱼头到主分支再到次分支，从次分支到主分支再到描述问题的鱼头，依次进行检查，并回答“是否符合客观情况和逻辑”。

②内容

检查“主分支和次分支”是否包含了全部的内容，是否还有其他潜在的原因没有列出；关于分支的挖掘是否足够详细；各类分支的层次是否统一。

③形式

检查各分支的表述是否只局限对“例子”和“症状”的表面描述，而没有深入到原因的描述。

（2）头脑风暴法

头脑风暴法是应用广泛的问题解决方法之一。它提出于20世纪30年代，历经这么长时间的考验，足以证明它的有效性。头脑风暴法既可以用在分析问题原因的阶段，也可以用在产生备选解决方案的阶段，它是运用团队方式解决问题最常用的方法。

头脑风暴法的原理就是鼓励参与者尽可能多地“胡思乱想”，引发出尽可能多“异想天开”的点子，以创造性地提出解决问题的方案。

头脑风暴法在使用过程中通常有以下三个事项需要注意：

①控制问题数量

实施头脑风暴法应控制问题的数量，一般一次只讨论一个问题，如果需要对多个问题实施头脑风暴，那就需要召开多次独立的头脑风暴的会议。

②控制讨论时间

实施头脑风暴法需要控制头脑风暴的时间，一般不超过90分钟。

③控制讨论要点

实施头脑风暴法侧重对自己所提“点子”的阐述，不必过多解释“点子”的来龙去脉。

（3）名义群体法

名义群体法，是指通过限制每个成员的口头交流，采用以书面交流为主的方式进行沟通并得出结论的问题分析方法。图11-6是名义群体法的实施步骤。

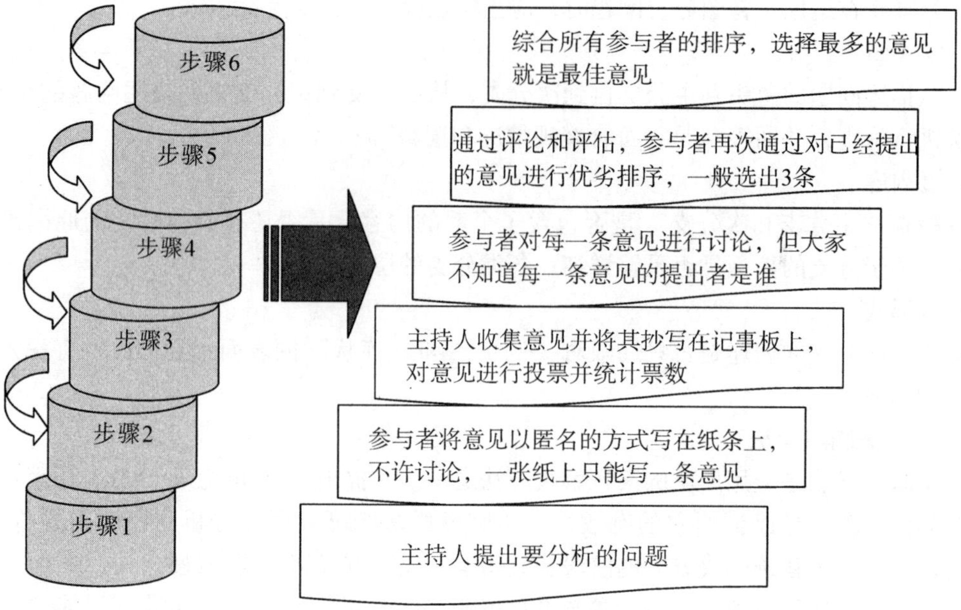

图 11-6　名义群体法的实施步骤

二、 分析创新思维训练寓言启发

(一) 小猴子预知李子苦

有一群小猴子到山下玩耍，他们打打闹闹，越跑越远，一直到了一条大路旁边。一个眼尖的猴子忽然发现了什么，指着不远处说道："喂，你们看，那边好像是一棵李子树，上边还结满了果实呢。"

大家顺着它指的方向看去，呀，真的是一棵又高又大的李子树，而且上边结满了熟透的李子，压得树枝都弯曲了。

猴子们见了满树的李子，想起李子那又甜又酸的味道，馋嘴极了，一个个直往肚子里咽口水，巴不得马上吃到它。

领头的猴子招呼了一声："喂，快上李子树吃李子呀，还等什么呢!"

大家欢呼着奔向李子树，争先恐后地往上爬，摘了好多的李子。

可是，一只小猴子却站在原地不动，它停在那里，好像在想什么。

其他的猴子都觉得奇怪，大声地问那个小猴子说："你怎么还在那里干什么，李子这么多，我们都摘不完，你快点过来呀!"

小猴子开口说道："你们不觉得有点奇怪吗? 这棵李子树就长在路边，果实都熟透了，来来往往的过路人那么多，却没有人去摘，到现在，果实还挂满了枝头，所以依我看来，这棵树上结的果实一定是苦的。"

猴子们将信将疑地把刚摘的李子放到嘴里尝了尝，马上就都"噗噗"地吐了出来，这李子果真又苦又涩。于是，大家都对这只小猴子很是佩服。

※寓言思考

问题分析能力是我们每个人都应该具备的基本能力之一，只有善于分析问题，才能避免盲目地行动，才能在工作和学习中少做或不做无用功。此寓言告诉我们在探索事实真相的道路上，只有善于思考，善于观察，才能走在最前面。

（二）猎人判断有失误

北方有个猎人，大大小小的动物都打了不少，家里有各种各样的兽皮。有一次，他要去野外办些事情，刚一出门，让风一吹，颇有些寒意。于是他又返身进门，想找件兽皮挡挡寒。他顺手抓了一张狮子皮，披在身上就上路了。

到了野外，猎人越走越觉得不对劲。一阵风吹草动，他预感到有事要发生。果然，只听见一声长啸，一只吊眼白额大虎跳了出来。猎人手边没有带任何武器，心里暗想：糟糕，要躲也来不及了，这下可完了。于是他干脆不逃了。只是闭着眼睛站在原地等死。

那只老虎早已饿了多时了，一见有东西过来，就要往上扑，可是见那东西不但没有逃，还是站在那边远远地看自己，便觉得很奇怪。它仔细看了看，乖乖，原来是只大狮子！要是打不过就惨了，好汉不吃眼前亏，还是快溜吧！

猎人站了半天，还是不见老虎来吃他，大着胆子睁开眼睛一看，只见老虎正夹着尾巴往回跑呢，一闪就不见了。猎人给弄糊涂了，但又一想，对了，老虎肯定知道自己是个好猎手，因为害怕而跑掉的。猎人非常得意，丝毫没往自己披的狮子皮上去想。他趾高气扬地回到家，逢人就夸耀说："连老虎都知道我是打猎的好手，一见我就逃走了！"

又过了几天，猎人又要去野外了。这一回，他随便拿了一张狐狸皮挡风，像上次那样，走了没有多远碰见了老虎。猎人一点也不害怕，大摇大摆地走了过去。

老虎见是狐狸，连扑都懒得扑，站在原地等他走过来。猎人走到老虎跟前，见老虎还是不让路，不由大怒，高声威胁说："畜生，见了我还不滚开，当心我扒了你的皮！"老虎看他骂了一会，不耐烦了，猛地跳过去。可怜的猎人，就这样成了老虎的一顿美餐。

※寓言思考

本寓言告诉我们，对于事情的原因，我们不能随意猜想，而应以严谨的态度进行认真调查、科学分析。寓言中的猎人根本没有认真分析第一次成功逃脱的原因，很多时候，错误的行为源于错误的认识，而错误的认识又源于对问题做了错误的分析。而猎人正是由于错误的认识，而断送了自己的性命。

三、 分析创新思维训练案例示范

（一）犹太人狄奥力·菲勒发明“迷彩服”的故事

犹太人狄奥力·菲勒出生在一个贫困村里，和所有出生在贫困村里的孩子一样，他争强好斗，喜欢逃学。唯一不同的是，菲勒有一种天生会赚钱的眼光。他把一辆街上捡来的玩具车修理好，让同学们玩，然后向每人收取10美分，他竟然会在一个星期内赚回一辆新玩具车，菲勒的老师对他说：“如果你生在富人家庭，你会成为一个出色的商人。但是，这对你来说已经是不可能的，你能成为街头商贩就不错了。”

中学毕业后，菲勒真的成了一名商贩。正如他的老师说的，与贫民村里的同龄人相比，他已经是相当体面的了，他卖过五金商品、电池、柠檬水，每一次他都得心应手。

菲勒真正起家靠的是一堆丝绸，这些丝绸来自日本，因为在海轮运输过程中遭遇风暴，这些丝绸被染料浸湿了，数量足足有1吨之多。这些被浸染的丝绸成了日本人头痛的东西。他们想处理掉，却无人问津，没搬运到港口，扔进垃圾箱，又怕被环境部门处罚，于是，日本人打算在回程路上把丝绸扔进大海。

港口的一个地下酒吧，是菲勒夜晚的乐园，他每天都要来这里喝酒。那天晚上，菲勒走到几位日本海员旁边的时候，海员们正在与酒吧的服务员说那些令人讨厌的丝绸。说者无心，听者有意，他仔细分析了下情况，发现自己发财的机会要来了。

第二天，菲勒来到了海轮上，用手指着停在港口的一辆卡车对船长说：“我可以帮助你们把这些没有用的丝绸处理掉。”结果，他不花任何代价便拥有了这些被化学染料浸过的丝绸。然后，将这些丝绸制成了“迷彩服”——迷彩领带和迷彩帽子。几乎在一夜时间，他靠这些丝绸赚了10万美元的财富。

从此，菲勒不再是商贩，而成了一名商人。他在商界之所以成为巨大的财务拥有者，就在于他有一个善于分析和思考的大脑。其实，挣钱的途径很多，只不过每个挣钱的途径都蒙上了一层薄薄的窗户纸，关键在于你是否能够看透这层窗户纸，和你是否拥有捅破窗户纸的思维。

善于分析和思考的人，总能找到正确的方法和途径。其实预感对于思考有很大的帮助。预感是以事实为基础的推论，对这些事实你的大脑已经进行过准确的观察，存储和加工处理，然而你却没有自觉意识到它们。这是因为这些事实是在某种不自觉地形态下被存储起来的。

※思考导向

富人不是天生的富人，企业家也不是天生就是企业家。就看你是否拥有分析创新的思维能力，是否善于分析，善于思考。善于分析和思考的人，总能找到致富的方法和途径。

（二）商人列瓦伊·施特劳斯发明“牛仔裤”的故事

你知道20世纪80年代以来风行中国年轻人（后来甚至发展到一些老年人）的“牛仔裤”是怎么诞生的嘛？《塔木德》犹太人经商秘籍一书中讲述了这样一个故事：

19世纪50年代，加利福尼亚一代曾出现过一次淘金热。年轻的犹太人列瓦伊·施特劳斯听说这件事赶去的时候，为时已晚，从沙里淘金到了尾声。他随身带了一大卷斜纹布，本想卖给制作帐篷的商人，赚点钱作为立足的资本，谁知到了那里才发现，人们不需要帐篷，却需要结实耐穿的裤子，因为人们整天同泥和水打交道，裤子坏得特别快。于是，进过列瓦伊·施特劳斯的分析和观察，世界上第一条牛仔裤就这样应运而生了。

后来，为了增强裤子口袋的强度，列瓦伊·施特劳斯在裤子口袋旁边又装上了一个纽扣。此后，列瓦伊·施特劳斯就开始大批量生产这种新颖的裤子。因为销路特别好，引得很多服装厂商竞相模仿。但是尽管这样，列瓦伊·施特劳斯的企业在市场上一直独占鳌头。

列瓦伊·施特劳斯用斜纹布生产的这种裤子，后来被人叫做“牛仔裤”，是他开始不可能想到的。更使他没有想到的是，这种“牛仔裤”会促成以后的一次服装革命，成为20世纪60年代最具有体现那个时代反叛精神的服装。20世纪80年代，随着中国改革开放的实行，“牛仔裤”热也在我国蔓延开来，一直到今天势头仍然兴盛不衰。

※思考导向

从本故事中大家可以看到，经营就是满足市场的需要，创业就要抓住市场经营的“盲点”。这就需要我们去分析市场，根据市场的需要开发产品，这才能让企业有所创新。搞经营要随时随地研究市场，分析和研究市场的信息和变化，然后给以满足。市场需要什么，不是凭想当然，要从客观的实际情况出发。过去我国几十年的计划经济为何这么落后？就是因为垄断经营，企业不去分析市场，分析顾客需求，所以导致产品几十年不变。

（三）美国希尔顿“借鸡下蛋，靠钱生钱”，建造“希尔顿旅店”的故事

提起美国的“希尔顿酒店”很多人都知道，但是，你知道美国人希尔顿是怎么盖起“希尔顿酒店”成为亿万富翁的嘛？他发财的秘籍就是他善于分析，采用的“借鸡下蛋，靠钱生活”的思维创举。

希尔顿年轻的时候就特别想发财，每天都在做发财的梦，就是一直没有机会。一天，他正在街上来回转悠，突然发现整个繁华的达拉斯商业区居然只有一个酒店。他想：如果我能在这里建一座高档次的酒店，生意一定会非常兴隆。于是，在经过认真分析研究后，他得出了一个有创举性的想法：在位于达拉斯商业大街拐角地段的一块土地最适合做酒店。在弄清楚了这块土地的所有者是一个叫老德米克的房地产商人之后，他就找了他。老德米克给他开了一个价，这块土地需要30万美元。

于是，希尔顿请来了建筑设计师和房地产评估师给他的旅店进行了测算。经过测

算，按照希尔顿的设想，这个旅店建起来最少需要100万美元。其实，这只不过是希尔顿还在假想的一个酒店。

当时，希尔顿的手里只有5000美元，这和100万美元还差多少呀！但是，他没有灰心，而是先用这点钱成功买下一个旅馆。由于旅馆不停地升值，很快他就有了5万美元。然后，他又找到了一个朋友，请他一起出资，两人才凑了10万美元，就开始建设这个酒店。说实在的，这点钱还不够买地皮用的，离他设想的要建的酒店所需要的钱差得很远。在这样的情况，许多人都觉得希尔顿的这个想法是在痴人说梦。

在这种情况下，希尔顿再次找到老德米克签订了买卖土地的协议，土地的出让费是30万美元。

然而，就在老德米克等着希尔顿如期付款的时候，斯尔顿对土地所有者老德米克说："我想买你的土地，是想建一座大型酒店，而问题是我的钱只能够建造一般的酒店，所以，我现在不想买你的土地了，只想租借你的地。"老德米克听了以后有点发火，不想和希尔顿合作了。但希尔顿没有着急，认真仔细地分析后对他说："如果我可以租借你的土地的话，我的租期是90年，分期付款，每年的租金为3万美元，你可以保留土地所有权。如果我不能按期付款，那么，请你收回你的土地和这块土地上我建造的酒店。"老德米克一听，转怒为喜，因为他感到"世界上还有这样的好事，30万美元的土地出让费没有了，而换来270万美元的未来收益和自己土地的所有权，还有可能包括土地上的酒店。"于是这笔交易就谈成了。这样，希尔顿第一年只需要支付给老德米克3万美元就可以了，而不用一次性支付30万美元了，就是说，希尔顿只用了3万美元就拿到了应该用30万美元才能拿到的土地使用权。这样，希尔顿就可以省下27万美元。但是，这与他要建造的旅店需要的钱的差距还很大。

于是，经过希尔顿仔细分析调研后，又第三次找到了老德米克。对他说："我想用土地作为抵押去贷款，希望你能同意。"老德米克听了后非常生气，可是又没有办法。就这样，因为希尔顿已经拥有了这块土地的使用权，于是他就从银行顺利获得了30万美元的贷款，加上他自己原有的支付给老德米克的3万美元后剩余的7万美元，就有了37万美元。可是，这离建造酒店的100万美元还差得很远。于是，他又找到了一个土地开发商，请求他一起开发这个酒店，这个土地开发商给了他20万美元，这样他的资金就到了57万美元。

就这样，1924年5月希尔顿酒店在资金缺口已经不是很大问题的情况下开工了。但是，当他的酒店建造一半的时候，手中的57万美元就全部用光了，怎么办呢？在这种情况下，希尔顿又去找老德米克，向他如实介绍了资金上遇到的困难，希望他能够出资。他说："如果酒店一完工，你就可以拥有这个酒店，只不过你应该租赁给我经营，我每年支付给你的租金不少于10万美元。"这个时候，老德米克已经完全被他套牢了，如果他不答应，不但希尔顿的钱收不回来，自己的钱也一分收不回来。在这样的情况下，老德米克没有办法只得同意。而且，更重要的是自己也不吃亏——建希尔顿酒店，不但旅店是自己的，每年还可以拿到丰厚的收入。于是，就同意出资继续完成剩下的工程。

1925年8月4日，以希尔顿名字命名的"希尔顿酒店"建成开业了。希尔顿用

5000美元在两年的时间内完成了100万美元的庞大工程。他“借鸡下蛋，靠钱生钱”建造“希尔顿酒店”，不能不说是一种创举和冒险。从此，希尔顿也步入他人生的辉煌期。到1976年，希尔顿旅店凭借着“微笑服务”的理念等，已经从一家扩展到70家，成为全球最大的规模酒店之一，而他本人也成了世界著名的亿万富翁之一。

※思考导向

故事从某种意义上告诉我们，希尔顿通过自己的仔细分析和研究，发挥思维头脑，以自己的能力说服、劝诱他人投资与自己合作这一能力，这是我们每个想要成为企业家的人必须具备的资质之一。美国希尔顿的成功，应该说与其具备“企业家的本质是资金的人格化”的素质有很大关系。另一方面，我们可以看到希尔顿通过自己的独特分析和观察，善于捉住他人的心理，很好地利用劝诱的方法为自己赢得了资金上支助，最终为自己的成功奠定了基础。

（四）海尔张瑞敏——“砸冰箱”实行“品牌战略”的故事

1985年的一天，刚到厂任总经理不久的张瑞敏，从用户来信中了解到：工厂生产的冰箱有质量问题。于是，张瑞敏对仓库进行了检查，发现仓库里还有76台不合格的冰箱。当时研究处理办法时，很多人的意见都是作为企业福利降价处理给员工。

但是，张瑞敏做出了一般人当时想也想不到的决定：召开全厂职工参加的现场会，把76台冰箱全部砸掉。而且，由谁生产的冰箱由谁来砸。

此决定一出，工厂上上下下议论纷纷，不少老工人流下了眼泪。因为1985年，海尔当时还是个亏损企业，如果76台冰箱不砸，企业福利降价处理给员工能够解决不少于一个月的工资。再说，当时冰箱还是非常紧俏的产品，不要说正品，就是次品也是要凭票买的。如此“糟践”大家能不感到心疼吗?

但张瑞敏通过仔细分析，心里明白：如果这次放行这些质量有问题的产品，就等于姑息大家可以生产这样带缺陷的产品，就谈不上什么树立质量意识！企业就会出现这样的一种情况：今天不合格的冰箱是76台，明天就可能是760台，后天可能就是7600台。所以，必须实行强制，必须要有震撼的作用！因此，尽管当时有那么多人反对这样做，有很多其他不同的处理方法，但张瑞敏仍然不改初衷！

就这样，员工们一个个流着眼泪抡起大锤子砸了自己生产的不合格的冰箱。这一柄大锤砸下去，伴随着那一阵阵巨响，砸醒了全体海尔人的“精细化，零缺陷”质量意识；这一砸，使“生产不合格的产品就是不合格的员工”的观念一下子树立起来了；这一砸，也砸出了员工的责任心，“要干就干最好的”变成了每个员工的心愿和行动；这一砸，使质量管理有了坚实的基础；这一砸，也砸出了中国电冰箱历史上的第一块金牌。海尔砸冰箱的故事，也就随着媒体的传播而传播开了，这就是张瑞敏的分析创新的结果。

从此，“有缺陷的产品就是废品”就成了海尔人的一个重要生产理念。一女工下班回家以后，忽然觉得装最后一个冰箱时，好像未放进说明书。当时，天色已经很晚了，市公共汽车已没有了，家离工厂也比较远，于是，她让她妈妈陪着她步行40多分钟回厂去查看，当她看到说明书确实已经装进去了，悬在心里的一块石头才算落了地。

1999年9月28日，张瑞敏在上海召开的《财富》论坛上说："这柄大锤对海尔今天走向世界，是立了大功的！"

有人说：海尔砸冰箱在中国企业管理中发生的作用，不亚于当年美国福特汽车流水线的改革。以后，很多企业都上演了类似"砸冰箱"的故事。

今天，这一柄为海尔名牌战略立下大功的大锤已经摆在了海尔的展览大厅里，它仿佛每天都在无时无刻地向人们解决海尔2005年度《世界品牌500强》排行榜中，荣获世界品牌百强89位是怎么取得的，解读着海尔的品牌兴企之路。

※思考导向

故事中我们看到，质量是企业的生命，说着容易落实难，做起来更是大相径庭。海尔张瑞敏的高明之处在于他的独特创新分析能力，能够通过对76台冰箱的不同处理，带来不同的意识和理念，对企业产生不同的结果。作为具有战略眼光的企业家张瑞敏，能够力排众议，不为眼前利益所迷惑，种植新理念和从企业长远利益出发，不改初衷，坚决由谁生产的冰箱谁来负责砸，当时看起来是少卖不少钱，但从长远来看，它使"生产不合格产品就是不合格的员工"的新的质量意识一下子就树立起来了；使"有缺陷的产品就是废品"新的生产理念一下子就树立起来，从而把"品牌兴企"的战略种植在每个员工的"心"中，这就是他的创举！

（五）化妆品帝国创始人雅诗·兰黛"适当放弃就是获得"的故事

雅诗·兰黛是世界化妆品行业的一位奇女子，她创造了自己的化妆品帝国，成功地左右了时尚界，她的香水成为全球家喻户晓的品牌。下边，讲她的香水是怎样占领法国市场的故事。

雅诗·兰黛的香水在美国市场上取得成功以后，她把引领欧洲时尚的法国作为远征大陆的突破口。当时，有人劝说雅诗·兰黛打消这个念头，说天生有着时尚眼光和独特品位的法国人怎么看得上美国人流行的雅诗·兰黛？

果然，不出人们所料，当雅诗·兰黛的香水摆上法国的化妆品柜台时遇到了很大的困难。当时的法国人根本连正眼都没有瞧一眼，只有那些爱占小便宜的小市民假装试用产品，倒很多在身上，然后扬长而去，甚至有些人还会一次又一次地来。这样时间一长，有些店员渐渐地有点看不惯了，他们开始向雅诗·兰黛进行抱怨，并纷纷向她献计献策，千方百计想办法制止这些贪图便宜的人。店员七嘴八舌，认为需要在店里张贴这样的警示语：

"本店设有监控设备，请自重！"

"法国是有文化的国家，请做有修养的人！"

"贪婪是七宗罪之一！"

可是雅诗·兰黛说："错！我们不但不张贴警示语，反而要尽量让这些人用香水，不要在乎他们占的那点小便宜。"

雅诗·兰黛的分析很简单也很创新，她分析的道理在于把这些人占小便宜的行为当做一种推销手段。一般常人很难理解：正是这些占小便宜的客人，才会把香水的香味带给买家。果然，不出她所料，店里的客人慢慢地多起来，人们不但买了香水，还把这种香水推荐给了自己的朋友。就这样，雅诗·兰黛打开了法国的市场。

※思考导向

从本故事我们可以看到，雅诗·兰黛的分析道理很简单也很有创新之处，自己的目光不能太近、太浅、太短，一定要比常人看得深一点，看得远一点。这一切都归总与雅诗·兰黛的分析全面和创新，要打进法国市场的有力渠道在于广泛的宣传，而那些占小便宜的人为她做了免费的宣传广告，这就是她的创举。化妆品帝国创始人雅诗·兰黛的成功，就是因为她有战略眼光，懂得“适当的放弃就是最大的获得”。

四、 分析创新思维训练游戏体验

（一）加薪方案

你现在半年的工资是10000元，在今年5月份，公司为你提供了两种加薪方案供你选择。

第一种方案：从下一年度起，每年的年薪增加500元。

第二种方案：从下半年起，每半年为你加薪125元。

假如所有的工资都是在年底计算统一发放，你会选择哪种方案，为什么？

（二）过桥问题

四个人需要过步行桥，去赶乘还有16分钟即将发车的末班火车。但是这座桥只能同时负载两个人，因为有危险，过桥的人必须一直举着火炬，两人一起则用走得较慢者的速度过桥。

A能在1分钟内过桥。

B能在2分钟内过桥。

C能在5分钟内过桥。

D很胆小，过桥需要8分钟。

他们只有一个火炬，火炬只能用手举，不可抛弃。如果D和B一同过桥，然后D举着火炬回到其他人身边，这样需要16分钟，已经错过了最后期限。现在问题是，如何安排才能让4个人都能及时过桥赶上火车？

（三）失算的父亲

达也希望父亲每星期给他10元零花钱，可是父亲对这种超过5元钱的要求予以拒绝。达也不放弃，他想了一会儿对爸爸说：“我出了个主意，我们这么办，今天是九月的第一天，你给我1分钱，明天你给我2分钱，后天给我4分钱。总之，每天给我的钱是前一天给我的2倍。”

爸爸同意了，警惕地问道，给多长时间？

达也说："只是9月份一个月，以后都不向您要了"。因此，两人就这么说定了。你看看，达也的爸爸在9月份中将要给达也多少钱呢？

（四）称大米

有一个装有9千克米的米袋，使用天平及50克与200克的两个砝码，把米分成一份2千克和一份7千克的，分装在两个米袋中，但只准称3次，应如何来称呢？

（五）长长楼梯台阶数

一条长长的楼梯，若每次跨2阶，最后剩1阶；每次跨3阶，最后剩2阶；每次跨4阶，最后剩3阶；每次跨5阶，最后剩4阶；每次跨6阶，最后剩5阶；每次跨7阶，恰好到楼顶。问这条楼梯最少是多少阶？

（六）复式别墅

有三户人家合租了一个复式别墅，这三户人家都是三口之家：丈夫、妻子和孩子。他们的名字如下：

丈夫：老张、老王、老李

妻子：丁香、李平、杜丽

孩子：美美（女）、丹丹（女）、壮壮（男）

现知道老张和李平的孩子都参加了学校的女子篮球队训练，老王的女儿不叫丹丹，老李和杜丽不是一家。你能根据上面的条件说出这三家分别是哪三个人吗？

第十二章　沟通创新思维训练

沟通创新能力自测自检（10个选项）

◆在企业中，沟通方式是指我们在同下级、平级、上级沟通时所采用的面对面交谈、书信、短信、电子邮件等沟通形式，包括语言和非语言。请完成以下10个自测选项对自己的该项能力进行差距测评，选A得3分，选B得2分，选C得1分。获24分以上，说明你的沟通创新能力很强，请继续保持和提升；获15-24分，说明你的沟通创新能力一般，请努力提升；获15分以下，说明你的沟通创新能力很差，急需提升。

1. 当你犯了错误，需要向领导说清楚时，你会采用怎样的沟通方式？（　　）

A. 当面沟通　　B. 电话沟通

C. 发电子邮件

2. 当你的团队取得良好的业绩时，你会选择何种方式表示祝贺？（　　）

A. 当面表示祝贺　　B. 向每个人发电子邮件

C. 给每位成员打电话

3. 当你面对工作中的难题时，你是如何解决的？（　　）

A. 与上级沟通，寻求支持　　B. 与同事沟通，需求支持

C. 自己想办法

4. 当你和上级的意见不一致时，你采用怎样的方式表达自己的意见？（　　）

A. 面对面沟通　　B. 书面报告给上级

C. 通过其他方式

5. 面对不同性格和处事风格的上级，你如何同他们沟通？（　　）

A. 从沟通对象的角度　　B. 注意沟通技巧

C. 对事不对人

6. 面对比较强势的上级，你如何同他沟通？（　　）

A. 思路清晰，逻辑缜密　　B. 先赞同，然后再提意见

C. 书面或电话沟通

7. 你如何通过沟通为团队分派任务？

A. 团队沟通，共同协商　　B. 单独沟通，协商分配

C. 通过沟通，直接指派

8. 同事（平级）的性格、生活方式等与你有较大的出入时，你会如何处理？（　　）

A. 很快适应，能融洽相处　　B. 通过沟通会慢慢适应
C. 很难适应

9. 当你到一个新的环境或者单位时，你如何面对你所不认识的人？（　　）
A. 很快就能熟悉　　B. 能和部分人很快熟悉起来
C. 慢慢熟悉他们

10. 当你在工作中遇到难题时，你会如何处理？（　　）
A. 喜欢向同事（平级）求助
B. 在无能为力时求助同事（平级）
C. 从不求助，自己解决

一、 认识沟通创新思维

（一）分析沟通创新思维的内涵

没有沟通，就没有管理。沟通是人与人之间的思想和信息的交换，是一个逐渐广泛传播的过程。著名管理学家巴纳德认为“沟通是把一个组织中的成员联系在一起，以实现共同目标的手段”。所以，管理活动需要通过沟通才能进行。

沟通不顺畅几乎是每个企业都存在的问题，企业的机构越复杂，其沟通越困难。要么高层的决策无法按愿意传达，要么基层员工的许多建设性意见未及时反馈至决策者，便已经被层层扼杀。一般来讲，可以从两个角度提升沟通能力。

1. 从沟通过程的角度提升沟通能力

按照沟通的基本原理，可以将沟通过程划分为确定沟通对象、选择沟通方式、实施沟通和沟通反馈四个阶段，如图 12-1 所示。

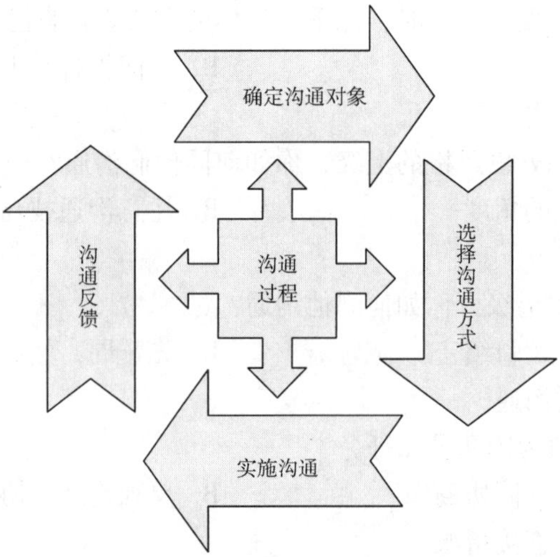

图 12-1　沟通程序

在正确选择沟通方式的基础上，为了改善沟通效果，需要提升的能力包括发问能力、表达能力、倾听能力、沟通反馈能力等。

2. 从沟通对象的角度提升沟通能力

在日常管理生活中，主要的沟通对象包括上级、下级、平级（同事）及客户，如图 12-2 所示。因此，要提升沟通效果必须要提升与上级、下级、平级（同事）及客户的沟通能力。

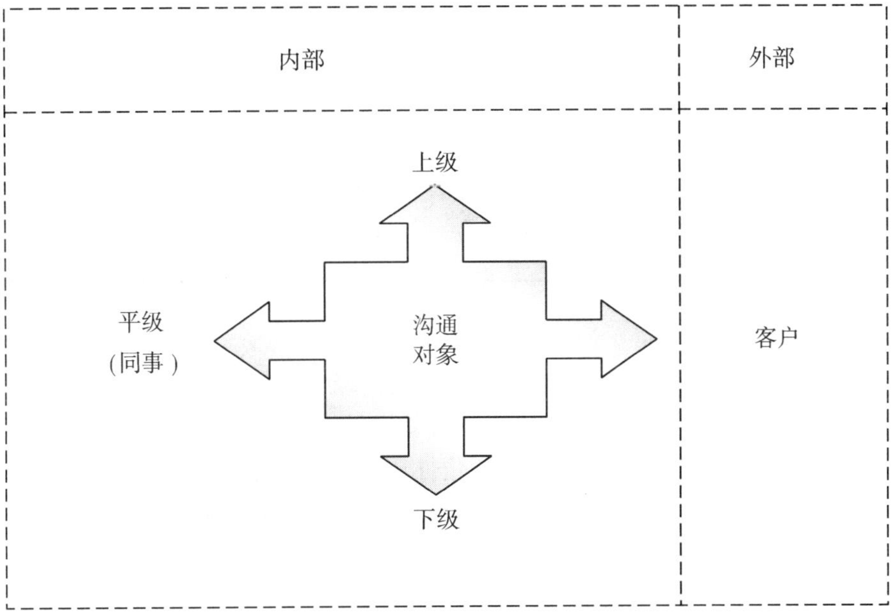

图 12-2 日常管理活动中的主要沟通对象

（1）如何与上级沟通

积极、主动、及时与上级沟通，让上级（领导）知道自己在做什么，做到什么程度、有何想法、采取了怎么样的工作方式，有自己的独创见解，是职场发展、不断晋升的必要条件之一。与上级有效沟通，建立并保持良好的上下级关系，对一个人在一个组织中的成功与发展具有重要的意义。无论是汇报工作、请示事项还是说服上级（领导）批准自己的请求，下属与上级（领导）沟通均要讲究方法、运用技巧，具有自己独特创新能力，只有这样，才能达到自己的目的。

由于个人的素质和经历不同，不同的上级（领导）就会有不同的领导风格。仔细分析每一位上级（领导）的不同性格，在与他们交往的过程中，针对不同的性格运用不同的沟通技巧，会获得更好的沟通效果。在这里，我们将上级（领导）的风格划分为三种，具体的性格特征、沟通技巧如表 12-1 所示，只有掌握好了这些技巧，才能在沟通上有所创新，达到上级（领导）赏识的效果。

表 12-1　与不同性格特征的领导的沟通技巧

领导风格	性格特征	与其沟通创新技巧
控制型领导	1. 态度强硬 2. 竞争意识强 3. 要求下属立即服从 4. 讲究实际、果断，求胜欲望强 5. 对琐事不感兴趣	1. 可开门见山地与其沟通，不用拐弯抹角 2. 尊重其权威，认真对待其指令，多称赞他们的成就，而不是他们的个性和人品
互动型领导	1. 善于交际，喜欢与他人互动交流 2. 喜欢享受他人的赞美 3. 凡事喜欢参与	1. 要公开赞美，而且一定要真心诚意，言之有物 2. 开诚布公地与其谈问题，不要私下议论或发泄不满情绪
实事求是型领导	1. 讲究逻辑而不感情用事 2. 为人处世有自己的一套标准 3. 喜欢弄清楚事情的来龙去脉 4. 能理性思考，但缺乏想象力 5. 是方法论的最佳实践者	1. 与其交谈时要言之有物，而且要务实 2. 对其提出的问题应该直接回答 3. 在进行工作汇报时，对关键的细节应详细说明

（2）如何与平级（同事）沟通

企业战略的实施和团队目标的实现都是需要平级（同事）之间不断地沟通，在与同事的沟通过程中，应该意识到沟通的目的是为了达成共识，而不是抬杠和争吵。

平级（同事）之间，因个人性格、职位性质、工作侧重点的差别，日常发生一些小矛盾在所难免。那么，在工作中怎样才能使沟通变得更加顺畅有效呢？只有掌握好了以下 3 个原则才能在沟通上有所创新，更加顺畅。

①以大局为重

对于平级（同事）的缺点，如果平时不当面指出，当与外单位人员接触时，就很容易对同事品头论足、挑毛病，甚至恶意攻击，影响同事的形象，长久下去，对自身形象也不利。平级（同事）之间由于工作关系而走在一起，就要有集体意识，以大局为重。在与外单位人接触时，要多补台少拆台，不要为自身小利而伤害集体大利。

②对待分歧，要求大同存小异

平级（同事）之间由于经历、立场等方面的差异，对同一个问题，往往会产生不同的看法，引起一些争论，一不小心就容易伤和气。因此，与平级（同事）有分歧时，一是不要过分争论，二是不要一味“以和为贵”。

③对待升迁、功利，要保持平常心，不要嫉妒

许多人平时一团和气，然而遇到利益之争，就当“利”不让。还有一些人背后互相诋毁，说风凉话。这些做法既不光明正大，于己于人也不利。因此，对待升迁、功利要时刻保持一颗平常心。

（3）如何与下级沟通

在管理实践中，管理者和下属之间的地位实际上是不平等的。不少管理者因为掌控下属的职业前途、工作业绩，而较少注意同下属沟通的方式和技巧。然而，专业化和网络化的发展弱化了管理者与下属的层级关系，所以，管理者应该培养沟通意识，提高同下属的沟通能力，只有这样上下级才能和谐融洽。

"没有难以沟通的员工，只有不善于沟通的领导"。管理者很难依靠一己之力管理好企业和部门，必须依靠下属的支持和合作才能完成工作任务。管理者管理工作的成功与否，在很大程度上取决于同下属的沟通能力，因此，管理者必须不断改进同下属沟通的技巧，同时加以沟通的创新方法才能达到良好的效果。

①传达命令

●态度和善，语言礼貌

上级对下级传达命令时，管理者需要保持理解和善的态度，因为在现代化企业管理实践中，上下级关系已经很难依靠上级的个人权威来维持，上级的态度和语言能够直接影响下属对领导的看法，进而影响命令的执行。

●给下属提出疑问的机会

聪明的管理者向下属传达完命令时，应该主动咨询下属的意见，以确保下属能全面和准确领会。

●引导下属认识到命令的重要性

管理者对命令进行的重复和强调并不能代表下属也这样认为的，因此，管理者要通过介绍的背景、要求、意义等信息让下属认识到命令的重要性。

②批评下属

●尊重客观事实

发现下属工作业绩下滑时，管理者决不可进行盲目批评，盲目批评只会增加下属同管理者之间的隔阂。对待业绩下滑的下属，首先要同下属就业绩不佳的原因进行沟通，在了解下属全部的想法后再作出相应的处理决定。

管理者批评下属一定要从客观事实出发，坚持就事论事。如果在批评时不尊重客观事实，则会让下属更加反感，从而增加上下级之间的隔阂。

●选择恰当的场合

在批评下属时，要选择合适的场合，考虑到下属的自尊心。

●恰当运用赞美

管理者在批评下属的时候，应当恰当地对下属进行肯定和赞美，让下属意识到自己的价值的同时能够虚心接受领导的批评。

③赞扬下属

●以诚相见，由衷赞美

赞美是一种艺术，且只有当赞美建立在诚挚的感情基础上时，才会让下属真正受到鼓舞和激励。

●及时赞扬下属

在工作中创造了价值的下属，都渴望获得上级的肯定和承认，管理者应该创造机会及时对下属的工作给予肯定。

●不以小事而放弃赞扬

俗话说："于细微处见精神"。因此，作为管理者要善于发现下属所做的有意义的事情，且不论事情的大小都能够给予真诚的赞扬。

④其他提高日常沟通能力的两个技巧

●换位思考

管理者和下属对企业发展使命、发展战略、管理特征、管理规范等方面的认识存在很大的差异，所以，管理者要想同下属进行良好的沟通，应从下属的立场出发，进行换位思考。

●细节沟通

管理者在同下属进行沟通时要关注细节，因为下属在同管理者沟通时往往十分注意管理者的细节动作，如一个姿态、一个眼神、一个细小的动作等。如果管理者对细节处理得不好，有可能会影响沟通的效果，甚至传递负面的信息，导致上下级之间产生误解。

（二）启发分析沟通创新思维小故事

◆借曲言情请到假

音乐家海顿年轻时很穷，为了生活，他领导的乐团不得不受聘于一位匈牙利贵族。他的乐团长期住在这位贵族的别墅中为达官贵人们表演。时间一久，队员们实在受不了，都想回家住一段时间，但又怕得罪了这位贵族，丢掉饭碗，于是他们找海顿想办法。

海顿左思右想，终于想到了一个办法。他写了一首新交响乐，要求队员们在音乐会上为来宾演奏。这场演出独具匠心，在每个演奏者前面都放了一根点燃的蜡烛。乐章前段，所有的演奏者都参加，可到了后段，演奏者逐渐减少。而每减少一位演奏者，此人就会吹灭自己前面的蜡烛，悄然离开。

随着乐器和演奏者的逐渐减少，这首乐曲愈发显得凄凉，忧伤的气氛感染了全场所有观众。最后，台上只剩下一位小提琴手独自拉着凄凉的曲调。全场观众从来没有见过如此震撼人心的演出，纷纷站起来鼓掌。最后，海顿上台，对大家致意之后，注视着贵族说道："这曲子叫做《告别交响曲》。"

这时，那位贵族才恍然大悟。他深受感动，答应放所有队员一个长假，让他们回去和自己的亲人团聚。

从本故事中我们可以受到启发，海顿通过"借乐传意"的沟通创新思维方法，达到自己的沟通目的，音乐是一种很好的沟通方式，应该选择适合自己和对方的沟通方式，不但自己擅长，而且对方也能理解。这就是沟通创新的技巧之一。

◆优孟巧劝楚庄王

楚庄王十分爱马，让他的马过着十分优裕的生活，伺候那些马的人数竟是马数量的3倍。由于这些马养尊处优，又很少运动，其中一匹马因为长得太肥而死去了，这让楚庄王伤心极了。他要为这匹马举行隆重的葬礼。

一是命令全体大臣向死马致哀，二是用高级的棺材以安葬大夫的标准来葬马。大臣们实在难以接受楚庄王这些过分的决定，他们纷纷劝阻楚庄王不要这么做。可是楚庄王完全听不进去，还生气地传下命令说："谁要是再敢劝阻我葬马，一律斩首示众。"

优孟是一个很有智慧的人，听说这件事情后，他径直闯进宫去，见到楚庄王便大哭起来。楚庄王吃惊地问道："你为什么哭得这么伤心难过呢？"

优孟回答道："大王心爱的马死了，实在让人伤心，要知道那可是大王所钟爱的马呀，怎么能只按照大夫的葬礼来办理马的丧事呢？这实在太轻视了，应该按照国君的葬礼下葬才对呀！"

楚庄王问道："那你认为应该怎么安排呢？"

优孟回答道："应该用美玉做马的棺材，再调动大批军队，发动全城百姓，为马建造高贵华丽的坟墓。到出丧的那天，要让齐国、赵国的使节在前面开路，让韩国、魏国的使节护送。然后，还要追封死去的马为万户侯，为它建造祠庙，让马的灵魂常年接受百姓的供奉，这样，天下人才会知道，大王爱马胜过一切。"

楚庄王顿时明白过来，非常惭愧地说："我怎么能重马轻人呢？我的过错可真是不小呀！你看我该怎么办呢？"

优孟心中顿时高兴了，趁着楚庄王省悟过来的机会，他俏皮地回答说："太好办了。我建议，以炉灶为墓，大铜锅为棺，放进花椒作料、生姜桂皮，把火烧得旺旺的，让马肉煮得香喷喷的，然后全部填进大家的肚子里就是了。"

一席话说得楚庄王也哈哈大笑起来，从此他改变了原来爱马的方式，把那些养在厅堂里的马全都交给将士们使用，那些马也因经风雨、见世面，锻炼得强壮而矫健。

从本故事中我们可以受到启发，优孟因势利导劝说楚庄王，收到了良好的效果，对今天职场人士也有很大的启发。作为下属，在与上级沟通时，要想让领导认可你。达到自己的目标，必须注意你的沟通方式，提高与上级沟通的能力与效果。

与上级有效沟通，建立并保持良好的上下级关系，对一个人在一个组织中的成功与发展具有重要的意义。无论是汇报工作、请示事项还是说服领导批准自己的请求，下属与领导沟通时均要讲究方法、运用技巧，只有这样才能达到自己的目的。

◆蹲下以后才看清

一位母亲在圣诞节带着5岁的儿子去买礼物。大街上回响着圣诞赞歌，橱窗里装饰着彩灯，可爱的小精灵载歌载舞，商店里五光十色的玩具应有尽有。

"一个5岁的男孩将以多么兴奋的目光赞赏这绚丽的世界啊！"母亲毫不怀疑地想。然而他绝对没有想到，儿子却紧拽着他的大衣衣角，呜呜地哭了起来。

"怎么了，宝贝，如果你哭个没完，圣诞精灵可就不到咱们这里来啦！"

"我……我的鞋带散开了……"

母亲不得不在人行道上蹲下身来，为儿子系好鞋带。母亲无意中抬起头来，啊，怎么什么都没有呢？没有绚丽的彩灯，没有缀满彩灯的橱窗，没有圣诞礼物，更没有装饰丰富的餐桌……

原来那些东西都太高了，孩子什么也看不见。在他眼里的只有一双双粗大的脚和妇人们低低的裙摆……

好可怕的情景！这是这位母亲第一次以5岁儿子目光的高度观察世界。她非常震惊，立即起身把儿子抱了起来……

从此这位母亲便再也不把自己所认为的“快乐”强加给儿子，而是站在孩子的立场上去看待问题，母亲通过自己的亲身体会认识到这一点。

从本故事中我们可以受到启发，管理者如果仅仅从自身角度去理解员工，那么你会觉得下属的想法和做法常常难以理解。所以，管理者必须站在下属的角度和立场与下属沟通。

缺乏换位思考的沟通可能会使领导者和下属的想法和行动出现偏差。管理者只有真正做到换位思考，才能得到下属的理解和尊重。

◆师傅巧答4顾客

理发师傅带了一个徒弟。徒弟学艺3个月后正式上岗，他给第一位顾客理完发，顾客照照镜子说：“长”。徒弟不语。

师傅在旁边一笑解释：“头发长使您显得含蓄，这叫藏而不露，很符合您的身份。”顾客听罢，高兴而去。

徒弟给第二位顾客理完发，顾客照照镜子说：“头发剪得太短了。”徒弟无语。

师傅笑着解释：“头发短使得您显得精神、朴实、厚道，让人感到亲切。”顾客听了，欣喜而去。

徒弟给第三位顾客理完发，顾客一边交钱一边笑道：“时间挺长的。”徒弟无言。

师傅笑着解释：“为首脑多花点时间是很有必要的，您没听说：进门苍头秀士，出门白面书生么?”顾客听罢，大笑而去。

徒弟给第四位顾客理发完，顾客一边付款一边笑道：“动作挺利索，20分钟就解决问题了。”徒弟不知所措，沉默不语。

师傅笑着抢答：“如今，时间就是金钱，‘顶上功夫’，速战速决，为您赢得了时间和金钱，您何乐而不为呢?”顾客听了，笑着离开了。

晚上打烊，徒弟怯怯地问师傅：“您为什么处处替我说话?而我却没有一次做对过。”

师傅宽厚地笑道：“每一件事都包含着两重性，有对有错，有利有弊。我之所以在顾客面前鼓励你，对顾客来说，是讨人喜欢，因为谁都爱听吉言；对你而言，既是鼓励又是鞭策，因为万事开头难，我希望你以后把活做得更加漂亮。”

徒弟很受感动，从此越发刻苦学艺。日复一日，徒弟的技艺越来越精湛。

从本故事中我们可以受到启发，师傅才思敏捷，左右逢源，利用自己的创新沟通技巧，很好地化解了徒弟的尴尬。只有提高与顾客沟通技巧，才是成功推销的关键。

（三）如何增强沟通创新思维能力

1. 沟通创新的三种基本方式与技巧

信息技术的发展、网络的普及带来了沟通的便利，出现了众多信息化的新的沟通方式，包括短信、彩信、电子邮件、即时通信，视频会议等。这些方式打破了时间和空间的限制，被越来越多的企业所应用。但是沟通的方式归纳起来主要是以下三种：

（1）语言沟通

语言沟通，即日常所说的交谈，是一种直接和简单的沟通方式，它是指信息发出者通过说话的方式将信息传递出去，而信息接受者通过听觉来接受信息后作出反馈的过程。

语言沟通一般比较方便、直接，所以比较常用，但语言沟通也受语言种类、沟通双方自身条件不同等一些因素的影响而影响沟通的效果。在语言沟通过程中，要掌握好"听"、"说"、"问"三个环节的技巧。

①听。

●注意倾听对方的谈话，不要干别的事情。

●听人说话过程中，尽量不要打断对方。

●倾听时，可以在对方停顿时偶然加入自己的话，以示专注。例如，"是这样吗?""好极了!"等。

●可以适当地重复对方说过的话，以示重视或赞同。

②说。

●恰当地称赞对方，可使对方乐于继续交谈。

●语言沟通是有来有往的双边或多边对话，不要只顾自己喋喋不休。

●说话要生动、具体、活泼、明了，不要含糊不清，耽误别人的时间。

●交谈的中心不要只围绕自己或自己感兴趣的事情，可以说一些共同的体验，以便架起交谈的桥梁。

●说自己的缺点，可以增加对方对你的信任。听到对方的赞扬不要喜形于色，更不可骄傲自夸。

③问。

●提出的话题要能吸引对方，要具体，不要太抽象。

●提问要引起对方的注意和兴趣。

●对自己没有把握的或者拿不准的问题，可以以问的方式引导对方说出结论。

●恰当的反问可以使交谈更加深入。

（2）书面沟通

书面沟通与语言沟通相比，可以永久保存，能够传递复杂的信息，且信息传播不受时间、地点等限制，它是指信息发出者通过书面形式将自己所要表达的信息呈现给信息接受者，信息接收者通过接收信息后作出反馈的过程。

书面沟通有时可以起到比语言沟通更好的效果，沟通者觉得面对面没有办法进行沟通，或者用语言沟通会产生障碍时，就可采用书面沟通的方式，它的效果比语言沟通更好、更有效。

书面沟通的形式包括信件、报告、备忘录、组织内发行的期刊、公告及其他传递书面文字或者符合的手段。

（3）非语言沟通

非语言沟通，是日常信息发出者通过身体动作、体态、语气、语调、空间距离等一些方式传递信息给信息接收者，信息接受者通过视觉、听觉、嗅觉、触觉等接收信息并作出反馈的过程。与前两种沟通方式比较，这种沟通方式，信息发出者在发出信息时很可能是在自己无意识状态下发出的。

①头部语言。运用头部动作、姿态来交流信息的非语言符号。点头和摇头是最基本的头部动作。点头表示同意、肯定或者赞同，摇头表示反对、否定或批评。

②面部表情。面部表情基本上可以分为惊讶、害怕、生气、厌恶、伤心等。沟通时，应尽可能正确地判断出对方面部表情所代表的情绪。微笑作为世界通用的语言，表示友善，愿意与人交往，是最富有吸引力、最有价值的。

③眼神接触。眼睛是心灵的窗户，眼神交流是沟通的重要内容。眼神接触能有力地表达出个人的态度，如服从、胆怯、愤怒。眼神接触要自然，不要过度频繁接触或者逃避对方眼神。

④身体姿势。身体姿势在沟通中也非常重要。双手交叉或双腿并拢，都是封闭式的姿势，表明心情紧张或没有兴趣和别人交往；双手不交叉，双腿微张开，都是开放式的姿态，表明心情放松，而且愿意和对方保持交往；面向对方并向前微倾是非常重要的姿势，以示敬意和投入。

⑤手势。说话时配合适当的手势，可以增强感染力。但要注意手势运用宜自然，不要太夸张，过多的手势语和幅度过大的手势，往往会给人造作之感，而且也容易被对方曲解。

⑥声线。声线包括语调、声量、清晰程度及流畅程度。语调要恰当，并且高低抑扬，给人亲近感。声量要适当，不要过大或者过小，大声令人有凶恶的感觉，声音太小会让人听不清楚。话说尽量要清晰、流畅，不要过于简略或含糊。

⑦形象语言。形象语言，指通过相貌、穿着等来传递信息，表达感情的非语言符号。作为一种非语言符号，形象语言具有交际功能，能够表明主题的身份、地位和职业，而且也可以表现情感和价值观念。衣着得体是形象语言的基本要求。

2. 提高表达创新能力的方法和技巧

表达是将思维所得的成果用语言反映出来的一种行为，是观察、记忆、思维、创造和阅读的综合运用。在管理工作中可以从以下 3 个方面提高表达能力：

（1）做好表达前的充分准备

①要审视自己。

表达是向别人传达信息，而要确定所传递的信息是否完整、准确、易懂、唯一能做的就是要审视自己的内心世界，认真思考本次沟通的目的是什么，实现这样的目的需要什么样的信息，这些信息应该以怎样的方式传递，这种传递方式是否真的能够实现沟通的目的。为此，可以进行一些事先练习，如在大脑中多次重复想要表达的内容，并选择表达时的适当语气，这样表达能力会在这些练习中逐步得到提升。

②要做听众分析。

表达信息之前还要认真分析听众的心理状态和现实状况，要摸清楚对方的心情如何，是焦虑、痛苦还是愉悦，对方的工作生活怎样，有哪些兴趣爱好。同时，还要时刻注意听者的反映，包括其面部表情、眼神和肢体语言，如对方是否有疑问、精神是否集中等。

③要留意所在场合。

通常，只有当两人独处、不受外界干扰时才能有较好的沟通效果。在嘈杂的环境下，听者可能只接受到了你所表达的部分信息。在压力大或者紧张感较强的场合，所表达信息的准确性和完整性也会大大降低，从而影响表达效果。因此，要根据不同场合选择不同的沟通方式。

（2）提高表达信息的有效性

①表达信息时要直接。

有效表达的重要条件，是知道什么时候该说什么。一个人不能想当然地认为，人们了解他所思与所想。有些人不清楚某些事情，有时需要直接沟通和及时表达想法，而往往认为别人了解自己的心思。直接沟通要求人们抛弃任何想当然。

同时，直接沟通还要尽量减少通过第三方传递信息的情况，通过第三方传递信息不仅会损害信息传递的质量，而且还可能会引起接受方的误解。

②表达信息应当及时。

及时表达主要有两方面的优点：

第一，及时表达增加了别人知道你的需求并相应调整其行为的可能性，能够在最短的时间内解决问题。

第二，及时表达有利于增进与听者的人际关系，与听者一起分享所思所感，有助于巩固相互间的关系。

③表达信息要完整准确。

信息的完整准确有助于信息传递过程中减少失真，使听者尽量减少对信息的误解。为此，在传达信息时要做到以下几点：

●需要陈述时不要用提问方式；

●说话的内容、口气与身体语言应当相互配合；

●避免同时表达相互矛盾的信息；

●明显区分出所见与所思；

●一个信息最好只关注一个问题。

（3）选择恰当的表达方式

①用眼睛说话。

表达信息时不可避免地要与听者进行目光接触，恰当的目光接触能够增加听者对所接受信息的信任程度。目光接触当然不是长时间地盯着别人看。总的来说，在一对一的谈话中，目光接触保持在6–20秒比较合适，在群组会议中，单个人目光接触的时间要少些（3–6秒）。在接触过程中，还要保持诚恳的面部表情和稳定的目光，只有这样，才能对听者产生吸引力。

②肢体语言。

在面对面交流时，一个人面部和肢体的动作对表达效果有着至关重要的影响。

体态。交流时应保持身体稍微向前倾斜，这会增加声音的力度。

面部表情。面部表情体现着交流的情绪，所以，要通过面部表情表达出自己积极的态度。

手势。手势是指双手的动作，表达时手势应与面部表情相互协调。

③从声音和语速上进行强化。

正确的声音和语速能让听者专心地接受所传递的信息。声音包括音量、语气；语速则是指说话时的速度。

说话时首先要保证声音足够大且清楚，可以根据不同的情况调整声音，在有些情况下可以靠改变音量来集中听者的注意力。此外，说话要想不单调，还要学会变声，声音的抑扬顿挫能够体现说话者对这个问题的热情程序，从而吸引倾听者的注意。另外，说话的语气要表现出真减，它表达了信息中包含的感情，决定着他人接受信息的心理感受。

语速决定了听者能够有效倾听和理解的程度。不同地域的人有着不同的说话风俗，所以，根据谈话对象灵活地调整语速具有重要的意义，恰当的语速能够消除不同倾听者结束信息的难易程度，从而达到更好的沟通效果。语速要以清楚地叙述为前提，同时保持与倾听者的语速相匹配，谈话过程中最好要插入偶尔的停顿。

二、 沟通创新思维训练寓言启发

（一）狐狸斡旋狼和豹

狼和豹是草原上的两个霸主，各自统治一方。

它们之间经常会发生争斗，因为它们谁也不服谁，常常闹得两败俱伤，草原上的其他动物也经常饱受争斗之苦。

终于，动物们再也无法忍受它们无休止的争斗了，大家推举聪明的狐狸去协调它们之间的矛盾。狐狸满怀信心地出发了。

狐狸找到争强好胜的狼。他对着狼说：“最近您没有听说吗？草原上都在议论您与豹谁最绅士，最佳的绅士将获得无比的尊敬，您一定不能输呀！”狼心想：打架都不输给他，这方面也不能输，所以他决定让自己变成最有礼貌的绅士，用微笑和问好的方式战胜对手。

狐狸又去找豹，豹性格孤僻，不愿与人交谈。狐狸心想，说话不行，那就写信吧，它给豹子写了封信，内容很诚恳：“狼豹相斗何时了，两败俱伤终不好，武力不过撕和咬，何不比比谁礼貌。”豹看了后，顿时醒悟，也放弃了与狼一比高下的决心。

几天后，两个霸主从仇敌变成了朋友，他们见面时彬彬有礼向对方问好，以前的事好像都从来没有发生过。

※寓言思考

没有沟通就没有理解，甚至会产生误会。沟通要根据对象的性格，采取有针对性的沟通方式。本寓言故事告诉我们，狐狸巧妙地在与狼和豹的沟通过程中，根据两者的特点使用既适合狼的又适合豹子接受的沟通方式，面对不同的情况，选择不同的沟通方式。不恰当的沟通方式，即使你的出发点是好的，其沟通的结果也许会适得其反。

只有站在他人的角度考虑问题，才不会让自己的沟通方式伤害到他人。

（二）周五开会都能到

在森林的动物王国，一天，虎王吩咐兔子秘书："我要开个会，让狮子将军、斑马宰相和猴子军师参加，这星期哪天都行，你去安排一下！"兔子秘书先去问狮子："将军，大王要召开会议，您哪天有时间呀？"狮子将军看了一下自己的行程，说："我明天要去熊家参加他们的军事演习，其他时间可以。"兔子秘书到斑马宰相办公室，结果宰相不在，问秘书才知道他出使大象王国，周四上午才能回来。兔子秘书又去找猴子军师，猴子说："我周四下午参加森林小动物拔河比赛，其他时间都可以。"

兔子秘书跑回到虎王办公室："大王，狮子将军明天参加熊家族的军师，其他时间都可以！"虎王看了兔子一眼没有说话，兔子接着说："斑马丞相正在大象王国访问，周四才能回来……"虎王眉头紧蹙，问："那会议你给我安排在什么时候？"兔子秘书说："猴子军师周四下午参加小动物的拔河比赛，所以我还没有想好，想听听您的意思！"

虎王一听，非常恼火，对兔子说："这点小事也要我来决定吗？"兔子的脸红一阵，白一阵的，虎王接着说："他们周五不是能到吗？就安排在周五，多简单的事情，我已经说过本周哪天都可以，还啰里啰唆跟我说这么多！"

※寓言思考

本寓言告诉我们，与上司沟通，尤其是进行工作汇报，语言应简洁、明了，直接说出重点或者结果，以避免浪费上司的时间。接受领导指示时，应弄清楚和掌握领导的意图，有时候，沟通越简单越有效。

同时在与上司沟通中，要维护上司的权威和自尊，否则将会为自己带来一些不利影响。下属要经常与上司保持沟通，以获得上司的理解和支持。

（三）黑白天鹅一起飞

水草丰茂的沼泽地带，居住着一群白天鹅。它们以雪白的羽毛、高雅的姿态、嘹亮的歌声，深受周围人们的喜爱，白天鹅感到无比的幸福与自豪。

一天，飞来几只黑天鹅。白天鹅群顿时出现了骚动，它们窃窃私语，其中一只生气地嘀咕，"啊呀，那不是乌鸦的颜色么？"另一只愤慨地表示，"黑得像木炭，太丑了。"白天鹅们商量着如何驱赶黑天鹅。

闻信赶来的人们，见到黑天鹅无不欣喜若狂，赞不绝口："黑天鹅，黑天鹅，多稀罕的品种，见到你们真是大开眼界。"

"雍容华贵，端庄秀丽，太可爱了。"

白天鹅们开始惊呆了，继而是自卑，他们暗自叹息道："人们那么看重黑天鹅，我们将一钱不值了。"

但是，人们紧接着又惊喜地说道："白天鹅、黑天鹅，黑白相间，交相辉映，大自然蕴含的美，多么令人心荡神驰呀！"

白天鹅感动极了，它们欢唱着迎向了黑天鹅，黑天鹅也分外快乐，高唱着奔向白天鹅。

白天鹅和黑天鹅很快就融合在一起了，成了亲密无间的朋友。

※寓言思考

本寓言告诉我们，同事之间需要的是相互欣赏、学习、补充，而不是相互诋毁、抱怨，只有你欣赏别人，别人才会欣赏你。同事之间应该相互提携，互通有无，共同进步。此外，和他人之间难免有摩擦，如果同事之间能加强直接沟通，则可以避免很多不必要的误会和隔膜。“谣言止于沟通”对于他人的传言或者递话要正确判断，认真分析，以免产生误会。

三、 沟通创新思维训练案例示范

（一）沟通方式哪种好

一家网络公司由于受经济危机的影响，经营受到严重打击，最后公司决定裁员。第一次裁员，地点选在公司的会议室，通知全部被裁人员到会议室开会。在会上公司宣布裁员计划，并且每一个人要立即拿走自己的东西离开办公室，公司所有被裁员工感到非常沮丧，甚至包括很多留下的人也感到沮丧不已，这极大地影响了员工的士气。

第二次裁员的时候，公司接受上次裁员的教训，不是把大家叫到会议室里，而是选择了另一种方式，在咖啡厅里单独约见被裁人员。在这样的环境里，宣布公司的决策：由于公司的原因致使其暂时失去了这份工作，请他谅解，并给其一个月的时间寻找下一份工作。

这次裁员的效果和上一次相比有天壤之别，基本上所有的员工得知了这个消息后，都会欣然地去接受，并且表示如果公司需要，随时可以通知他们，他们会毫不犹豫地再次回到公司。

两次裁员，由于选择了不同的沟通方式，所得到的效果是截然不同的。

※思考导向

沟通方式决定沟通效果，沟通方式不同，沟通效果也不同。正确的沟通方式能够让员工感到被尊重，从而可以达到意想不到的效果。同时本案例也可看出。在沟通时，要根据自己的特点使用既适合自己又能让别人接受的沟通方式。但也要注意，适合别人的，不一定就适合自己的，沟通方式不可以机械地模仿。

（二）韦伯如何巧妙推销

某电器公司的约毕夫·韦伯在宾夕法尼亚州的一个富饶的荷兰移民地进行了一次考察。

“为什么这些人不使用电器呢？”经过一家管理良好的农庄时，他问该区的代表。

“他们一毛不拔，你无法卖给他们任何东西。”那位代表回答，“此外，他们对公司火气很大。我试过了，一点希望也没有的。”

也许真的是一点希望都没有，但韦伯决定无论如何也要尝试一下，因此他敲开了那家农舍的门，门打开了一条小缝，屈根堡太太探出头来。

一看到那位公司的代表，她立即就当着我们的面，把门砰的一声关了起来。韦伯又敲了门，而这次，他把对公司的不满一股脑儿地说了出来。

“屈根堡太太，”韦伯说，“很抱歉打扰您了，但是我们来这里不是向您推荐电器产品的，只是要买一些鸡蛋。”

她把门又打开大了一点儿，怀疑地看着韦伯他们。

“我们注意了您的那些可爱的多明尼克鸡，我想买下一打新鲜鸡蛋。”

她又把门开打了一点儿。“你是怎么知道我的鸡是多明尼克鸡呢?”她好奇地问。

“我自己也养鸡，说实话，我从来没有见过这么棒的多明尼克鸡。”

“那你为什么不吃自己的鸡蛋呢?”她仍然有点怀疑。

“那是因为我的鸡下的是白壳蛋。当然，您知道，做蛋糕的时候，白壳蛋是比不上红壳蛋的，而我妻子以她做的蛋糕为自豪。”

到这时候，屈根堡太太的戒备心理小多了，也温和多了。韦伯乘机四处打量了一下，发现农舍里有一间很好看的奶牛棚。

韦伯找到了话题，“事实上，屈根堡太太，我敢打赌，你养鸡赚的钱，比你丈夫养乳牛所赚的钱要多很多。”

这下她可高兴了！她兴奋地告诉韦伯，她真的比她的丈夫赚的钱多，但她无法使那位顽固的丈夫承认这一点。

她邀请韦伯一行参观的鸡棚。参观时，韦伯注意到了他安装了一些各式各样的小机械，于是他积极地称赞这些做法，还介绍了一些掌控温度的方法，并向她请教了几件事。他们高兴地交流了一些经验。

不一会儿，屈根堡太太告诉韦伯，附近一些邻居在鸡棚里装设了电器，据说效果很好。他征求韦伯的意见，想知道是否真的值得那么做。

两个星期以后，屈根堡太太的那些多明尼克鸡就在电灯的照耀下了。

韦伯推销了电器设备之后，屈根堡太太得到了更多的鸡蛋，两者皆大欢喜。

※思考导向

本案例可以看出，韦伯为了打开顾客的心扉，硬来是不行的，需要采用巧妙的沟通方式。在沟通过程中，应关注对方感兴趣的话题，以达到自己的目的，这才是沟通的最高境界。同时，在沟通过程中，用事实说话是最好的说服方式，在取得别人信任的情况下，说服别人的最好办法是让别人看得到直接的结果。沟通中，最好的证据就是现场，最好的方式就是亲身体验。

（三）爷爷要把孩子生

中国历史上有一名叫甘罗的孩子，12 岁就做上了秦国的宰相。他与秦始皇有过一次关于“公鸡下蛋”的辩论。

秦始皇养了一些妖言惑众的方士。方士说，吃公鸡下的蛋可以长生不老。

秦始皇信了，便命令甘罗的爷爷前去寻找。

“爷爷，你有什么心事吗?”甘罗看到愁眉不展的爷爷在房间里走来走去，便上前问道。

“嗨，皇上听信了方士的话，要吃公鸡的蛋能求长生。现在命令我去找，要是两天之内找不到，我就得受罚。”

甘罗一听，也着急起来了。突然，他灵机一动，有了主意。“爷爷，你不用再为此事操心了，三天后我替您上朝去，自有办法应付皇上。”

三天后，甘罗不慌不忙地随着大臣们走进宫殿。

秦始皇生气地问道：“你来干什么？是不是你爷爷找不到鸡蛋不敢来了?”

“启禀陛下，我爷爷来不了啦。”甘罗冷静地说，“他在家生孩子呢，所以我替他来上朝了。”

秦始皇说：“你这孩子真是胡说八道，男人怎么会生孩子呢?”

“既然公鸡能下蛋，为什么男人不能生孩子呢?”甘罗反问道。

秦始皇一听便知道自己错了，他看到甘罗小小年纪就这么聪明，变破格录用，拜他为秦国宰相。

※思考导向

本案例告诉我们，要让上级自己认识到错误，是指正上级错误的有效沟通艺术。要想让上级意识到自己的错误，必须让他看到相同的错误，本故事就从“男人能否生孩子”反射“公鸡能否生蛋”，让秦始皇自己意识到自己犯的荒谬可笑的错误。此外，与上级沟通时，有时最大的困惑就是无法说服上级。巧妙地运用比较，可以使上级顿悟或者改变立场。为了说服上级，在与上级沟通前，下级应该准确把握上级的心理和性格，只有对症下药，才能达到有效的沟通的目的。

(四) 刘墉为何没死成

乾隆年间，宰相刘墉与贪官和珅一向不合，和珅为除掉刘墉费尽了心机，而刘墉也想除掉和珅这个祸国殃民的大贪官。

有一次，刘墉设计，让乾隆随口下旨将和珅的小舅子斩首而且无法收回旨意。这件事使乾隆非常生气，但又拿他没有办法。于是，乾隆说道：“朕让谁死，谁就得死，是吧？那刘墉你就去死吧!”

刘墉问道：“皇上让臣怎么死?”

乾隆随口说：“你家不是有个荷花池吗？你就往那里一跳，死了得了!”

刘墉只好跪下接旨：“谢主隆恩!”

几个时辰过去后，刘墉去见乾隆，此时，乾隆已经气消，问道：“朕不是叫你去死吗？你怎么敢违抗朕的旨意呢?”

刘墉跪下回禀道：“万岁，臣按照皇上说的去跳了荷花池，可是臣碰见一个人，臣就回来了。”

乾隆问道：“碰见谁了？”

“臣碰见了屈原，楚国屈原，屈原见了我就问，你怎么也投水自尽了，他当年投水自尽是因为他碰上了昏庸无道的楚怀王，所以郁郁不得志，才投水而死的。他说，刘墉啊，你怎么也投水自尽呢？是不是也碰上了无道的昏君了？臣一想，不对啊，臣死是小，万岁的名声是大啊！于是我就说，屈原啊，此言差矣，你们的楚怀王怎么能跟我们当今的皇上相比呢，臣只不过是失足落水而已，我就挣扎着从水里浮出来了，皇上您说臣做得对不对啊？”

乾隆听了之后，高兴地大笑起来。

※思考导向

本案例告诉我们，因势利导，循序渐进可以消除抵触情绪，达到说明领导的目的。管理者要学会借助比喻、故事等方式与上级进行有效沟通。同时，在与上司沟通中，以退为进有时会让事情不辩而明，且更容易获得上司的信任和赞许。在与上司沟通中，下属应该敢于承认错误和承担责任，同时还应该表现出自己的大度，这样更容易获得上司的认同。

（五）东方朔造谣官位升

东方朔是中国汉代的一个文人，会写文章而且性情诙谐。东方朔起初在京城长安做一个很小的官。当时为皇家照看马队的都是一些侏儒，尽管这些侏儒官阶很低，但他们却可以经常接近皇帝。东方朔想引起皇帝对自己的注意，以便得到重用，于是想了一个办法。

一天，东方朔对看马的一个侏儒说：“皇上最近说，你们这些人，身材矮小，耕田种地，力气不如别人，从军打仗也打不过别人，做地方官也管不住别人，白白消耗国家的财物，他准备把全国的侏儒都杀掉。”侏儒听后，吓得大哭起来。

东方朔说：“我给你们想个办法吧。”

侏儒非常感激，问是什么办法。东方朔说：“你应该联合所有的侏儒，一见到皇帝就长跪不起，请皇帝宽恕你们的小个儿。”

果然，所有的侏儒在皇帝出行时，都跪在皇帝面前请罪。侏儒们说：“东方朔说皇帝要杀我们。”

皇帝于是召见东方朔，问他们为何妖言惑众。东方朔说：“反正我可能被判死刑，那我就直说了吧。这些侏儒们身高不到一米，每月的俸禄是一袋米，二百块钱。我身高差不多两米，每月的俸禄也是一袋米，二百块钱。结果侏儒们快撑死了、我却要饿死了，这是不合理的。如果皇帝认为我说的有道理，就改变这种做法。”

皇帝听了大笑，马上就把它调到自己身边升任侍卫官。

※思考导向

本案例告诉我们，无法直接言明时，管理者可以借助第三方的力量说服上级，进而达到自己的目的。陈述时，说明准确，对比形象，会让上级更容易理解自己的意思。

同时下属要与上司进行经常性与及时性的沟通，以增进双方的理解与互信。当上级对自己不信任时，下属要客观地进行分析，有时需要直言相告。唯唯诺诺，只会让上级更加怀疑。

四、 沟通创新思维训练游戏体验

（一）苏联的民间故事

三百年前，苏联由残忍的大公统治。他有个善良的女儿，等她 20 岁时，大公把她许配给了邻国的王子，可是她却爱着一个铁匠——海乔。由于出嫁的日子快到了，她和海乔冒险逃到山里，不幸的是他们被大公抓住，关进了没有完工的高塔里。关在一起的还有一个帮助他们逃走的侍女。

大公暴跳如雷，决定第二天把他们全部处死。

塔很高，在最顶上一层，才有可开的窗子，从那里跳下去会粉身碎骨。大公想，如果派人看守，看守的人也许会心生同情而放走他们，于是下令撤掉一切看管。

海乔看到无人看守，周围没有任何人监视，逃走的希望不仅油然而生。他发现一根建筑工人遗留的绳子，绳子上套有一个生锈的滑轮，而滑轮装在比窗户略高一点的地方，绳子两头各系一只筐子，原来这是水泥工吊砖头用的。

经过一番估量，断定两只筐子载重不超过 170 千克，且两只筐子的载重相差接近 10 千克，而又不超过 10 千克，筐子就会平稳下落到地面。海乔知道爱人体重大约 50 千克，侍女体重大约 40 千克，自己体重 90 千克，他在附近找到一条 30 千克铁链。经过一番思考，三人都最终平安降落地面而逃走，请问，他们是怎样安排逃走的呢?

（二）倒油

有一个商人用一个大桶装了 12 千克油到市场上去卖，恰好市场上两个人分别带来了 5 千克和 9 千克的两个小桶，但他们要买走 6 千克的油，而且一个买了 1 千克，一个买了 5 千克，这个商人要怎样称给他们呢?

（三）如何分奶牛

在古埃及的一个小村落里，住着一位养奶牛为生的老人。这位老人有三个儿子，他对于这三个孩子都同样非常疼爱，但是由于兄弟三人各自成家后，家庭状况各不相同，于是，对于遗产的分配，在老人心中一直是个重要的问题。

老人在临终前留下遗嘱，要把他养的 17 头奶牛分给 3 个儿子，他在遗嘱中写明：老大得总数的二分之一，老二得总数的三分之一，老三得总数的九分之一。可是他们怎么分都不对，因为总数 17 的 1/2、1/3、1/9 都不是整数，而且按照当地的法律，牛被视为神灵，不能宰杀的。即便是偷偷宰杀了，按上边算出的数字分配，也会剩下 17/18 头奶牛。三个儿子很困惑，他们非常尊重父亲的遗嘱，但是却不知道该如何按照父亲的遗嘱分奶牛。

那么你知道该怎么分这17头奶牛吗?

(四)紧急侦破任务

某侦查股长接到一项紧急侦破任务，他要在代号为A、B、C、D、E、F六个队员中挑选若干个人侦破一件案子。人选的配备要求，必须满足下列各要点:

①A、B两人中至少去一人;

②A、D不能一起去;

③A、E、F三人中要派两人去;

④B、C两人都去或都不去

⑤C、D两人中去一人;

⑥若D不去，则E也不去。

请问应该让谁去?为什么?

(五)提前下班后

一位女士通常在5:30下班，然后去超市购物。买完东西她能赶上6:00的列车。列车开到她家所在的车站需要半小时。而她的丈夫每天从家里出发开车去车站接她回家。两人约好6:30在车站见面，也就是说那位女士的丈夫在她刚下车的同时也正好到达车站。

一天该女士提前5分钟下班，她没有去超市，而是径直走到了车站，恰好乘上了5:30的列车。这时才6:00她就到站了。由于她丈夫还是按往常的时间出发，所以不可能在车站碰面。那位女士便开始步行回家。途中遇见了她的丈夫，两人再一起坐上了车。那天到家时间比平时早了10分钟。

假设每班列车都准时到站，准时出发。求那位女士在遇见她丈夫前已经走了多少时间?

(六)黄球与白球的选择

小静把自己的自行车玩坏了，他恳求妈妈再给他买一辆。妈妈考虑了一下，对小静说:“我们来玩一个游戏，如果做到了你就可以再有一辆新的自行车。”于是妈妈找来两个盆子，其中一个盆子里装着10个黄色的球，另一个盆子里装着10个同样大小的白色球。

妈妈对小静说:“一会要把你的眼睛蒙上，然后我会把两个盆的位置随意调换，你再去随意选一个盆，从里面挑选出1个小球。如果选中的是黄色球，妈妈就给你买自行车;但是如果选中的是白色的球，那么你就没有机会了!”

小静听了后，想了想对妈妈说:“能不能在蒙上眼睛之前，我先任意调换盆里的小球组合呢?”妈妈同意了，原来小静是为了能让自己拿到黄色球的几率更大。

请问:你知道该怎么调换小球才能确保更有把握买到自行车吗?

第十三章　服务创新思维训练

服务创新思维能力自测自检（10个选项）

◆在企业中，服务创新能力是指管理者通过对服务意识、服务方式进行创新从而提高服务效率的能力。请通过以下10个自测选项对自己的该项能力进行差距测评，选A得3分，选B得2分，选C得1分。获24分以上，说明你的沟通创新能力很强，请继续保持和提升；获15-24分，说明你的沟通创新能力一般，请努力提升；获15分以下，说明你的沟通创新能力很差，急需提升。

1. 你如何认识服务创新？(　　)

A. 必须坚持以顾客为导向

B. 可提高企业的服务水平

C. 是服务方式的改善

2. 作为管理者，你如何进行服务创新？(　　)

A. 开辟全新的服务市场

B. 提供新的服务产品组合

C. 对现有服务有效改善

3. 你如何看待现有的服务方式？(　　)

A. 还有很大的改进空间　　B. 一定程度上可以改进

C. 可改进的地方不多

4. 你通常如何进行服务方式的改进或者提高？(　　)

A. 持续不断地改进　　B. 定时定期修改

C. 当遇到问题时才修改

5. 作为管理者，如何推出新的服务产品？(　　)

A. 根据顾客的需求　　B. 根据现有顾客满意度

C. 根据竞争对手的策略

6. 作为管理者，当发现自己企业某些服务方式或者举措规定不合理时，你会怎么办？(　　)

A. 以更合理的措施取代　　B. 马上废除，停止使用

C. 视顾客及市场的态度而定

7. 作为管理者将如何提升企业服务水平？

A. 通过服务制度创新　　B. 加强服务人员培训

C. 通过奖励惩罚机制

8. 作为管理者将如何看待行业内约定俗成的服务机制与规定？（　　）

A. 应该不断地改进　　　　B. 只能存在于一定时期

C. 存在即合理

9. 如何看待目前的服务方式与措施？（　　）

A. 还有很大的改进空间　　　　B. 一定程度上可以改进

C. 可以改进的地方不多

10. 在改进服务方式过程中，参照的标准你一般采用？（　　）

A. 调查报告或者行业分析报告　　　　B. 顾客的问卷调查

C. 竞争对手的新措施

一、认识服务创新思维

（一）服务创新思维的内涵

服务创新是一种思维理念，是企业发展的手段，运用到实际的服务工作中体现出来的就是服务上的创新。服务创新是贯穿顾客导向的服务理念的一个重要方面，目的是使得顾客满意。服务创新就是使潜在用户感受到不同于从前的崭新内容。服务创新为用户提供以前没有能实现的新颖服务，这种服务在以前由于技术等限制因素不能提供，现在因突破了限制而能提供。顾客的需求和期望是不断变化的，要坚持以顾客为导向，就要不断地进行服务创新，以新的服务适应顾客新的需要和期望。包括如下四个维度：

从经济角度看，服务创新是指通过非物质制造手段所进行的增加有形或无形“产品”之附加价值的经济活动。这种活动在信息产业表现得尤为突出。信息技术飞速发展，使得产品技术和功能的同质化水平越来越高，通过提高产品质量、降低产品生产成本来竞争的空间越来越狭窄，因而服务成为企业进行市场竞争的重要武器。

从技术角度看，服务创新是以满足人类需求为目的的软技术创新活动。这种活动可分为围绕物质生产部门的管理、组织、设计等软技术创新活动，围绕文化产业、社会产业的推动社会和生态进步，丰富精神生活的软技术创新活动以及围绕传统服务业和狭义智力服务业的软技术创新。

从社会角度看，服务创新是创造和开发人类自身价值，提高和完善生存质量，改善社会生态环境的活动。因此，服务创新通过满足物质需求、精神和心理需求，并提供解决问题的能力，保障人们的精神和心理上的健康，得到满足感和成就感。传统的技术一直把“人心”排除在外，随着物质文明程度的提高，人们更在乎生活的感觉（视觉、听觉、味觉、嗅觉、触觉、直觉），更希望自己的心情、情绪、感情、伦理道德和人的尊严得到尊重。这就要求未来的技术不能单纯强调“效率第一”、“效益第一”，还要研究和发展那些牺牲一点效率而使我们的生活和工作环境变得更容易，更舒适和方便，尊重人的情绪、感情和道德的技术。即重视人“心”的技术，反过来，人们对人类自身价值和能力的认识也远远不够。这些因素就是使很多硬技术“软化”的动力，是制造业服务化的动力，是提高软技术附加价值的重要内容，这在社会服务业和文化服务业的创新中体现得尤其明显。

从方法论角度看，服务创新是指开发一切有利于创造附加价值的新方法、新途径的活动。这种途径可分为围绕物质生产部门的管理、组织、设计等软技术创新活动，围绕文化产业、社会产业的文化娱乐、体育、媒体等丰富精神生活术，围绕传统服务业和狭义智力服务业的软技术的创新。即服务创新是指发明、创造或开发、应用新的服务方法、服务途径、服务对象、服务市场的活动。

（二）启发服务创新思维小故事

◆快餐饭

我们公司写字楼对面的超市里最近开了一家“蒸膳美”快餐厅。有一次我们中午去吃饭，为了换换口味，来到这家，发现这家餐厅有一个很有趣的服务创新方式——有十多个菜，有荤有素，客人自己选菜，量多量少自己确定，然后放到台秤上称，九毛五一两，外加一份蒸饭，一块钱，赠送一份汤。

这种方式很有意思，每个人都开始“精益生产”，不会多拿，所以是“环境友好型”餐厅；另一方面，每个人都可以自选，有一定的“个性化定制”能力；还有一个很重要的技巧，是尽量多取“固体”，少取“液体”，这样可以“减重”，为了减重，多取比重轻的食品等等。

有了这样一些技巧，每天中午的午餐六七块钱就搞定了，大大降低了我们这些客户的“整体拥有成本”。

最近常常去这家餐厅吃午餐，感觉这个服务创新使得该餐厅的生意“蒸蒸日上”，今天特地去考察了超市楼上的另一家快餐厅，发现其生意已经冷清了许多，看来“市场份额”发生了显著的变化。

看看，小小的一个服务创新，真是可以带来竞争优势。

从本故事中我们可以受到启发，服务创新就是要创新服务的理念，使服务适应现代化的要求，使企业在市场上立于不败之地。但是对顾客新的需求的满足或者创造顾客新的感受都是服务创新。即是生产全新功能的服务创新，针对同一功能提出不同的实现方式的服务创新，以提高效率、降低成本为目的的服务创新。

◆提高番茄酱的销售量

日本人爱吃番茄酱，因此番茄酱在日本料理市场中竞争很激烈。在日本，有许多家生产番茄酱的企业，其中可果美和森永是日本番茄酱市场中产量最大的两家企业，可果美的销售量是森永的两倍以上。森永公司尽管想尽了办法进行推销，但依然没能赶上可果美。

为了战胜竞争对手，森永公司拿出了巨额奖金，声称如果谁能够出主意帮助公司战胜可果美，就可以得到这笔奖金。

后来，公司的一位推销员提出了建议，将番茄酱的瓶口开大，使汤勺可以伸进去舀番茄酱。

森永公司采取了这一建议，果然使自己的产品销售量超过了竞争对手，这是为什么呢?

原来，番茄酱的瓶口开大之后，人们可以很方便地从瓶口舀出番茄酱，每次的用量也增加了，相应地购买番茄酱的数量也就随之增加。相反，以前的瓶口太小了，使用时必须用力摇动，才能倒出番茄酱，而且还会有很多在里面倒不出来。由于大部分家庭主妇都很节省，他们看到番茄酱还没有用完，就不会再购买新的，所以番茄酱的销售量也就上不去。

从本故事中我们可以受到启发，将番茄酱瓶口开大一些是一个很细微的改变，却可以轻而易举地扩大产品的销售量。而打破传统思维，以一种全新的视角来看问题，敢于标新立异，同样也是服务创新、突破困局的一种策略。

（三）如何增强服务创新思维能力

1. 服务创新应把握好九要点

（1）把注意力集中在对顾客期望的把握上

在竞争对手云集的市场中，不必轻易改变产品本身，而应该把注意力集中在对顾客期望的把握上，认真听取顾客的反应以及修改的建议，一般80%的服务概念来源于顾客。

（2）善待顾客的抱怨

顾客的抱怨往往表明服务有缺陷或服务方式应当改进，这正是服务创新的机会。对待顾客的抱怨，均应立即妥善处理，设法改善。以耐心、关怀来巧妙解决顾客的问题，这是服务创新的基本策略。

（3）服务要有弹性

服务的对象相当广泛，有不同期望及需要，因此良好服务需要保持一种弹性。服务有许多难以衡量的东西，一味追求精确，非但难以做到，反而易作茧自缚。

（4）企业员工比规则更重要

创新就是打碎一种格局以创造一种新的格局，最有效的策略就是向现有的规则挑战，挑战的主题是人。通常，顾客对服务品质好坏的评价是根据他们同服务人员打交道的经验来判断。

（5）用超前的眼光进行推测创新

服务是靠顾客推动的。当人们生活水平低于或等于生存线时，其需求模式是比较统一的。随着富裕程度的提高，消费需求由低层次向高层次递进，由简单稳定向复杂多变转化。这种消费需求的多样化意味着人的价值观念演变。

（6）在产品设计与体现的服务过程中，要与建立一揽子服务体系结合起来

产品创新从设计开始，服务也从设计开始。要在产品中体现服务，就必须把顾客的需要体现在产品设计上。在产品设计中体现服务，是一种未雨绸缪的创新策略。要使顾客满意，企业必须建立售前、售中、售后的服务体系，并对体系中的服务项目不

断更新。服务的品质是一个动态的变量，只有不断地更新才能维持其品质不下降。售前的咨询、售中的指导、售后的培训等内容会随着时间的推移使其性质发生变化，原来属于服务的部分被产品吸收，创新的部分才是服务。所以，企业不创新，就没有服务。

（7）把“有求必应”与主动服务结合起来

不同的企业对服务的理解不同。其中，很多企业对服务的定义过于狭窄。餐饮企业对服务的理解可能就是笑容可掬；设备销售企业，可能把服务理解为“保修”；银行可能认为服务就是快捷并不出差错；商品零售企业可能认为服务就是存货充足和免费送货。这些理解都只是把服务限定在“有求必应”的范围内，满足于被动地适应顾客的要求。一个企业要在竞争中取胜，仅仅做到“有求必应”是不够的，应不断地创新服务，由被动地适应变为主动地关心、主动地探求顾客的期望。

（8）把无条件服务的宗旨与合理约束顾客期望的策略结合起来

企业不遗余力地满足顾客的需要，无条件地服务顾客，是达到一流服务水平的基本原则。但在策略上必须灵活，合理约束顾客的期望常常是必要的。顾客对服务品质的评价，容易受其先入为主的期望所影响，当他们的期望超过企业提供的服务水准时，他们会感到不满；但当服务水准超过他们的期望时，他们会大感满意。企业有必要严格控制广告和推销员对顾客的承诺，以免顾客产生过高的期望。而在实际服务时尽可能超出顾客的期望。正确地处理无条件服务与合理约束两者的关系，是企业在服务创新中面临的挑战。

（9）把企业硬件建设与企业文化结合起来

服务行业应用现代科技，对企业的基础设施进行大规模的投资，不仅能极大地扩大服务种类、提高服务效率，而且还能够带来显著的竞争优势。

2. 服务创新的推动力

服务创新的推动力如图 13-1 所示。

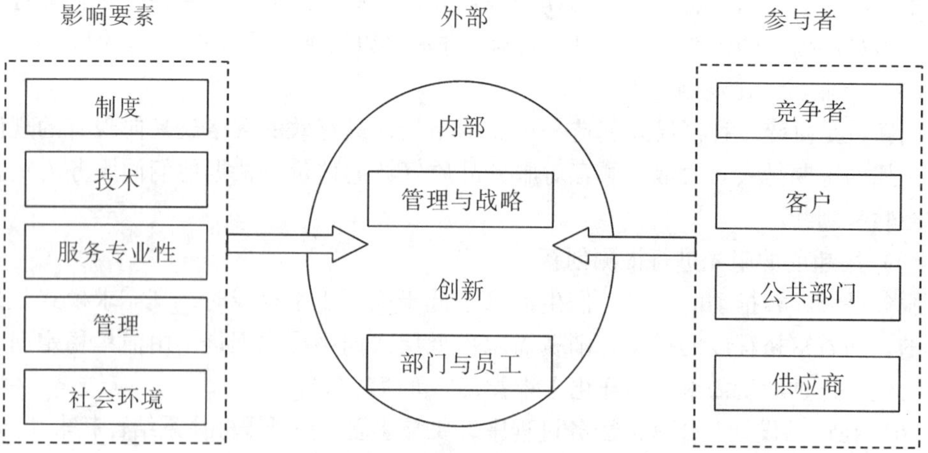

图 13-1 服务创新的推动力量

（1）服务创新受到制度、技术、服务专业性、管理与社会环境五种轨道力量的推动，这种“轨道”是一种在社会系统中扩散的思想和逻辑。

（2）服务创新的参与者不仅包括企业的部门和员工，还包括企业的竞争者、客户、供应商和一些公共部门。

（3）创新的动力主要来自降低成本，提高对客户问题的反应能力与灵活性，提高客户忠诚度，以及开拓市场等。

二、服务创新思维训练寓言启发

（一）小白鼠的特色经营

小白鼠和大象分别开了自己的宾馆。过了一段时间后，小白鼠宾馆门前是车水马龙，生意红火；而大象宾馆则是门可罗雀，经营惨淡。大象便来到了小白鼠这里取经，它从一件事情上便找到了小白鼠成功的秘诀。

来自草原的犀牛在小白鼠的宾馆预定了一间豪华套房，刚刚抵达后就出门拜客去了，犀牛身上穿的衣服，手上拎的公文包，头上戴的帽子的颜色皆是由黄黑相间的豹纹斑组成，这一明显的偏好被小白鼠发现了。犀牛刚一出门，它就重新布置了犀牛的房间。

犀牛回来后发现，整个房间从地毯、壁毯、灯罩、沙发、窗帘无一不换成了黄黑相间的豹纹斑，与自己身上的穿戴完全一致。犀牛大为感慨，非常感动，写了张支票，付了非常丰厚的“小费”。

※寓言思考

创新的服务方式能够超越顾客的期望，只有超越顾客的期望，才能使顾客感动。本寓言中的小白鼠正是善于观察，才在自己酒店服务创新管理方面有所创新和突破。在进行服务创新时，企业要对顾客进行观察和分析，及时找出顾客的特点与偏好，从而提高服务的效率和质量。

（二）狐狸待客人热情高

大象是森林王国一家咨询公司的业务主管。前几天，刚刚入冬，气候寒冷，大象难得起了个早，就想干脆就早一点到公司上班去。

到了公司，离上班的时间还有两个半小时，由于天气格外寒冷，大象很想找家咖啡馆喝杯热咖啡。大象首先来到了黑熊的咖啡馆，走了进去，结果所得到的答案是“还没有开始营业。”大象又来到了长颈鹿的咖啡馆，长颈鹿对大象说：“八点钟再来吧。”

大象很失望，一天的好心情全被这两家咖啡馆搞得非常糟糕起来。几乎准备放弃之时，又走进狐狸的咖啡馆，问：“现在开始营业了吗？”狐狸说：“开始了，请坐、请坐，外边非常寒冷！”

其实狐狸的咖啡馆离营业时间也还有 20 分钟，但是狐狸能够设身处地替顾客着想。所以把大象招呼进来，并且告诉大象说：“大象先生，不好意思，您的咖啡还在准备中，请先看一看报纸，等一下。”说着递过了一份《早安森林报》，狐狸贴心地问：“在哪里工作呢？上班路程远吗？今天天气挺冷的，要对多穿点衣服。”和室外的寒冬相比，几句问候令大象倍感温暖。

10分钟后，一杯热腾腾的咖啡送到了大象的面前。“大象先生，不好意思，让您久等了，请慢用。”大象甚为感动，并打定主意，以后都到狐狸咖啡馆来消费。

用完咖啡后，大象请狐狸结账，狐狸微笑地对他说：“大象先生，由于您是本店今天的第一位顾客，又耽搁了您的一些时间，所以我决定，您的咖啡只需要付一半的费用，以表达我的歉意，并谢谢您光临本店。”

※寓言思考

顾客就是上帝，管理者对顾客用心，就是对自己和企业负责。本寓言可见，狐狸在服务态度上比黑熊和长颈鹿要用心得多，正是狐狸在服务态度上的创新，使自己的咖啡店具有竞争优势。进行服务创新，首先要求管理者具有良好的服务态度，能够想顾客之所想，急顾客之所急。服务创新是企业在竞争中的制胜之本。优质的服务是企业的最好载体，以先进的服务理念为指导，为顾客提供优质的服务，不仅可以提高服务品质，而且能够形成核心竞争力，促进企业的发展。

三、 服务创新思维训练案例示范

（一）山本夫人“专机”的故事

1988年年末，英国航空公司的008号航班因为出现了机械故障，而不能正点飞往日本东京，这样就使从日本东京飞回伦敦的时间比原定计划往后推迟了20小时。

在这种情况下，英国航空公司向该航班的191名乘客建议：为了减少耽误的时间，将为乘客提供另一家航空公司的班机，以便尽早使他们达到伦敦。在191名乘客中，有190名乘客接受了公司建议，唯有一名乘客——山本夫人宁愿等20小时，也愿意乘原来的班机。

英国航空公司的008号航班排除了飞机故障飞到东京后，将山本夫人请上了客机，安排她坐在比较舒适的前舱座位。客机上有6部电影、各种食品、饮料供她任意观看和选用，客舱的15名乘务员和驾驶舱内的6名机组人员都为她一个人服务。山本夫人在飞机上看了一场电影，还舒舒服服地睡了一觉。飞机在伦敦机场着陆以后，航空公司还为她准备了早餐。

从伦敦到东京、再从东京到伦敦长达13小时的飞行中，11000公里的航程仅耗油就价值2.5万美元，全部飞行成本将达到12万美元。而从东京到伦敦的一张经济舱机票仅仅1500美元。算经济账英国航空公司亏大了。用国际航空运动协会的官员大卫凯德的话说：“山本夫人很可能是航空史上受到最佳待遇的普通乘客。”

英国航空公司为何要这样做呢？是因为公司视信誉为生命，信誉是用多少12万美元都换不回来的。

事后，世界各国新闻媒体对次纷纷进行了报道，英国航空公司信誉度和美誉度都因此得到了大大的提升，营业额也大幅提升。

※思考导向

本案例中山本夫人“专机”的故事，表面上看是服务问题，实际上更深层次反映出的是一个公司诚信创新问题。表面看，山本夫人有点不近人情：“一个人凑合一点，跟着大家改乘另一家航空公司班机就不行了！”试想，要是在我国有哪家航空公司能够答应山本夫人的要求呢？结果可能不是改乘就是退款，因为算经济账亏大了。但是英国航空公司并没有这样做，山本夫人买的是乘坐 008 号航班的票，作为一家诚信的航空公司就应该“兑现”。所以，在山本夫人不同意改乘另一家航空公司班机的情况下，航空公司就应该满足客人的要求。这样做，算经济账英国航空公司好像是亏大了，但实际上，英国航空公司是赢大了。因为它播下的英国航空公司诚信创新服务的种子是多少金钱都买不来的，这也就是事后世界各国新闻媒体对此纷纷进行了报道，使英国航空公司信誉度和美誉度得到了大大的提升，营业额也大幅度上升的一个重要原因。所以，企业家一定要有胸怀，有眼光，不能看得太近，最重要的还要有创新服务的意识，学会算大账，算信誉账，算形象账，算长远账。

（二）日本丰田公司在美国家庭中“卧底”故事

19 世纪 90 年代，曾经发生了这样一件事：

一位彬彬有礼的日本人到美国之后没有选择到旅馆居住，而却是以学习英语为名跑到一个美国家庭里居住。奇怪的是，这位日本人除了学习英语外，每天还都要做笔记，连美国人生活的各种细节，包括吃什么食物，看什么电视节目，等等，全在记录之列。

3 个月后，这个日本人回国了。也就是在这个日本人回国不久，日本丰田公司就推出了针对当时美国家庭需求而设计的价廉物美的旅行车，因而大受美国人的欢迎。该车的最大特点是在汽车设计制造的每一个微小细节上都考虑到了美国人的需求。

日本丰田公司正是通过上述如此的“卧底”创新服务手段，掌握了美国汽车消费的第一手材料，然后设计制造出了美国人需要的汽车。经过努力，日本丰田公司在美国市场上获得了辉煌的业绩，到了 20 世纪 80 年代后，日本丰田车就已经占了美国进口车总额的 26% 左右。

※思考导向

日本丰田公司在美国家庭中“卧底”的故事告诉我们，日本人研究市场，研究消费者的需求，已经到了无以复制的程度，这就是日本人在服务创新达到的最高境界。

从中我们可以体会到，日本作为物质非常匮乏的一个弹丸岛国为何能够成为世界第二经济大国，是有其必然性的。这种必然性表现在他们做生意时为了贴近顾客，不惜采取对顾客“卧底”的方法，了解他们的每一个微小细节的需要，使产品做到越来越人性化，这就是日本在服务领域上的创新，这却是我国一般企业想不出来和做不出来的。故事虽小，但对我们启发很大，看到差距，我们才会迎头赶上。

（三）日本岛村芳雄董事长“原价销售术”创新营销故事

岛村芳雄是日本东京岛村产业公司的董事长。他原来在一家包装材料厂当店员，后来改行做麻绳生意。就在他做麻绳生意时，创造出了商界著名的“原价销售术”。

岛村的原价销售术其实很简单，首先他以5角钱的价格到麻绳厂大量购进45厘米的麻绳，然后按照原价卖给东京一带的工厂。完全无利的生意做了一年后，“岛村的绳索确实便宜”的名声远播，订货单从各地雪片般飞来。

此时，岛村开始各个击破地采取行动。他拿购货收据前去订货顾客处说：“到现在为止，我是一毛钱都还没有赚你们的。但是这样让我继续为你们服务的话，我便只有破产一条路可以走了。”

这样与顾客交涉的结果是，顾客为他的诚实所感动，甘愿把交货价格提高为5角5分。同时，岛村又到麻绳厂与厂商洽谈：“你们卖给我一条5角钱，我一直是原价卖给别人，因此才得到现在这么多的订单，如果这赔本的生意让我继续做下去，我只有关门倒闭了，你们也会失去我这个老客户。”

厂方一看他给客户的收据存根，大吃一惊。这样甘愿不赚钱的生意人，麻绳厂还是第一次遇到，于是毫不犹豫地一口答应他一条算4角5分。

如此一来，以当时他一天1000万条的交货量计算，他一天的利润就是100万日元。创业两年后，岛村就成为誉满日本的成功生意人。

就这样，岛村以这种先赔钱获得客源和厂商，后创造利润的经营理念与比人竞争，生意越做越大，投资领域越来越广，直至当上了产业公司的董事长。

※思考导向

“不计较时间的得失，先赔后赚”——日本岛村芳雄董事长“原价销售术”的创新思维方式和创新销售方式很值得我国一些企业和领导思考、借鉴。企业家一定要有长远眼光，要能够善于从企业长远发展战略来考虑经营问题。

（四）东北虎张志峰打造“世界顶级奢侈品牌”的故事

2006年11月15日，中国国际时装周举行10年盛典。“小裁缝”出身、东北虎张志峰以“凤”为题，以“云锦”为材，以中国的“四大明绣”为工，以施华洛世奇的水晶为饰，力邀108位模特，推出了“华夏锦绣中国红”的高级定制红礼服巨阵，把高级定制推到无以复加的极致境界，实现了“小裁缝”把“中国设计”打造成世界“顶级奢侈品牌”的惊天大梦。

就是在这个中国国际时装周，集聚了全球数百家的NE. TICER高级婚礼服发布会上，其中一款“凤衣”——镶嵌了哥本哈根紫色俱乐部的顶级皮草和施华洛世奇的璀璨水晶，被电影演员周迅以166666元的高价买走。据称，这只是这件“凤衣”成本的一半。尽管在高科技的今天，“云锦”独特的织造工艺依然全部依赖手工，一般成熟的工匠每天只能织造5厘米。它标志着“中国红”高级婚礼服在流行上将大行其道。

1964 年，张志峰出生在黑龙江省牡丹江市几代经销商的家中。父亲是个茶商，“文革”前，因为家里拥有一家商场，父亲成了当地最大的资本家，加上他奶奶出身于沈阳的大家族，三个舅舅都是国民党党员，于是，其父亲又背上了“国民党特务”的罪名，被关进了牛棚。这样，一家 8 口人的生活，就靠母亲一点缝纫手艺担当起养活全家老小的重任。因为屋子只有 8 平方米，家里除了母亲的一台缝纫机，也再也放不下其他什么东西了。张志峰的头紧挨着缝纫机，张志峰说：“踩缝纫机的声音好像成天在我的头顶环绕着，晚上在嗒嗒嗒的声音里睡着，一大早就在嗒嗒嗒声里醒来。”就这样，还没有记事的他，就学着做衣服玩。有了一点手艺，就学着做裁缝，打扮 4 个姐姐。那时候，他的几个姐姐都很喜欢他做的衣服。但他们都未曾想到的是，从小好玩剪刀的弟弟今天能够成为著名的国际服装大师。

大凡成功者脾气都有点古怪，张志峰也一样。他的好奇心、好胜心、逆反心都很强。他说：“越是别人不敢干的，不看好的事情我的劲头就越大！”就这样，作为一个男子汉的他，不仅成为了一个正式的裁缝，而且，还成为当地第一个拿到个体营业执照的人。

20 世纪 80 年代初，中国人的衣着打扮也开始讲究起来。1982 年，他开始做青年人喜欢的喇叭裤，很畅销。后来，中苏民间的边境贸易活跃起来，他又给“老毛子”做衣服。“老毛子”看上他做的衣服，后来成批量地从他那里订货。而他看上和交换的是“老毛子”的上好毛料和衣料。应该说，他是中国最早做皮草、皮夹克生意的。在服装款式、制作手法上也别具一格的。

后来，他不甘心长期做个体户，于是承包了一家服装厂，接俄罗斯的订单。一年以后，服装厂的规模达到了 300 多人。苏联使张志峰获得了第一桶金。到全面开花的时候，张志峰的公司已经涉足了 10 多个领域，光酒店就有 3 家。当“小裁缝”的第四年，他就打出了“东北虎”的品牌。

1988 年，他第一次去纽约，使他第一次有了真正了品牌意识。“同样的一件服装，在美国能卖出 5 倍的价格，在欧洲则是 8 倍。”开始，他有点不理解，认为是欺诈。他感到自己的产品与对手比也不差，做工与对手比也不差，可就是卖不出去。在巴黎、法兰克福参加国际博览会，成天也接不到一个订单。那是张志峰最艰难的一个阶段，有充足的资金和不错的产品，就是找不到突破口。在纽约的商场和参加国际博览会，使他学习到了真东西，那就是品牌比真正的产品更值钱。

张志峰做什么都很认真，而且，逐渐学会了学习和适应。他感到自己产品卖不出去，除了西方的一些国家在皮草行业实现对外封锁非常紧之外，就是因为自己不懂对产品进行包装，而且，展台也不漂亮，和人家比灯光也暗。于是，第二年他就改。第一年他租 1 个摊位，第二年他租了 3 个摊位，请模特在门口站着，并且还专门招了几个老外帮助他做接待。到了 1990 年坚冰终于融化了。如今的 NE. TICER 东北虎除了国内外，在美国、法国、意大利和俄罗斯等均设有设计中心。

在国际市场上，张志峰认为紧紧满足经营是不够的，必须依靠自己的实力建立品牌来代表国家与民族和国外抗衡，他的品牌创新意识非常强烈。所以，做了 20 年服装生意的张志峰不再满足为国际服装做代工，也不削买个不值钱的“洋品牌”来挣钱，而重要的目标是把“中国设计”的本土品牌打进国际市场。在他的设计团队里，不仅仅有中国人，还有美国人、法国人、意大利人、俄罗斯人和日本人。

1997 年，NE. TICER 东北虎在哈尔滨的中央大街成立了当时亚洲最大的皮革形象店——“东北虎皮革世界”，以五星级的皮革营销模式和世界级的皮革新理念，迅速跻身中国皮革时尚最前沿，一跃成为国内外优质、高档皮革的著名品牌。

2001 年，NE. TICER 东北虎以创新的服务模式，在北京成立了全球第五个审计营销中心暨中国首家专业皮草俱乐部——NE. TICER 皮草俱乐部。2005 年，在上海举办的奢侈品 TOPMAEQUES 展中，NE. TICER 东北虎以主人的身份迎来了世界各大顶级奢侈品牌。

追求卓越、创新与完美是张志峰打造国际顶峰奢侈品牌始终坚持的一项重要原则。为此，原来只有高中文化的他，通过学习不仅获得了长江商学院的 MBA 学位，而且也取得了北大、哈工大的学历和硕士学位。现在，张志峰不仅是公司的决策者和管理者，而且是 NE. TICER 东北虎的艺术总监。对每一款服装品牌、从原料、面料、色彩、设计、生产，到店面、橱窗、搭配、时装发布等每一个细节环节，他都倾注了自己最大的精力。现在，由他自己每年设计的皮草款式有 1000 多种，礼服 600 多种。

今天，张志峰的“NE. TICER 东北虎时装公司”已经无可争议地成为中国皮革行业的龙头企业，张志峰的文化也随着他的事业的成长而成长。今天的张志峰心里有一个梦，这个梦就是要站在世界之巅。他说：“黎明已经来临，太阳即将升起，谁先升起，谁就是太阳。”

※思考导向

“小裁缝”把“中国设计”打造成为世界“顶级奢侈品牌”的惊天大梦，源于东北虎张志峰“品牌比真正的产品更值钱”的创新服务意识和“越是别人不敢干的，不看好的事情我的劲头越大”的冒险家精神和性格。东北虎张志峰打造“世界顶级奢侈品牌”的故事告诉我们，打造品牌头脑中要有品牌创新意识，而不是追从人家已有的东西。有了真正的品牌意识，小人物就不会因为“小”而卑，就敢做世界的惊天梦。张志峰说得对：“黎明已经来临，太阳即将升起，谁先升起，谁就是太阳。”创新的品牌对企业来说就是太阳。

（五）家用电器开拓者休斯

在家用电器行业的起点上有两大功臣，一是查理逊，另一个是休斯。两人虽然生在同一个时代，走的是同一条路子，但后者无论是在事业上、声誉上，都要比前者幸运得多。

休斯小时候，家境很不错，他父亲是北达科他州的名律师，也许是受了他父亲出庭辩护常常成为轰动新闻的影响，休斯爱上了新闻这一行业。在读书这段时间里，休斯的生活很平淡，既没有突出的表现，也没有落于后人，在明尼苏达大学新闻系毕业后，他进入了一家报馆做事，这本来是他事业中很正常的顺序，但却在一次偶然的事件中，使他毅然放弃新闻工作，开始做起生意来。在父亲的资助下，休斯成立了一家小型电器公司，开始研究新产品，他的第一个目标是做饭用的电炉。说起来，这一选择也是非常偶然的，当时很多人已看出电器事业具有发展前途，都一窝蜂地在研究新产品。休斯当然也不例外，但他却煞费苦心研究什么样的产品才能赚钱。休斯认为，他的新产品应该是每个家庭的必需品。

休斯的第一件电器商品发明是在一次偶然的机会中听到的意念。有一天，他到一个朋友家里去吃饭。当他吃沙拉时，发觉有一股很浓的煤油味，他只吃了一口就放下了勺子，心理泛起想吐的感觉。但他是来做客的，只好忍住不说。这时他朋友夫妇二人也尝出了味道不对。“啊，糟糕！”女主人红着脸说，“一定是我刚才烧煤油炉时，不小心把油弄到了菜里了。”

“这个鬼炉子真讨厌！”男主人说，“才买了没有几天就常出毛病，有时正急着用火，它偏偏突然熄掉了。要修理它吧，一动就沾一手油，费了好大劲才能洗干净。”“这是你的经验之谈，”休斯打趣着说，“不用说，你是常常帮嫂夫人下厨房啦?”“他才没有那么勤快呢”。女主人说，“只有在炉子坏了的时候，他才会帮帮忙。对不起，我再去重新做一份沙拉。”“不必啦”，休斯说，“我已经饱了。”他朋友刚结婚不久，对太太格外疼爱：“那就算了吧，休斯不是外人，他不会怪你的。”男主人笑着说，“这不是我们一家的烦恼，我在外边吃饭时，常常也吃到煤油味，”“都是你害的，”女主人白了她丈夫一眼说，“我当时说买个炭炉子就可以了，你偏偏要买个现代家具，这可好了，害得我们天天吃煤油！”

听了他们夫妇的这番话以后，休斯在回家的路上，脑子里开始震荡：“如果我能发明一种用电的炉子，这种缺点不就可以避免了吗?”电炉，不但符合他所定下的原则，而且使用简便，肯定会受到欢迎的。

1904年，休斯发明的电炉应市了。其后，休斯在电炉产品推销上遇到了困难。但此时理查逊的电熨斗，由于推销得法，曾轰动一时。休斯抓住这一机会，把自己的电炉很巧妙地介绍给大众。他的口号是：“电熨斗能烫平你的衣服，电炉能温暖你的心”，就此休斯打开了电炉的销售市场。电炉的销售成功，休斯的事业基础稳定了，他马上又采取了一个重大的步骤，即扩充设备，大量生产，减低成本，因为他认定规模愈大愈占便宜。

“这种生意不但产品要精良，更要能有抢先上市的潜力。”休斯说，“因为大家的智慧是差不多的，一件新产品的问世，彼此的时间上的差距是非常小的。你制成的一种电炉，别人也许正在制造，如果让别人的产品先上市，你的就失去了一部分新奇和吸引力。”休斯的竞争手段是非常卓越的，他常说：“这就跟拳击一样，当你一拳把对手打得摇摇欲倒时，你一定要尽快再补上一拳，不能等到他站稳了再出拳。”他这几句话可是他一生做生意的经验。当他初到芝加哥闯天下时，电器业没有人把它看在眼里，以为他只不过是一个小电器商人。当他的电炉销路急剧上升时，同业们正在惊奇之际，他又推出第二项新产品，使同业措手不及。休斯以电器业“黑马”姿态出现并成为大亨，不能不归功于他拳击式经营哲学。

在那个时代，人们对电或多或少怀有一种恐惧。因此，休斯在他的业务开展之后，售后服务业也就跟着开展起来了。他设计一种用户访问卡，凡是使用他的产品的家庭，每周派人访问一次，问他们在用电炉时，有没有不正常的现象？烤炉有什么毛病没有？如有问题，立即免费修理。如果主妇有什么疑惧，访问人员就亲切地予以解释。

以现代人来说，每周访问一次的方式也许太繁琐了，因为人们对电的知识已了解得很多了，再加上现在的电器也不容易出现问题，已不需要太密集的访问。然而，当时主妇们不但对电器的使用方式需要了解，对电的知识也很想多知道一点，以增加使用电器时的安全感，休斯摸准了这一消费心理，他的做法受到了用户的感激和欢迎。

※思考导向

休斯的创新在发明了电炉，因为他找准了这个项目是家庭必需品，更成功的是他在研发了电炉之后，拳击式产销计划使自己的产品更有生命力，随即服务创新举措使他的电子产品更有销路——售后服务，这就是他之所以能够成功，并使自己的产品具有延续性发展的原因。

（六）试骑一月卖掉马

古时候有位农夫想要为他的女儿买一匹小马，在马市上，他发现了有两匹小马正在出售。从外观上看，这两匹马似乎长得没有差别。

第一个卖马人告诉农夫，他的小马售价为600元，马上付钱就可以牵走。

第二个卖马人则为他的小马索价要800元。但是他告诉农夫，他可以让农夫的女儿先试骑这匹小马一个月。

卖马人还保证除了会将小马送到农夫家里之外，还会为小马准备一个月所需要的草料，同时每周到农夫家里一次，去教农夫的女儿如何喂养和照顾小马。

卖马人告诉农夫，让小马和他的女儿相互熟悉是非常重要的。

最后卖马人说，在第30天，他会驾车到农夫家，如果农夫不满意买这匹小马，他就将小马取回，并将马房清扫干净；如果满意，就请农夫交付买马的800元钱。

农夫当即决定买这个卖马人的小马。因为，虽然这个卖马人的出价稍微高一点，但高得有价值，而且不需要承担任何风险。

※思考导向

企业进行服务方式的创新，首先要保证自己的产品质量，如果产品的质量不过关，任何关于服务的革新都是可能功亏一篑的。对企业而言，帮助顾客由于消费本企业产品带来的风险，是服务创新的重要内容。从本案例可以看出，企业只有使自己的服务措施有别于竞争对手，创新于对手，才能体现出自己的特色和优势，才能在市场竞争中赢得胜利。企业服务措施的改变应以为顾客提供方便为导向，并使顾客从中体会到企业对他们的关心与重视。

四、服务创新思维训练游戏体验

（一）分工资

你让工人为你工作 7 天，给工人的回报是一根金条。金条平分成相连的 7 段，你必须在每天结束时给他们一段金条，如果只允许你两次把金条弄断，你如何给你的工人付费呢？

（二）希尔顿巧卖地毯

希尔顿是世界上著名的酒店业大亨。年轻时，他曾去过阿拉伯推销美国一家公司生产的地毯。那时候，朋友们都认为希尔顿这种想法太天真了，纷纷劝他不要去了，因为众所周知阿拉伯的地毯业在全球首屈一指，希尔顿想要跟阿拉伯地毯叫板，那注定是要失败的。

然而希尔顿却偏偏不听劝告，执著地带着自己的地毯来到阿拉伯，开始努力地工作，结果正如朋友们所料，他赔得一干二净。希尔顿并没有就此罢休，他相信一定能找到什么办法，让阿拉伯人接受他的地毯。

希尔顿继续留在那里，但不再忙于去工作，而是开始认真观察阿拉伯当地人的风俗。他发现当地人大多数是穆斯林教徒，每天都要跪在地毯上，朝着麦加的方向祷告。于是他想到了一个好主意，在原有的地毯上，巧妙地增加了一种能帮助穆斯林教徒朝着麦加方向祷告的功能。正是这个小小的创新改进，不但使希尔顿卖完了所有积压的地毯，而且从此还帮公司在阿拉伯的地毯上占据一席之地。

希尔顿对原来的地毯做了怎样的创新改进呢？你能想到吗？

（三）销售牙膏

一家牙膏厂生产的牙膏市场反响一直很好，营业额连续 3 年递增，每年的增长率都在 10%以上。可是到了第 4 个年头，其营业额就停滞下来了，接下来的一年也不见有所提升，这样就严重影响了企业业绩。

于是，工厂的领导决定召开管理会议，商讨对策。在会议上，厂长向大家许诺了巨额奖金以激励大家出谋划策：只要谁能让今年的销售业绩增长 10%，就给他 10 万元重奖。大家马上开始纷纷发表自己的建议，但是没有一个让厂长觉得满意的。

就在厂长一筹莫展的时候，有位刚刚上任的部门经理站起来，递给厂长一张纸条，厂长打开纸条，看完后，非常高兴，并马上签了一张 5 万元的支票预付给了这位经理。第二天，工厂立即按照那位年轻经理给出的办法进行改革。到了年底，工厂的销售额增长了 20%还多，那张小纸条上究竟写了什么，能如此有效提高产品的营业额？你能想出这个人用了什么办法吗？

（四）销售新招

在一些欧洲国家，对于商家有个特殊规定，就是在星期天不允许卖出某些商品。比如像报纸、水果这种有时间性、易变质的商品可以出售；然而像图书和电器等在短期内不会失去效用的商品，则不允许在星期天出售。

托马斯是一家小商店的老板，他的商店的经营范围就包括小电器和一些图书，此外，还卖各种水果。星期天本来是人流量比较大的时间，可因为以上的规定，人流量最大的星期天，他的商店的营业额反而是一周当中最少的一天。为此，托马斯非常发愁，他不想因为这个特殊的规定而影响到营业额，星期天大量的人流量，若是不能加以利用简直是对资源的浪费，但他又无力改变现状。

又到了一个星期天，托马斯百无聊赖，利润较高的电器、图书等都不能卖，而只能卖一些水果和小饰品什么的，托马斯兴趣不大，干脆关了门，来找自己的朋友汤姆诉苦。在托马斯生活的圈子里，汤姆从小便以睿智著称，托马斯希望汤姆能够帮助他想想办法。托马斯把情况告诉了汤姆，两个人展开了讨论，不久，汤姆便提出了一个办法，而且这个办法既不违反规定，也没有让托马斯损失利润，这个点子让托马斯非常满意，回去以后，便立即开始实施了。此后，托马斯小店的销售额非常好，在星期天的销售额便是平时的几倍，托马斯不仅喜上眉梢。

你知道他是怎么在星期天把两种不允许出售的商品都顺利地卖出去了吗？

（五）方糖受潮

美国有一家制糖公司每年都会从南方美洲购买方糖，可令人头疼的是，方糖在运送过来的时候会出现受潮的现象，这凭空增添了不少的损失。后来，一名普通的工人在轮船上发现了一个通风洞，他灵机一动终于解决了方糖受潮的问题。

那么，这名工人是怎么做的呢？

（六）善于做广告的出版商

一位美国出版商的手中有一批书无法销售出去。有一天，这位出版商灵机一动给总统送了一本书。日理万机的总统怎么可能有时间认真听他的推销，于是顺口说了一句：“挺不错的书。”出版商回去之后大打广告，宣称：“这是一本得到总统赞赏的书。”自然这本书的销量走俏。

不久之后，这位出版商的手中又有了一批滞销书，于是他又给总统送了一本去。鉴于上次的情况，总统干脆说：“这本书非常糟糕。”不料这位出版商又大打广告，宣称：“这是一本总统非常讨厌的书。”很多读者就是因为这一句话而开始关注这本书。

等到第三次出版商送书给总统的时候，总统没有做出任何回答，但是出版商还是做了广告。那么，他到底是如何做的广告呢？

（七）三家裁缝店

在英国伦敦的一条街上有三家裁缝店，为了能够招来更多的生意，三家店分别在自己的门口树立了推销广告牌。

第一家在广告牌上写道："本店是伦敦最好的裁缝店。"

第二家在广告牌上写道："本店是全英国最好的裁缝店。"

虽然前面两家裁缝店做足了广告，但是他们的生意还没有第三家的好。那么，你知道第三家的广告牌上写着什么推销广告吗?

第十四章　自我超越能力训练

自我超越能力自测自检（10个选项）

◆自我超越能力指通过对极限的有效突破进而达到自我实现的能力。请通过以下10个自测选项对自己的该项能力进行差距测评，选A得3分，选B得2分，选C得1分。获24分以上，说明你的自我超越能力很强，请继续保持和提升；获15-24分，说明你的自我超越能力一般，请努力提升；获15分以下，说明你的自我超越能力很差，急需提升。

1. 你认为自己是个什么样的人？（　　）
   A. 有为之奋斗的人生目标　　B. 随遇而安
   C. 很难承受过重的打击
2. 当你在评级中排名靠后时，你怎样想？（　　）
   A. 分析自我的原因，找到差距　　B. 分析前三名，进行学习
   C. 无所谓
3. 当你在执行任务中遇到重大难题时，你如何处理？（　　）
   A. 认为自己一定会解决　　B. 把问题分解，逐步攻破
   C. 向其他人求助
4. 当别人向你发表负面言论时，你如何看待？（　　）
   A. 有助于发现我的缺点　　B. 每个人都有缺点
   C. 走自己的路，让别人说去吧
5. 你如何看待你的竞争对手？（　　）
   A. 最大的对手就是自己　　B. 我喜欢挑战强大的对手
   C. 都比较强大，无法超越
6. 当你遇到比较棘手的问题时，你的心理反应如何？（　　）
   A. 总有动力去突破　　B. 尽管有压力，但仍保持平和心态
   C. 心里很焦躁
7. 你如何看待个人发展道路上的困难？
   A. 对个人成长有利　　B. 是正常的和必然的
   C. 需要客服和挑战
8. 你如何认识理想与现实之间的差距？（　　）
   A. 提供发展的动力与能量　　B. 是正常现象

C. 常常给我压力

9. 当目标看起来很难实现时，你通常会怎么样？（　　）

A. 坚持原目标　　B. 降低原目标

C. 确立新目标

10. 为了提高自己，你应当如何学习？（　　）

A. 不断尝试新的思维方式　　B. 掌握新的学习方法和技巧

C. 增加知识量

一、认识自我超越能力

（一）自我超越能力的内涵

“自我超越”是由维克多·弗兰克（Viktor Emil Frankl）提出的一个概念，他认为人真正追求的不是自我实现而是超越自我的生活意义。这种追求包含了对自然界、人类社会和文化，以及人在其中所处位置的探索和理解，目的是为了更好地把握人生，更有意义地去生活。对人生意义的追求不是满足于自我的平衡状态，而在于一种自我的超越，表现为勇于承担责任，敢冒风险，不断地创造。

“自我超越”是指一个人总是能认清自己真正的愿望，为了实现愿望而集中精力，培养必要的耐心，并能客观地观察现实，这是建立学习型组织的精神基础。一个能够自我超越的人，一生都在追求卓越的境界，自我超越的价值在于学习和创造。

（二）启发自我超越能力小故事

◆居里夫人视金质奖章为玩具的故事

伟大的科学家居里夫人因为镭的发现，开创了原子能时代。因此，一生赢得了很多的荣誉。

著名的英国皇家科学协会为了表彰居里夫人对人类的巨大贡献，为她颁发了世界荣誉的该会最高奖——戴维金质奖章。

居里夫人并不把这作为荣耀而加以珍藏，当有人去居里夫人家里拜访时，惊讶地发现，金光灿灿的奖章成了居里夫人女儿伊伦娜的玩具。

客人问：“这么贵重的东西，怎么能随便给孩子玩呢？”

居里夫人答道：“我是想让孩子从小就知道，荣誉就像玩具一样，只能玩玩而已。如果让孩子躺在父母的荣誉簿上，他们将来会一事无成。”

后来，法国也决定授予居里夫人骑士十字奖章，就是法国为了表彰健在的伟大人物而设立的荣誉勋位，但是居里夫人谢绝了。她说：“我不要这块小铜牌，只需要一个实验室。”

为了躲避随获奖而招致的纷至沓来的记者采访，居里夫人外出总是隐姓埋名，用假姓名进行登记。但有一次还是被一位穷追不舍的美国记者发现了，那位记者希望能够采访居里夫人，但是居里夫人却对她说："在科学上，我们应该注意事而不是人。"

居里夫人先后被国内外100多个科研机构聘为名誉会员、名誉院士、名誉博士、荣获奖金、奖章20余次，但她都淡然处之。所以科学巨匠爱因斯坦称赞她说："在所有著名人物中，居里夫人是唯一不为荣誉所颠倒的人。"

从本故事中我们可以受到启发，荣誉是一个人事业上取得成功的一个标志。荣誉越多，就说明一个人的事业越成功，贡献也越大。但决不能把荣誉当包袱。荣誉已经属于过去，躺在荣誉簿上，将来就会一事无成。在这点上，我们应该向居里夫人学习，学习她高尚的自我超越能力，学习她在至高无上的荣誉面前能够保持一颗平常心，在荣誉面前不是沾沾自喜、止步不前，躺在荣誉上睡大觉，而是视荣誉为儿戏和玩具。

（三）如何培养自我超越能力

自我超越能力特点。自我超越是学习型组织的精神基础，它强调自我、强调内因，教我们学会如何扩展个人的能力，突破成长上限，不断实现心中的梦想。自我超越并非易事，但通过自我超越的修炼可以重新认识自己、认识人生，挖掘出内心向上的欲望和潜能，以一种积极的、创造性的态度对待生活。

1. 建立个人"愿景"

大多数的人对于真正愿景的认识都很肤浅。我们有目标，但这些不一定是愿景。在被问起想要什么时，许多人都会提到他们眼前想要摆脱的事情。例如，想要换一个更好的工作、想要迁居到环境较佳的地区等等，这样负面的愿景比比皆是，甚至所谓成功的人也摆脱不掉。这样的愿景是生活中适应或解决问题的副产品，它只是不断地去摆脱困扰的事情，并不会促进成长。

"愿景"有多个构面。它可能是物质上的欲望，像是我们想住在哪里？有多少银行存款？愿景有个人的构面，像是健康、自由、对自己诚实。它也可能是贡献社会方面的，像是帮助他人，或对某一领域的知识有所贡献。这些都是我们心中真正愿景的一部分。但社会趋势常会影响个人的愿景，社会舆论也常会褒贬个人愿望的好坏。这也是为什么实现个人愿景需要勇气，而自我超越层次高的人便能游刃有余地处理自己的愿景。

2. 保持创造性张力

即使愿景是清晰的，人们对于谈论自己的愿景却常有很大的困难。因为我们会敏锐地意识到存在于愿望与现实之间的差距。"我想要成立自己的公司，但是没有资金"。或是"我想从事真正喜爱的职业，但是我必须另谋他职以求度日"。这种差距使一个愿景看起来好像空想或不切实际，可能使我们感到气馁或绝望。但是相反的，愿景与现实的差距也可能是一种力量，将你朝向愿景推动。由于此种差距是创造力的来源，我们把这个差距叫做"创造性张力"。

由于创造性张力常常夹杂着焦虑、悲哀、气馁、绝望或担忧等感觉，以致人们易于将创造性张力与这些情绪混淆，甚至以为创造的过程就是处于焦虑状态。因此很重要的是，了解因创造性张力而产生的负面情绪，并不是创造性张力本身，而是所谓的"情绪张力"。

3. 改变“可能的思想”

许多人都认为自己没有能力实现自己想要的，认为许多的愿景和目标是不可能实现的，这在一定程度上限制了人的自我超越，这就需要我们改变“不可能的思想”。我们想要改变“不可能的想法”，可以用压力转化和坚定意志力两种方法实现。

（1）压力转化。压力是一种情绪张力，我们可以利用情绪张力，使自己更加努力，追求预想的结果。需要我们在平时学会自我加压和自我解压，能够将压力成功转化为工作的动力，争取让一切预想成为可能。

（2）坚定意志力。意志力是我们全神贯注地去击败达成目标的过程中所有形式的抗拒力，它表现为我们愿意付出任何代价以击败阻力，达成目的。这就需要我们培养自己坚忍不拔的品质，坚定自己的意志力，用自己的意志力去摧毁一切不可能。

4. 改变思考的方法

我们要实现自我超越就需要改变自己的思考方法，提高自己的思考能力。要想改变自己的思考方法，就要善于在工作中捕捉知识，掌握工作技巧，构建自己的知识能力，不断充实自己、完善自己来适应工作和时代的要求。

在漫长的工作学习生活道路上，只有改变自己的思考方法，提高自己的思考能力，才能保证自己每天都有进步，才能找到工作中的规律和做事方法。

当不断改进成为一种习惯，将会使人受益无穷。一名不断改进的管理者，他的魄力、能力、工作态度、负责精神不但会带来巨大的收益，而且会感染员工一起改进日常的工作模式，提升工作效率。

5. 运用潜意识

“自我超越”层次高的人最引人注意的一项特质是在忙乱之中，仍能优雅而从容地完成异常复杂的工作。自我超越的实践过程中，隐含心灵的另外一个面向——潜意识。事实上我们都曾不自觉地透过潜意识来处理复杂的问题。使自我超越层次高的人与一般人有所区别的，在于他们能在意识与潜意识之间，发展出较高的契合关系。与一般人偶然短暂的感应不同，他们将潜意识的运用当作一种修炼来加以提升。

潜意识对于我们的学习是非常重要的。人自出生每项事都需要学习。只有渐进地学习，才能够学会一切新事务。任何新的工作都需要意识非常专注与努力。在我们学习的过程中，整个活动从有意识的注意，逐渐转变为由潜意识来掌管。譬如，在你初学开车的时候，需要相当大的注意力，甚至要和坐在你身旁的人谈话都有困难。然而，练习几个月后，你几乎不需要在意识上专注，就可做同样的动作。不久之后，你甚至可在车流量很大的情形下，一面驾驶，一面跟坐在旁边的人交谈。总之，培养潜意识最重要的是，它必须契合内心所真正想要的结果。愈是发自内心深处的良知和价值观，愈容易与潜意识深深契合，或甚至有时就是潜意识的一部分。

二、自我超越能力寓言启发

（一）蜗牛赛跑得了奖

第七届动物“马拉松赛跑”开始了。动物们你追我赶，争夺激烈。裁判员狗熊正手持望远镜注视着跑在最前面的猎豹，突然听见身后一个很小的声音说道：“裁判先生，我跑到终点了！我跑到终点了！”

狗熊低头一看，原来是一只蜗牛！他大吃一惊，叫道：“啊，这怎么可能，蜗牛竟然跑在了猎豹的前面！你……是不是作弊了呀？”

“我没有作弊！”蜗牛委屈地喊道，“我一直在跑道上跑呀！”

狗熊打量着蜗牛说：“看来你是一只上了年纪的蜗牛，我问你，你真的是从起跑点跑来的吗？”

“是的”，蜗牛说，“一开始，我和乌龟就落后了一大截，乌龟泄气了，劝我和他一道回家算了，我想，再怎么着也应该跑到目的地呀，于是，我不管天晴下雨，严寒酷暑……”

“等一等，等一等”，狗熊越听越糊涂了，“你究竟跑了多长时间？”

“计算时间是你们裁判的事！我只记得开赛的时候我很年轻，在路上过了三个夏天，三个冬天……”

“天呀！”狗熊惊呼道，“这么说你在路上整整跑了三年！你参加的是上届比赛……”

“难道现在不是第六届马拉松比赛吗？”

“不，现在是第七届！”狗熊说，“第六届三年前就结束了！”

蜗牛说，“这遗憾，我的成绩恐怕不能算数了。”

狗熊说：“虽然你的成绩不能算数，但你是历届比赛中最杰出的运动员！有谁能像你这样始终不渝地朝着终点奋斗呢？何况，你能跑完马拉松全程，这本身就是绝无仅有的奇迹！我建议给你颁发特别奖！”

蜗牛获奖了，在发表获奖感言时，蜗牛说：“虽然在跑道上耗费了一辈子的光阴，但我绝不后悔，因为我战胜了所有的艰难险阻，每克服一道困难我都感到喜悦无比……至于是否获奖，那是次要的……”

※寓言思考

面对目标的高峰，只要始终不渝，锲而不舍，才有可能达到最高点。对管理者而言，要想实现自我超越，除了拥有宏达长远的目标外，还需要有达成目标的决心、毅力和勇气。

（二）小象不知力量长

小象出生在马戏团中，小象的父母也都是马戏团中的老演员。

小象很淘气，总想到处跑动，于是工作人员在它的腿上拴上了一条细铁链，另一头系在铁杆上。

小象恨透了这根铁链，它用力地拉铁链也没有能挣脱掉，只好在铁链范围内活动。

过了几天，小象又试着挣脱掉铁链，可是还是没有成功，它只好闷闷不乐地老实下来。面对一次又一次的失败，慢慢地，小象不再去试了，它习惯了链子，再看看父母也是一样嘛，好像本来就应该是这个样子。

时间一天天过去了，小象长大了，此时，以它的力气，挣断那根小铁链简直不费吹灰之力，可是它从来也不曾想过要这样做。它认为那根链子对他来说，牢不可破，这个强烈的心理暗示早已深深植入它的记忆中了。

※寓言思考

思维定势是管理者实现自我突破的天敌，是让管理者自我束缚的铁链，如果不打破思维定势的牢笼，管理者永远无法超越自我、发挥潜能。

要想打败对手，首先要打败自己；想要超越他人，首先要超越自我。

三、 自我超越能力案例示范

（一）拳网阿里坚持终胜利

20世纪70年代是世界重量级拳击史上英雄辈出的年代。4年未登拳台的拳王阿里此时体重已经超过了正常体重的20多磅。速度和耐力也大不如前，医生给他运动生涯判了“死刑”。然而，阿里坚信“精神才是拳击比赛的支柱”，凭借自己顽强的毅力重返拳台。

1975年9月30日，33岁的阿里与另一位拳坛猛将弗雷泽进行第三次较量（前两次较量结果为一胜一负）。在进行到第14个回合时，阿里已经精疲力竭，他几乎没有丝毫力气迎战第15回合了。然而，他拼着性命坚持着，不肯放弃。他心里清楚，对方和自己一样，也是体力严重不支。

比赛到这个地步，与其说是在比气力，不如说是在比毅力，看谁更能坚持。阿里知道此时如果在精神上压倒对方，就有胜出的可能。于是他竭力保持着坚毅的表情和誓不低头的气势，双目如电，令弗雷泽不寒而栗，以为阿里仍存着体力。

这时，阿里的教练邓迪敏锐地发现弗雷泽已有放弃的念头，他将此信息传达给阿里，并鼓励阿里再坚持一下。阿里精神一振，更加顽强地坚持着。结果，弗雷泽失去信心甘拜下风。

裁判当即举起阿里的肩膀，宣布阿里获胜。这时，保住了拳王称号的阿里还未走到台中央便眼前漆黑，双腿无力地跪在了地上。弗雷泽见此情景，如遭雷击，他追悔莫及，并为此抱怨终生。

※思考导向

从拳王阿里的故事中我们可以看出，在竞争中，顽强的意志和坚韧的毅力是战胜对手的法宝，也是自我超越的突破口，是实现自我超越的关键所在。在惊涛骇浪中，勇士就算精疲力竭也不沉沦，他们会抱着必胜的决心战胜一切。

（二）传奇经历靠自励

曼克斯·卡勒兰德是佐治亚州一个汽车推销商的儿子，他活泼、健康、热衷于篮球、网球、垒球和游泳，是中学里一个众所周知的杰出学生。后来曼克斯应征入伍。在一次军事活动中他所在的部队被派遣驻守一个山头，激战中，突然一颗手榴弹飞入他们的阵地，眼看手榴弹即将爆炸，他果断地扑向手榴弹，试图将它扔开。可是这时手榴弹爆炸了，他被重重地炸倒在地上，当他向后看时，发现自己的右腿右手全部被炸掉了，左腿也被炸得血肉模糊，也必须截掉了。他痛苦得想哭出来，却哭不出来，因为弹片穿过了他的喉咙。人们都以为曼克斯再也不能生还，但他却奇迹般地活了下来。

是什么力量支撑着他如此坚强地挺了过来？原来，在曼克斯生命垂危的时候，他反复朗读贤人先哲的这句格言："如果你懂得苦难磨炼出坚韧，坚韧孕育出骨气，骨气萌发不懈的希望，那么苦难会最终给你带来幸福。"曼克斯一次又一次地背诵着这段话，心中始终保持着不灭的希望。然而对于一个截去双腿、右臂的年轻人来说，这个打击实在太大了！在深深的绝望中，他回忆起又一句格言："当你被命运击倒在最底层的时候，再能高高跃起就是成功。"

回国后，曼克斯从事了政治活动。他先在佐治亚州会议中工作了两届。然后，他竞选了副州长失败。这又是一次沉重的打击，但他用这样一句格言鼓励自己："经验不等于经历，经验是一个人经过经历所获得的感受。"这指导他更自觉地去生活。紧接着，他学习驾驶一辆特制的汽车跑遍了全国，并发动了一场支持复员退伍军人的活动。1977 年，卡特总统命他担任全国复员军人委员会负责人，那时他 34 岁，是在这个机构中担任此职务最年轻的一个人。1982 年，他被选为州议会部长，1986 年再次当任。

※思考导向

管理者需要相信只有自己能打败自己，有了挫折并不可怕，可怕的是失去战胜挫折的信心和勇气。自我超越需要管理者不断进行自我激励，只有自己给予自己战胜困难的信心和勇气，才能使身心燃烧无穷的热量，从而把一切困难化为灰烬。

（三）爱迪生发明电灯的故事

1847 年，托马斯·爱迪生出生在美国俄亥俄州的一个农民家庭里。父亲是一个木匠，母亲是个教师。爱迪生从小就爱提出一些莫名其妙的问题，弄得大人也无法回答。因为他在课堂上经常提出一些非常古怪的问题，有着很强的求知欲，而且经常他在课堂上提出的问题弄得老师恩格尔先生也无法回答，结果只读了 3 个月书的他，就退学了。退学后，他母亲就是他唯一的老师。"他不仅博览群书，而且一目十行，过目成诵"。他不仅喜欢看小说或者惊险刺激的西部故事，也愿意看机械、电化和化学等方面的书，并能够熟练地掌握这些知识。

托马斯·爱迪生是美国通用电气公司的创始人，一生中他有电灯、留声机、电影等 1300 多项重大发明。下边介绍他不怕挫折、刻苦钻研发明电灯的故事。

当人们都在用煤气灯照明时，电灯只是一种理论上的照明设备。当爱迪生在研究电灯时，工作难度出乎意料的大。他把 1600 种材料做成各种形状的灯丝，但效果都不理想，要么成本太高，要么寿命太短，要么就是太脆弱，工人难以把它装进灯泡里。全世界都在等他的成果。因为半年还没有成功，人们对他就是失去了信心和耐心。纽约《先驱报》发表文章说："爱迪生的失败现在已经完全证实，这个感情冲动的家伙从去年秋天就开始电灯研究，他以为这是一个完全新颖的问题，他自信已经获得别人没有想到的用电发光的办法，可是，纽约的著名电学家们都相信，爱迪生的路走错了。"对此，爱迪生不为所动，因为他坚信电灯终将普及。英国皇家邮政电机师普利斯在演讲中，认为爱迪生想把电流通过电灯分流到千家万户，还用电表去进行计量是一种幻想。对此，爱迪生照样进行探索。因为人们还在用煤气灯接着照明，煤气公司的人甚至对爱迪生的人格进行了污蔑，竭力说服人们："爱迪生是个吹牛不上税的大骗子"。就连一些正统的科学家也都认为爱迪生是想入非非。有人说："不管爱迪生有多少电灯，只要有一只寿命超过 20 分钟，我情愿付 100 美元，有多少买多少。"也有人说："就这样的灯，即使弄出来，我们也点不起。"对于种种责备和闲言蜚语，爱迪生都不为所动，坚持实验不动摇。

爱迪生在改进灯泡 9999 次没有成功以后，一个年轻人曾这样问他："爱迪生先生，你的一万次会失败吗?"面对这个年轻人的质问，爱迪生怎么回答的呢? 他说："我并没有失败过，我只是发现了 9999 次制造不出灯泡的方法。"

就这样，爱迪生在经过一年多的艰苦研究，找到了能够持续发光 45 小时的灯丝，两个月以后，灯丝的寿命达到了 170 小时。新年前夕，爱迪生把 40 盏灯挂在从研究所到火车站的大街上。大街上一时响起了这样的欢呼："爱迪生万岁!"在他向 600 小时迈进时，结果他的样灯的寿命达到了 1589 小时。尔后，电灯照亮了整个世界。

※思考导向

创新是个九死一生的过程，创新就不要怕失败，也不要管人家说什么，也不要管是谁说。"天才就是百分之一的灵感加上百分之九十九的血汗。"爱迪生发明电灯的故事告诉我们，在科学探索道路上，失败本身就是孕育着成功。失败的次数越多，就越接近成功。不怕失败才会成功。今天，我国的自主创新能力还比较低，关键技术自给率占的比率还比较少。因此，无论从创建创新型国家，还是建设创新型企业来说，都需要有爱迪生那种在创新中的百折不挠、不怕失败的精神，以及把每次失败作为接近成功的过程的认知论和方法论。

(四) 张百发青年突击队学成"多面手"的故事

在 2008 年 8 月 6 日北京奥运会圣火的传递中，054 号火炬手格外引人瞩目。那就是在 20 世纪 50 年代和李瑞环同志在一起，活跃在北京建筑行业的青年突击队长、原北京市的老领导张百发同志。

20 世纪 50 年代，北京建工流传着张百发青年突击队“多面手”的故事。

在建筑工地上，钢筋工的活是两头闲中间忙，先突击后窝工是常有的事。张百发和他的青年突击队员们在建筑突击的时候没事，就是在一遇到窝工的时候受不了，急得个个团团转。一个个跑到工地办公室，见到工地领导就说：“快给点活吧！这样吃饱了呆着受不了。另外，不干活干拿钱，也对不起国家呀！”

刚开始，遇到窝工没有别的招儿，技术工人也主动帮助清理现场，跟大车、当门卫，只要是能干的，有什么干什么，只要干上活心理就踏实了。

这样干了一阵子以后，心里一合计，还是感到有点不对劲。感到这是“干壮工的活，拿技工的钱，国家还是吃亏”。想到这儿，张百发和他的青年突击队又有点坐立不安了。有一天，张百发对他的队员们说：“我们要尽快学会成多面手，给国家创造出更多的财富。”

在完成一个洗印厂工程全部钢筋任务中，因为工地上缺乏电焊工影响了工程进度。怎么办呢？张百发说：“我们干，不会就学。”于是，他们利用业余时间，请来了技术指导，学起了电焊技术。等到技术学习合格了，他们就边练边干。就这样，他们不但学会了电焊，还给国家节约了 28 吨钢筋。

这年冬天，眼看又没有了钢筋活了，他们就派了 14 个队员做水暖安装。经过一冬的“留学”，水暖队长竖起了大拇指说：“干得不错，够三级工的资格了。”其他队员也在烘炉上学习和实习了一冬天，用钢筋头打了两吨各种规格的小铁活，削成了 10000 多个阳台栏杆和门窗配件。

就这样，张百发青年突击队在当时多快好省的社会主义建设中，从工作的需要出发，先后学会了气焊、架子、机工、白铁等 19 个工种的技术，每个队员都能干五至六种技术活。后来，他们学习多种技术的经验在市里得到了普遍推广。《北京日报》、《人民日报》先后发表文章，称他们是“多面手”的红旗。

※思考导向

“学习型组织”是 20 世纪 90 年代美国人彼得·圣吉《第五项修炼》一书中提出来的，但从我国的情况来看，在 20 世纪 50 年代的社会主义革命和建设中，我国一些企业就已经出现了“学习型组织”。张百发青年突击队学成“多面手”的故事，就说明了这一点。所以，企业成为学习型组织，员工成为学习型个人，才能实现企业的超越和个人的超越。

（五）李践——从乞丐变成全国优秀企业家、著名演讲大师的故事

在 2002—2003 年的全国“学习型中国论坛”上，一个著名的《成功学》大师口若悬河，绘声绘色，又是故事、又是哲理、又是警句的精彩演讲，深深打动了在场的 1000 多人。他的感人之处，不仅是因为他演讲的口才非常好、内容生动和事业上的成功，而是源于原来是一个乞丐。

他，就是中国香港和记黄埔下属机构 TOM. COM 集团风驰传媒总裁、2000 年紫荆花杯全国优秀企业家、《行动成功学》创始人、中国跆拳道运动发起人、美国檀香山大

学企业管理博士李践，1965 年生，云南大学文艺研究生，云南工业大学兼职教授。他的著作《路拳道》和《路拳道续集》，获得“优秀教育图书奖”；其他著作还有《做自己想做的人》、《又赚钱又快乐》等。其中，《做自己想做的人》还是 2001 年全国十大畅销书之一。

他在《又赚钱又快乐》一书中，是这样介绍自己的：

“在我的少年时期，曾经历许多不近人情的事，遭遇远比一般人坎坷。因为家境贫寒，我曾一度沦为乞丐，过早体验了人世的心酸。”

有一次我乞讨到了火车站，又累又饿的我实在支撑不住了，躺在墙根睡下，不一会儿，手臂感到被什么东西刺了一下，立即醒来，原来一帮乞丐围住了我，拿我寻开心，竟用滚滚的烟头烙我的胳膊。

当我意识到危难准备离开时，他们竟挥拳相向，要我轮着叫他们每个人“爷爷”才能离开。年少力弱的我在万般无奈的情况下，只能按他们的要求来做，于是我满含屈辱地喊了一声“爷爷”。话音未落，“砰”的一拳打在我的脸上。“听不见！大声一点！”乞丐头子大叫，于是我加了音量喊“爷爷”。随即又是一记重重的耳光打在我的脸上。“还是听不见！”乞丐头子乐不可支地大叫。不知过了多长时间，无尽的羞辱终于停止了，我已是满身伤痕。

但是，他没有沉沦下去，而是不屈不挠地向上攀登。后来，通过学习和不屈不挠的奋斗，最后他成为美国檀香山大学企业管理博士、中国路拳道的发起人、行动成功学的创始人、香港和记黄埔下属机构 TOM. COM 集团风驰传媒总裁、2000 年紫荆花杯全国优秀企业家。

※思考导向

孟子云：“天将降大任于斯人也，必先苦其心志，劳其筋骨，饿其体肤，空乏其身，行拂乱其所为，所以动心忍性，增益其所不能”。逆境是坏事，但它能够激励人改变环境，而一切的奇迹都是在改变环境中发生的。所以，贫穷、羞辱、逆境往往是成为有志者人生的第一桶金。故事中的李践——从乞丐变成全国优秀企业家、著名演讲大师，就说明了这样一个哲学道理。所以，一个人不要被逆境所左右，而应该变逆境为顺境，而变的条件就是“学习改变命运”，立志成才。

四、 自我超越能力游戏体验

（一）最少的里程

古老的阿斯伯里电车线路共有 12 站，由 17 条 1 千米的铁轨相连接。巴顿是铁轨的巡视员，他每天都要检查这 17 条铁轨。检查的时候，他总是不止一次路过某些铁轨。那么，你能为巴顿设计出最佳的检查路线，使他每天在巡视的时候走最少的里程吗？最少可减少到多少千米？

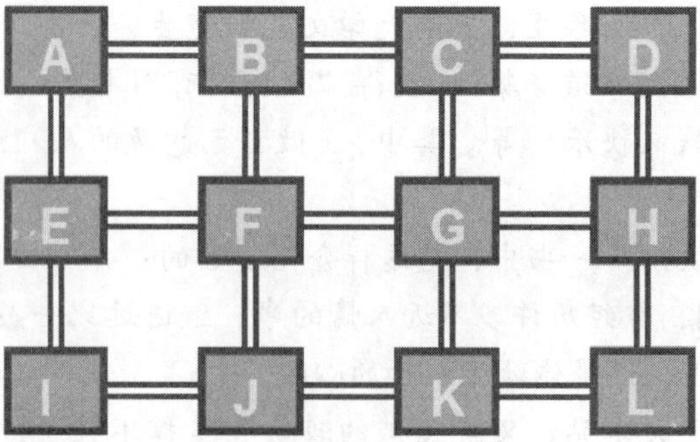

（二）尤尼斯的婚姻状况

在一次舞会上，杰克先生看到尤尼斯一个人站在酒柜旁边。

（1）参加舞会的总共有 19 人。

（2）有 7 人是单独一人来的，其余的都是一男一女成双成对来的。

（3）那些成双成对来的，或是双方已相互订婚，或是双方已结婚。

（4）凡单独前来的女士都尚未订婚。

（5）凡单独前来的男士都不处于订婚阶段。

（6）参加舞会的男士中，处于订婚阶段的人数等于已经结婚的人数。

（7）单独前来的已婚男士的人数，等于单独来的尚未订婚的男士的人数。

（8）在参加舞会的已经结婚、处于订婚阶段和尚未结婚这三种类型的女士中，尤尼斯属于人数最多的那种类型。

（9）尚未订婚的杰克先生，希望知道尤尼斯是哪一种类型的女士。

在这三种类型女士中，尤尼斯是属于哪一种？

（三）怎样倒水

曾经在看新闻的时候，看到过一则这样的故事：有一个卖糖人，他的手抓东西时很准，能够在不用称的情况下把别人需要几斤几两的东西给抓得相差无几。这个卖糖人的技术让人佩服，同时，我们也会羡慕他。其实，在生活中，还有许多这样的小技巧需要我们掌握，这样我们的生活才会更加方便。

例如：如果现在我们有个 900ml 的水壶和 2 个空杯子，一个杯子能盛 500ml，另一个能盛 300ml。请问：我们应该怎样倒水，才能使每个杯子恰好都有 100ml 水？前提是不可以使用别的容器，也不可以在杯子上做记号！

（四）十魔山

有一天，唐僧师徒 4 人来到十魔山，被眼前的 10 个妖怪挡住了去路。孙悟空、沙僧和猪八戒奋力拼杀，最后还是以失败告终。这时，土地公公告诉孙悟空，只要你能用金箍棒在大圆圈中画出三个一样大的圆圈，这 3 个圆圈要把这 10 个妖怪一个一个地分开，你就可以打败他们。

孙悟空聪明一世糊涂一时，抓破了头皮也没有想出来，你有办法吗？

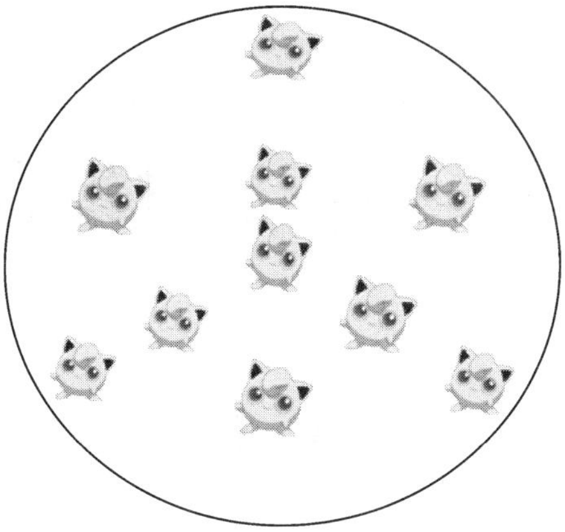

（五）建城墙

每当看到万里长城的时候，我们每个人都会感叹古人的智慧是无穷的。当然，古人在修建长城的时候，不只是一味埋头苦干，而是早早就设计好了需要多少块砖，多少人力，才能把长城修建得美观又坚固。

那么，如果现在我们要修建一道长 100 尺、高 7 尺的单层砖墙，而我们能够使用的砖块只有两种：长 2 尺高 1 尺或者长 1 尺高 1 尺（砖块不能切割）。垂直连接砖块必须如下图所示交错间隔，且墙的两端必须砌平。那么，至少需要对少砖块才能修建成此墙呢?

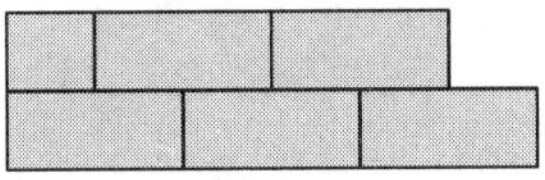

（六）行驶多远

有一辆自行车，前轮和后轮都是新的，且可以互换，轮胎的前轮位置可以行驶 5000 千米，在后轮位置可以行驶 3000 千米，问使用两个新轮胎，这辆自行车最多可以行驶多远?

第十五章　创新思维综合训练题

第一套

1. 个个撒谎

一个精神病医生在寓所被杀害，他的四个病人受到警方传讯。

（A）警方根据目击者的证词得知，在医生死亡那天，这四个病人都单独去过医生的寓所。

（B）在传讯前，这四个病人共同商定，每人向警方作的供词条条都是谎言。

每个病人所作的虚假供词分别是：

埃弗里：（1）我们四个人谁也没有杀害精神病医生。（2）我离开精神病医生寓所的时候，他还活着。

布莱克：（3）我是第二个去精神病医生寓所的。（4）我到达寓所的时候，他已经死了。

克　朗：（5）我是第三个去精神病医生寓所的。（6）我离开他寓所的时候，他还活着。

戴维斯：（7）凶手不是在我去精神病医生寓所之后去的。（8）我到达精神病医生寓所的时候，他已经死了。

这四个病人中谁杀害了精神病医生？

2. 数字规律：

把下图的数字方块排列成一个正方形，使正方形每行、每列都有 5 个数字，而且在横排和竖排上都有同样的 5 个数字，按照正确的方式排列排放的正方形是什么样子？

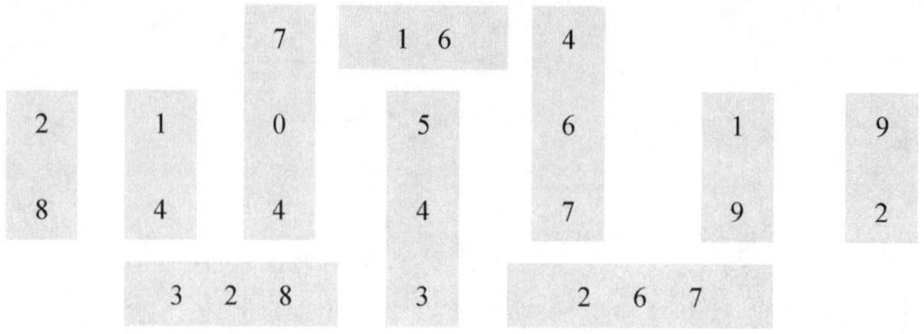

3. 字母环

你能找出问号所在的位置应该是哪个字母吗？

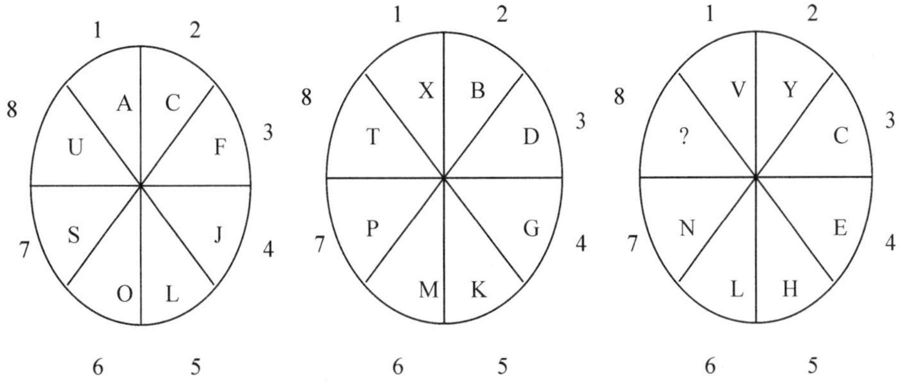

4. 运动员

甲、乙、丙三人分别是游泳、跳伞、田径运动员中的一个，已知：

（1）乙从未上过天；

（2）跳伞运动员已得过 2 块金牌；

（3）丙还未得过第一名，但他与田径运动员同年出生。

请指出下边的 5 种情况那一种是正确的？

（A）甲是游泳运动员，乙是跳伞运动员，丙是田径运动员；

（B）甲是游泳运动员，乙是田径运动员，丙是跳伞运动员；

（C）甲是跳伞运动员，乙是游泳运动员，丙是田径运动员；

（D）甲是跳伞运动员，乙是田径运动员，丙是游泳运动员；

（E）甲是田径运动员，丙和乙既是跳伞运动员，又是游泳运动员；

5. 猜心中的字母

S 先生：让我来猜你心中所想的字母，好吗？

P 先生：怎么猜？

S 先生：你先想好一个拼音字母，藏在心里。

P 先生：嗯，想好了。

S 先生：现在我要问你几个问题。

P 先生：好，请问吧。

S 先生：你所想在的字母在 carthorse 这个词中有吗？

P 先生：有的。

S 先生：在 senatorial 这个词中有吗？

P 先生：没有。

S 先生：在 indeterminables 这个词中有吗？

P 先生：有的。

S 先生：在 realisaton 这个词中有吗？

P 先生：有的。

S 先生：在 orchestra 这个词中有吗？

P 先生：没有。

S 先生：在 disestablishmentarianism 中有吗？

P 先生：有的。

S 先生：我知道，你的回答有些是谎话，不过没有关系，但你得告诉我，你上边的 6 个回答，有几个是真实的？

P 先生：3 个。

S 先生：行了，我已经知道你心中的字母是……

6. 混乱的期末考试

A、B、C、D 四人都参加了学校的期末考试，已知只有一人参加了法语考试，这个人不是 B 和 C；B 只参加了其中三种考试；A 参加了数学和另外一门科目的考试；D 只参加了数学和英语的考试；C 只参加了地理考试。那么，请问：

（1）B 没有参加的哪一门科目的考试？

（2）哪一个人参加了法语考试？

（3）哪一个人参加了数学考试，但没有参加英语考试？

（4）有多少人参加了两种科目的考试？

（5）哪一人参加了英语考试，但没有参加地理考试？

7. 图形规律

下边的图形，有一个不符合其他图形的共同规律，请你找出来？

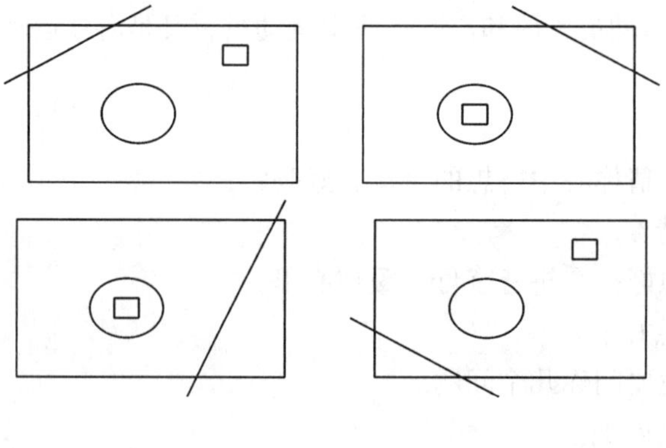

8. 11 个教徒

有一次，一艘船在海上遇到风暴。为了减轻船的重量，摆在 25 名乘客面前的选择是把一部分人抛在海里。这样，船和剩下的人也许还能得救。但是谁也不愿意主动跳入海里。乘客里有 11 名教徒，其中一个想出了一个主意。他让所有的 25 人坐成一圈，然后依次报数“1、2、3”，规定报到“3”的人就被抛到海里。最后报数的结果是 14 人抛下海。那么，剩下的这 11 个教徒是什么位置呢？

9. 下一行是什么

1

1　1

2　1

1　2　1　1

1　1　1　2　2　1

?

10. 逻辑填空

2　8　14　20　（　　）　，请填写出（　　）处的数字；

1　3　2　4　6　5　7　（　　），请填写出（　　）处的数字；

9　7　8　6　7　5　（　　），请填写出（　　）处的数字。

第二套

1. 巧分农庄：

阿凡提周游世界，有一天来到一个村庄。一个地主对他说："听说你很聪明，我有一块地，你能把它分成大小相等、形状相同的两份，我就把地送给你。"聪明的阿凡提不慌不忙，用木棍划了一道线，地主傻了眼，只好履行自己的诺言。阿凡提把土地分了给最穷的两户人家。你知道阿凡提是怎么样分的土地吗？

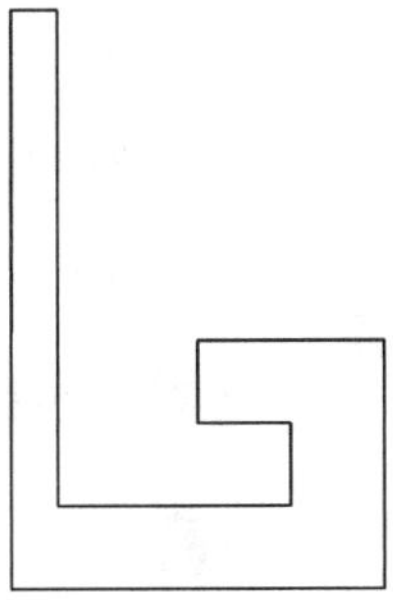

2. 巧移金字塔

利用硬币排成金字塔的图形。以移动最少的硬币为原则，将金字塔图形上下颠倒。以2–5层的金字塔图形为例，只要移动图中有颜色的硬币，就可以将图形上下颠倒。

请问，要将6层金字塔图形上下颠倒，最少需要移动几枚硬币？

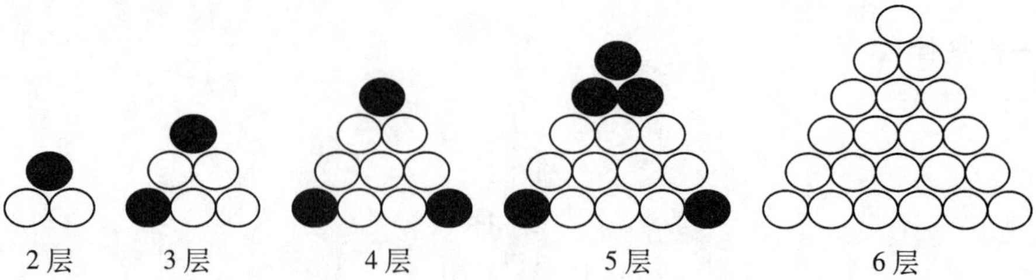

3. 圆环数字

请选择“+”或者“-”来替换图形中的问号，你能使两张图得出同一个值吗？

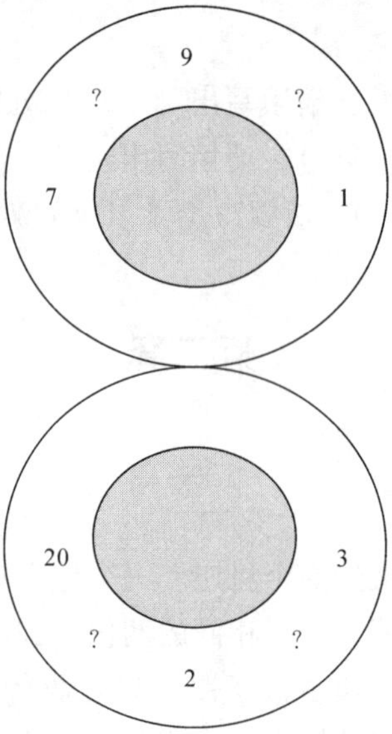

4. 代替品

仔细观察前面三幅图，然后思考可以取代问号位置的图形应该是A、B、C、D中的哪一个？

图1　　图2　　图3

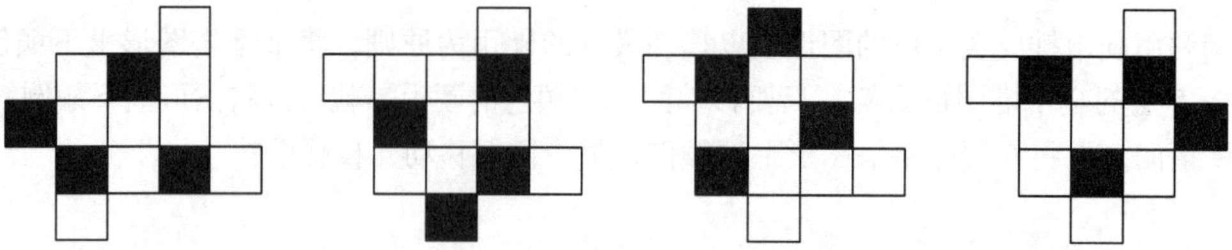

A　　B　　C　　D

5. 称苹果

有 10 筐苹果，每筐里有 10 个，共 100 个，每筐苹果的重量都是一样的，其中有 9 筐每个苹果的重量都是 1 斤，另一筐中每个苹果的重量都是 0.9 斤，但是外表完全是一样，用眼看或用手摸都无法分辨。现在要你用一台普通的大称一次把这筐苹果重量轻的找出来，你该如何办？

6. 巧过河

有一次，三个侦察兵在徒步行进中必须过河到对岸，但是没有桥，对他们来说，这是一件难办的事。这时，河上有两个小孩子在划一只小船，他们想帮助侦察兵。可是船太小了，只能承载一名侦察兵，如再加上一个小孩子就会把小船弄沉。而三个侦察兵都不会游泳。

看来，在这样的条件下，就只能有一名侦察兵乘小船渡到对岸去。可事实却是，三名侦察兵都很快顺利到达了对岸，并把小船交还给了小孩子们。他们是怎样做到的呢？

7. 火柴棍

如图所示，用 6 根火柴棍拼出一个鱼的形状，然后移动其中的 3 根，摆出 8 个等边三角形。

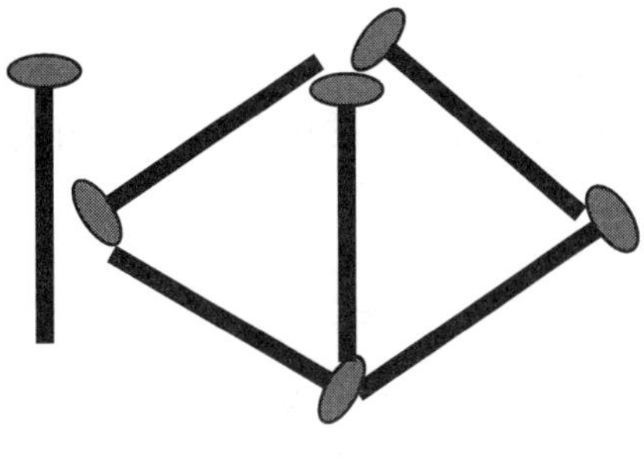

8. 学生的专业

有甲、乙、丙三个学生，一个出生在北京，一个出生在上海，一个出生在武汉。他们中一个是学国际金融的，一个是学工商管理专业的，一个是学外语的。其中，

（1）甲不是学国际金融的；

（2）乙不是学外语的；

（3）学国际金融的不出生在北京；

（4）学外语的出生在北京；

（5）乙不出生在武汉。

请根据已知条件，判断甲学的是什么专业？

（A）国际金融　（B）工商管理　（C）外语　（D）三种专业都可能　（E）三种专业都不可能

9. 啤酒与饮料

小张请小李到家里会餐，小张知道小李爱动脑筋，于是就给他出了一道难题：我今天买啤酒和饮料共花费了9.99元，你猜一猜我买了几瓶啤酒、几瓶饮料？猜对了我自罚一杯白酒，猜错了罚你一杯。小李只用了几分钟时间就算出来了，小张只好自罚一杯。已知啤酒每瓶1.7元，饮料每瓶0.7元，你能算出小张买了几瓶啤酒、几瓶饮料吗？

10. 7位朋友

某人有7位朋友。第一位朋友每天晚上都去他家看他；第二位朋友，每隔一个晚上到他家去；第三位朋友每隔两个晚上他家串门；第四位朋友每隔六个晚上到他家做客。以此类推，直到第七位朋友每隔六个晚上在他家出现。

请问这七位朋友会时常在同一个晚上在主人家中碰面吗？

第三套

1. 谁先到达

有两个人从甲地到乙地。其中一人骑自行车，另一人先乘火车走了前一半路程，后一半路程不通火车，改坐马车。

火车的速度是自行车的6倍，自行车的速度是马车的两倍。

谁能先到达目的地呢？

2. 停业的酒店

保罗、劳伦斯和辛格三位老板，共同出资经营一家酒店，但后来因故必须停业。此时，资金、利润和器皿类等，均可等分为3份，只剩21瓶酒其中7瓶还未开封，7瓶只剩一半的威士忌酒，另7瓶则是空瓶子。所以，三人便想把瓶子数和威士忌酒的量等分3份，却怎么也想不出分配法。若一人不得取4瓶以上相同的酒瓶，应如何分配？

3. 电话号码是多少

我真希望邮局不要再更换我的电话号码了，这也许是为了提高效率的缘故，但这种做法实在叫人头痛。你不仅要记住新的电话号码，还要通知其他所有人，电话号码更换了。

不过，这个新的电话号码很不错。有三个特点使新的电话号码很好记：首先，原来的号码和新换的号码都是四个数字；其次，新号码正好是原来号码的4倍；再次，原来号码从后面倒着写正好是新的号码。

所以，我不费劲就会记住新的号码……新号码究竟是多少呢？

4. 取水

假设有一个池塘，里面有无穷多的水。现在有 2 个空水壶，容积分别是 5 升和 6 升。问题是如何只用这 2 个水壶从池塘里取得 3 升的水。

5. 火柴棍

取 9 根火柴棍，搭出 3 个三角形。然后，移动 3 根火柴棍，使之变成 5 个三角形，存在包含关系。

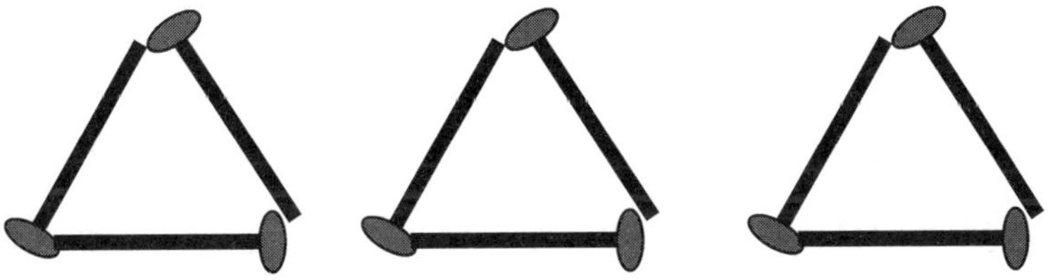

6. 箭头指向

根据图形规律，下一个图形应该是 A—E 中的哪一个？

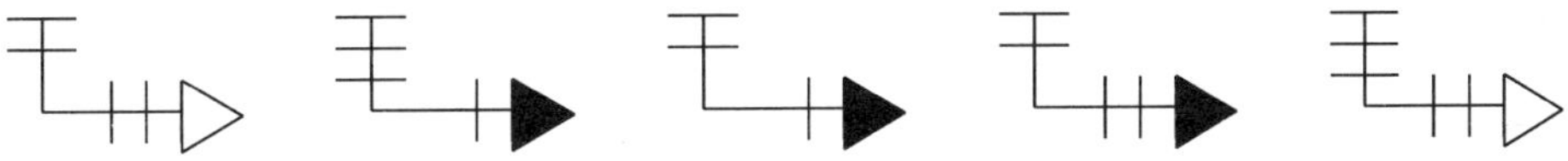

A　　B　　C　　D　　E

7. 与众不同

以下哪个图形与众不同？

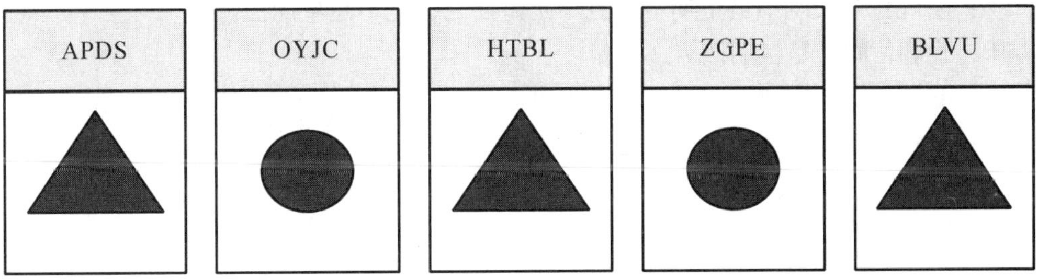

A　　B　　C　　D　　E

8. 雪花图形

按照图形规律，请问下一个图形应该是 A—D 种的哪一个？

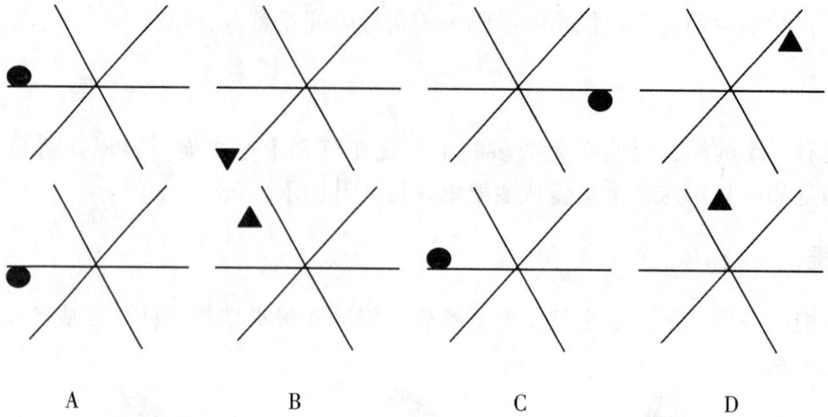

9. 字母等式

等式中的数字被字母代替了，数字 0-9 用到了。已知 R=2，希望这个已知条件能给你足够的帮助。同一个字母在各个等式里都代表同一个数字，你能还原这些等式的本来面目吗？

QR÷S×T=UV

−　−　+　÷

WX+Y−U=RV

――――――――

TU÷Z÷S=R

10. 今天是星期几

A、B、C、D、E、F、G 在争论：今天是星期几？

A：后天是星期三。

B：不对，今天是星期三。

C：你们都错了，明天是星期三。

D：胡说！今天既不是星期一，也不是星期二，也不是星期三。

E：我确信昨天是星期四。

F：不对，你弄颠倒了，明天是星期四。

G：不管怎么说，反正昨天不是星期六。

实际上，这七个人当中只有一个人讲对了。

请问：讲对的是谁？今天究竟是星期几？

第四套

1. 漏掉的圆点

图中漏掉了一个圆点，它应该放在哪里？

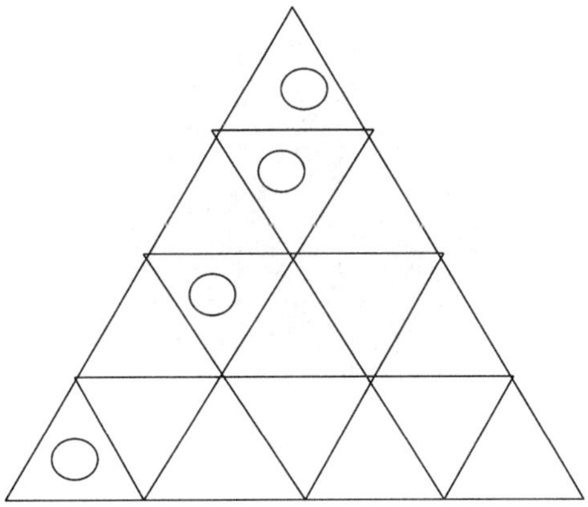

2. 山姆有罪吗

在美国芝加哥，有一家大百货商店被人盗窃了一批财物。芝加哥警察局经过侦察，拘捕了三个重大的嫌疑犯：山姆、汤姆和吉宁士。后来经常过审问，查明了以下的事实：

（1）罪犯带着赃物是坐车逃走的；

（2）不伙同山姆，吉宁士决不会作案；

（3）汤姆不会开汽车；

（4）罪犯就是这三个人中的一个或一伙。

在这个案子中，山姆有罪吗？

3. 数字方阵：

图中每列数字之间都有一定的联系，方格上部的字母可以帮你找到这种联系。根据这样的联系，空白方格中应填入什么数字？

A　B　C　D

6	3	3	9	6
5	4	1	9	8
7	1	6	8	
8	1	7	9	
4	3	1	7	6

4. 抓耳挠腮

在所有空白的格子里放一个四则运算符号，使等式成立。从图形的顶端开始。只有一个符号用到两次，其他的都只用一次。每个字母字的数值等于它在字母表中的位置，即 A=1，Z=26。

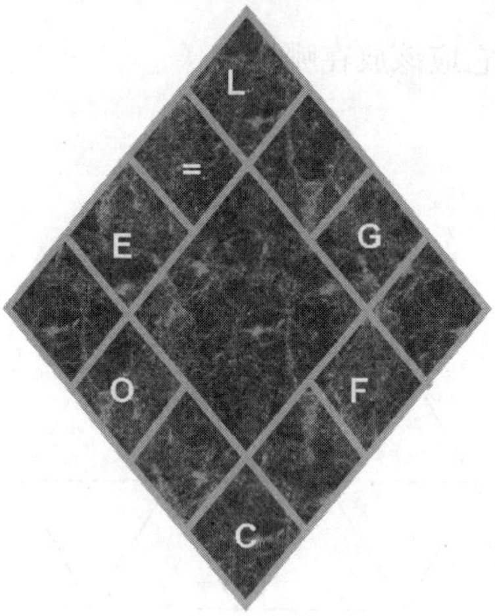

5. 三角数字

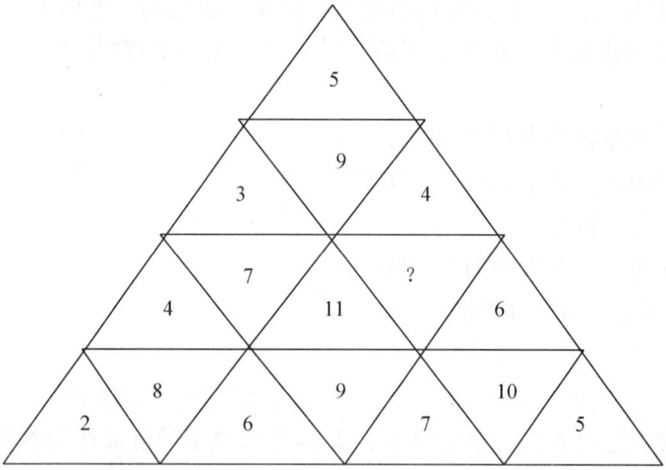

6. 方圆之间

A、B、C、D、E 五个选项中，哪一个适合填入空白之处？

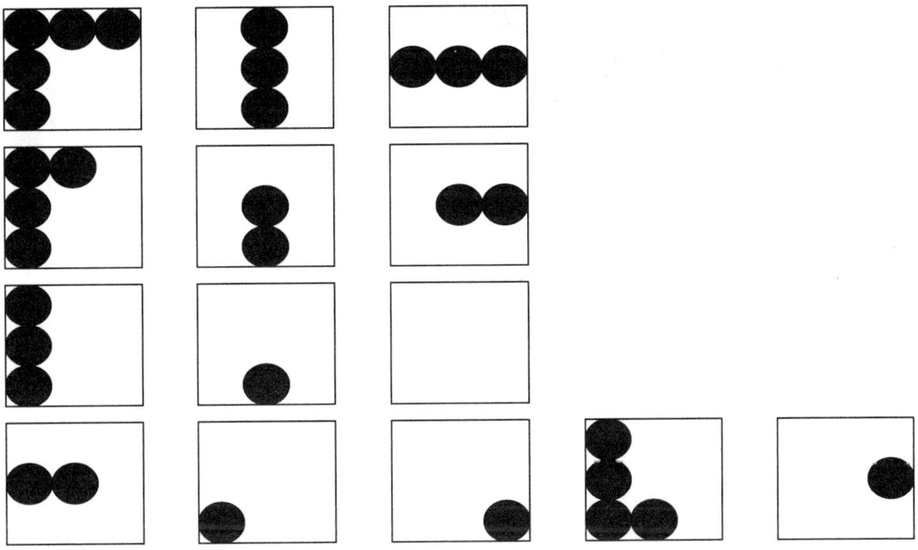

A　　B　　C　　D　　E

7. 第 100 个乒乓球

假设排列着 100 个乒乓球，由两个人轮流拿球装入口袋，能拿到第 100 个乒乓球的人为胜利者。条件是：每次拿球者至少要拿 1 个，但最多不能超过 5 个，问：如果你是最先拿球的人，你该拿几个？以后怎么拿能保证你能得到第 100 个乒乓球？

8. 你能根据下图电子表上的时间，推导出最后一个问号该是几点钟了？

12：20　　10：40　　8：00　　？

9. 三角形数字规律

四个三角形由一个简单的数学程式关联在一起，你能破解这个程式，指出其中不符合规律的一项吗？

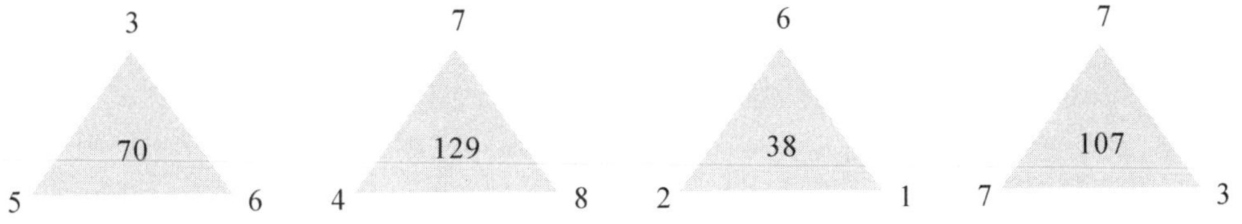

A　　B　　C　　D

10. 足球、棒球、网球和游泳

A、B、C、D 和 E 五人都参加了足球、棒球、网球和游泳的运动，其中足球运动最受欢迎，选网球的人比选棒球的人多。已知 E 只参加了其中一项运动；B 是唯一去游泳的人；A 和另外一人参加了棒球运动；C 不踢足球；D 只参加了其中两项运动，但没有打棒球；C 则参加了棒球和网球运动。请问：

（1）A 没有参加的是那一项运动？

（2）谁去打棒球？

（3）有多少人去踢足球？

（4）哪项运动刚好有三人参加？

（5）多少人只参加了其中的两项运动？

创新思维综合训练题参考答案

第一套

1. 答案：

根据 B 从这八条虚假供词的反面可以得出以下八条真实的情况：

（1）这四人中的一人杀害了精神病医生。

（2）埃弗里离开精神病医生寓所的时候，精神病医生已经死了。

（3）布莱克不是第二个去精神病医生寓所的。

（4）布莱克到达精神病医生寓所的时候，精神病医生仍然活着。

（5）克朗不是第三个到达精神病医生寓所的。

（6）克朗离开精神病医生寓所的时候，精神病医生已经死了。

（7）凶手是在戴维斯之后去精神病医生寓所的。

（8）戴维斯到达精神病医生寓所的时候，精神病医生仍然活着。

根据以上的真实情况（1）、（4）、（8）、（2）和（6），布莱克和戴维斯是在埃弗里和克朗之前去精神病医生寓所的。根据真实情况（3），戴维斯必定是第二个去的；从而布莱克是第一个去的。根据真实情况（5），埃弗里必定是第三个去的；从而克朗是第四个去的。精神病医生在第二个去他那儿的戴维斯到达的时候还活着，但在第三个去他那儿的埃弗里离开的时候已经死了。因此，根据真实情况（1），杀害精神病医生的是埃弗里或者戴维斯。根据真实情况（7），埃弗里是凶手。

2. 答案：

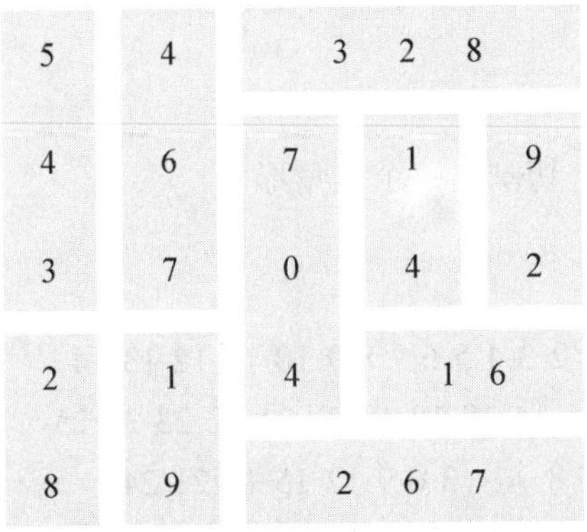

3. 答案：

问号所在的位置应该是Q。所有字母按照字母表中的顺序排列，依次跳过1个字母、2个字母、2个字母、1个字母，依次类推……

4. 答案：

D。

5. 答案：

仔细看一下S先生所问的6个问题，可以发现，carthorse与orchestra所含有的字母完全相同，只是字母的位置不同而已。P先生，心中所想的字母在这两个词中，如果有则全都有，无则全无，可是P先生的回答是：一个说有，一个说无，显然其中一句是假话。

同理，senatorial和realisaton所含有的字母也完全相同，而P先生的回答也是一有一无，可见其中又有一句话是假话，这些便是S先生确定P先生的回答中有假话的依据。

从上边分析可见，P先生的四句回答中已知有两句是真话，两句是假话。依据题意，P先生共回答了三句真话和三句假话，所以P先生的另外两句回答必定是一真一假。

Indeterminables和disestablishmentarianism剩下的这最后两个词，尽管后者的字母比前者的多，但这两个词中，除了后者比前者多一个H字母以外，其余的字母都是相同的或者重复的。而P先生说他心中所想的字母在这个两个词中都有，如果前一句是真话，即前一个词中确有那个字母的话，那么，后一个词中无疑应该也有的。这样，两句话都成了真话，与题意不符。所以，P先生的前面一句应该是假话，后面一句应该是真话，即前边一个词中不存在P先生心中所想的那个字母，后一个词中则有这个字母。由此可见，它必定是后一个词中所独有的H。

6. 答案：

（1）法语；（2）A；（3）A；（4）两个；（5）D

7. 答案：

选C。直线必须在角上切割出一个三角形。

8. 答案：

按照顺序依次编号：1 2 3 4 5 6 7 8 9 10 11 12 13 14
15 16 17 18 19 20 21 22 23 24 25

第一轮报到“3”的有8人：3 6 9 12 15 18 21 24

下一轮从25开始：25 1 2 4 5 7 8 10 11 13 14 16 17 19 20 22 23

第二轮报到“3”的有 5 人：2 7 11 16 20

第三轮报到“3”的有 1 人：25

因此，11 个教徒的位置是：1 4 5 8 10 13 14 17 19 22 23

9. 答案：

读数：第一行 1，取 1

第二行读上一行 1 个 1，取数 11

第三行读上一行 2 个 1，取数 21

第四行读上一行 1 个 2，1 个 1，取数 1211

第五行读上一行 1 个 1，1 个 2，2 个 1，取数 111221

第六行读上一行 3 个 1，2 个 2，1 个 1，取数 312211

10. 答案：

26；9；6。

第二套

1. 答案：

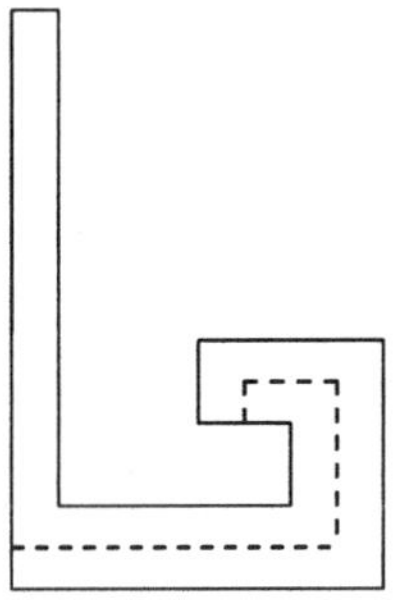

2. 答案：

7 枚。其实，只要当金字塔层数是 3 的倍数时，就会出现非对称的移动方式。所以，只要移动图中有颜色的硬币，就可以将金字塔上下颠倒了。

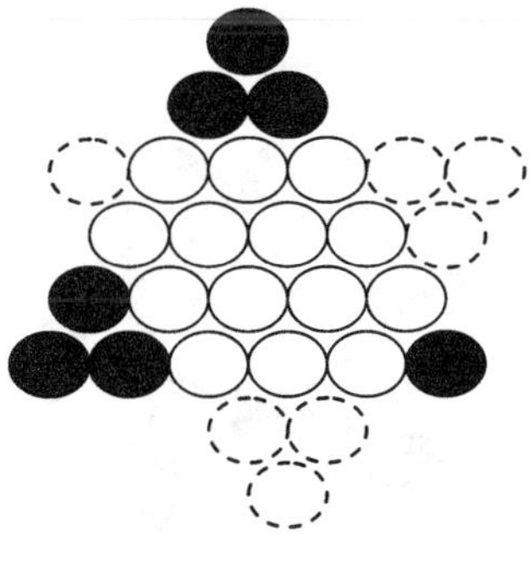

3. 答案：

上半部分为“+”、“ -”，下半部分为“-”、“-”。

4. 答案：

代替品为B。正如图2是图1垂直翻转180度在顺时针旋转90度一样，B和图3也具有这样的关系。

5. 答案：

把10筐苹果按1-10编上号，按每筐的编号从里边取出不同数量的苹果，如编号为1的筐中取出1个苹果，编号为5的取出5个苹果，以此类推，共（1+10）*10/2=55个。如果每个苹果的重量都是1斤，一共应该是55斤。由于有一筐的重量较轻，所以不可能到55斤，只能在54-54.9斤。如果称量的结果比55斤少X两，重量较轻的就一定是编号为X号的那筐。实际上，为了称量的方便，第10筐的苹果也可不取，一共取45个，最多45斤。如果称得的结果正好是45斤，说明第10筐是轻的。否则，少几两，就是编号为几的筐的苹果是轻的。

6. 答案：

要往返过渡6次。

第一次：两个小孩乘坐小船到对岸，由其中一个小孩把船划回侦察兵所在的地方（另一个小孩留在对岸）。

第二次：把船划过来的孩子留在岸上，第一位侦察兵划小船到对岸登陆，再由对岸的小孩把船划回来。

第三次：两个孩子乘船过河，其中之一把船划回来。

第四次：第二位侦察兵划船过河，再由对岸的小孩子把船划回来。

第五次：同第三次。

第六次：第三位侦察兵划船过河，小孩把船划回来。于是，两个小孩子又可以继续在河上划船玩耍了。三位侦察兵也都渡河到河的对岸了。

7. 答案：

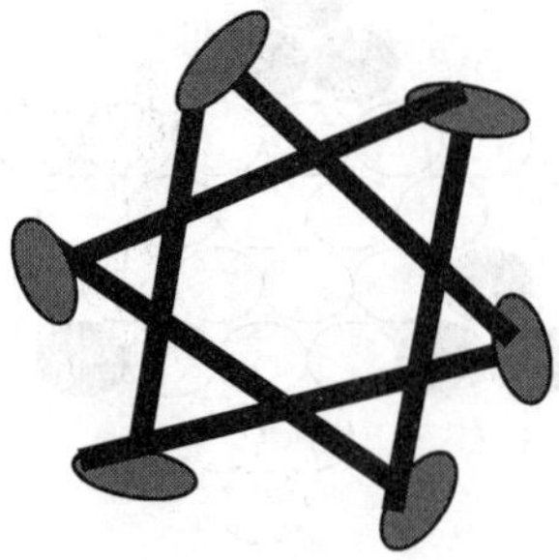

8. 答案：

C。

9. 答案：

设啤酒买 x 瓶，饮料买 y 瓶，根据题意可得：

$17x+7y=99$，两边除以 y 的系数 7 得：$2x+3x/7+y=14+1/7$，移项整理得：

$2x+y-14=(1-3x)/7$

①∵ $x>0$，$y>0$

∴ $(1-3x)<0$

∴ $2x+y<14$，$x\leqslant 6$

∵ ①的左边是整数

∴ 右边也是整数

在 $1\leqslant x\leqslant 6$ 的范围内，只有 $x=5$ 满足条件，故 $x=5$，$y=2$。即啤酒买了 5 瓶，饮料买了 2 瓶。

10. 答案：

毫无疑问，这七位朋友经过若干天后，有一个晚上将会在主人家里碰面。从第一位朋友开始访问的那个晚上开始，所经历的天数，一定能被 2、3、4、5、6、7 各数整除；换而言之，第一天与七个朋友碰面那一天，中间相隔的天数，应该是 2、3、4、5、6、7 各数的最小公倍数。不难求出这个数为 420。每隔 420 天这七位朋友就将在主人家中碰面一次。

第三套

1. 答案：

因为马车的速度只有自行车的一半，当马车走完一半的路程时，自行车恰好走完全程。因此，无论火车的速度有多快，也要落后。

2. 答案：

保罗分未开封的酒 2 瓶，只剩一半威士忌的酒 3 瓶，空瓶 2 瓶；劳伦斯分未开封的酒 2 瓶，只剩一半威士忌的酒 3 瓶，空瓶 2 瓶；辛格分未开封的酒 3 瓶，只剩一半威士忌的酒 1 瓶，空瓶 3 瓶。

3. 答案：

设旧号码是 ABCD，那么新号码就 DCBA，已知新号码是旧号码的 4 倍，所以 A 必须是个不大于 2 的偶数，即 A 等于 2；4×D 的个位数若为 2，D 只能是 3 或 8；只要满足：

$$4\times(1000\times A+100\times B+10\times C+D)=1000\times D+100\times C+10\times B+A$$

经过计算可得 D=8，C=7，B=1，所以新的号码是 8712，正好是旧号码 2178 的 4 倍。

4. 答案：

先用 6 升的桶装满水后倒入 5 升的桶中。然后把 5 升桶里的水倒出，把 6 升桶里剩余的水倒入 5 升的桶里。再把 6 升的桶装满水后倒入 5 升的桶里。现在 6 升的桶里就只有 2 升水了。然后把 5 升桶里的水倒出，把 6 升桶里剩余的水倒入 5 升桶里。再把 6 升的桶装满水倒入 5 升的桶里，现在 6 升的桶里就只有 3 升水了。

5. 答案：

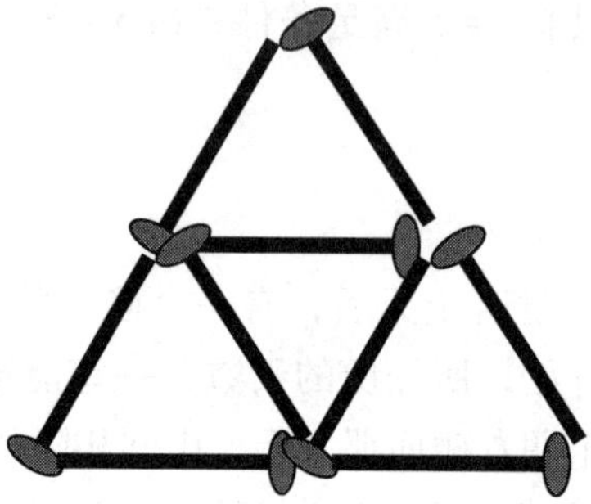

6. 答案：

D。轮流添加横、竖交叉线。每加一次竖直线，箭头就变白一次。

7. 答案：

E。字母在字母表中的序号代表其数值，三角形对应的字母组之和为偶数，圆形为奇数。

8. 答案：

D。圆和三角形交替出现，圆的下一个图形出现在圆的前面一格，三角的下一个图形出现在三角的前面两格。

9. 答案：

72÷9×5=40

−　−　+　÷

18+6−4=20

54÷3÷9=2

10. **答案：**

七个人说的话，可以分别用另一种方式来表示：

A、B、C、D、E、F、G 在争论：今天是星期几？

A：今天是星期一。

B：今天是星期三。

C：今天是星期二。

D：今天是星期四或者星期五，或者星期六，或者星期日。

E：今天是星期五。

F：今天是星期三

G：今天是星期一，或者是星期二，或者是星期三，或者是星期四，或者是星期五，或者是星期六。

只被提到一次的日子是星期日。如果这一天是别的日子，那么讲对的就是不止一个人了。因此，那天一定是星期日，D 所说的是正确的。

第四套

1. **答案：**

从顶开始，从左往右，依次是圆点，1 个空三角形，圆点，2 个空三角形，圆点，3 个空三角形，圆点，4 个空三角形。

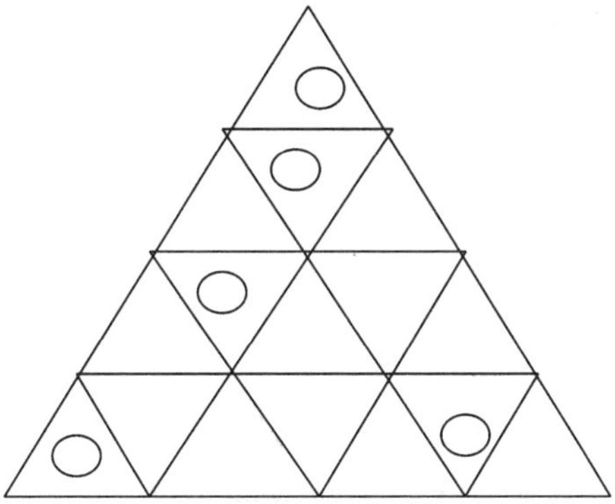

2. **答案：**

在这个案子中，山姆肯定是有罪的。逻辑思维推理如下：如果汤姆无罪，那么，犯罪或是山姆，或是吉宁士。而假定吉宁士是罪犯，那他一定是和山姆共同作案的（因为他不伙同山姆，吉宁士决不会作案）。所以，在汤姆无罪的情况下，山姆是有罪的。

如果汤姆有罪，那么他必定要伙同一个人去作案？（因为他不会开车）他或者伙同山姆，或者伙同吉宁士。如果伙同山姆，那么山姆当然有罪。如果伙同吉宁士，那么山姆还是有罪，因为吉宁士只有伙同山姆才会作案。

或者汤姆无罪，或者汤姆有罪，总之，山姆是有罪的。

3. 答案：

2、2。A+B=D，A-B=C，D-C=E，8-6=2，9-7=2。

4. 答案：

［（L-G）×F÷C+O］÷E=E

5. 答案：

问号代表的数值是 8。从外圈三角形开始，顺时针方向转，即三角形 2、4、3、5、4、6、5、7、6、8……三角形内的数值依次重复加 2，减 1 的关系。

6. 答案：

E。

7. 答案：

拿出 4 个，然后按照 6 的倍数和另外一个人分别拿球。即可以这样来拿：
另外一个人拿 1 个，我拿 5 个；
另外一个人拿 2 个，我拿 4 个；
另外一个人拿 3 个，我拿 3 个；
另外一个人拿 4 个，我拿 2 个；
另外一个人拿 5 个，我拿 1 个。
最终 100 个在自己手上。

8. 答案：

应该是 6：20。分针每次拨快 20 分钟，时针每次拨慢 2 个小时。

9. 答案：

C。三角形中间的数字，等于角上三个数字的平方和。C 不符合这个规律。

10. 答案：

（1）游泳；（2）A 和 C；（3）四个；（4）网球；（5）三个

附：思维训练游戏答案

第三章　创新意识训练游戏体验答案

（一）魔术方阵

这 9 个数字都各加上 1，那么纵、横、斜行的 3 个数字加起来都会超过 16。如果只是其中的某一个或某几个数字加 1，那么照顾了这几行，另几行之和就会超过 16。抛开常规的想法——加数不一定加整数，采用加分数的方法，每行都加上 1/3。

$6\frac{1}{3}$	$7\frac{1}{3}$	$2\frac{1}{3}$
$1\frac{1}{3}$	$5\frac{1}{3}$	$9\frac{1}{3}$
$8\frac{1}{3}$	$3\frac{1}{3}$	$4\frac{1}{3}$

（二）巧移棋子

4 颗。

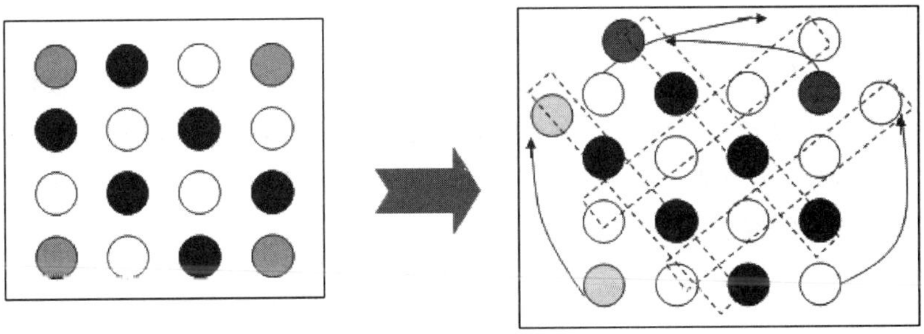

（三）火柴方阵

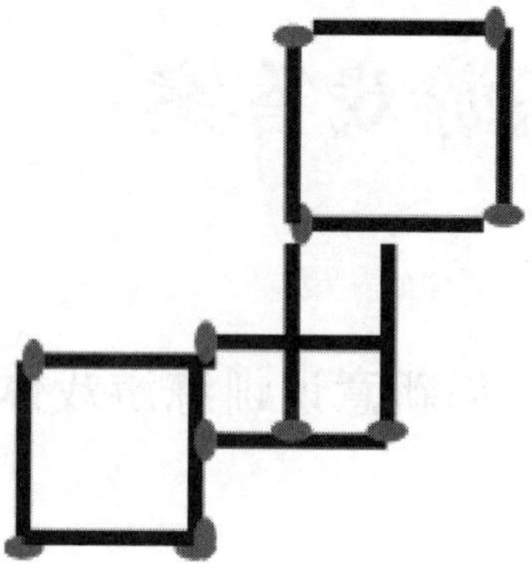

（四）微调等式

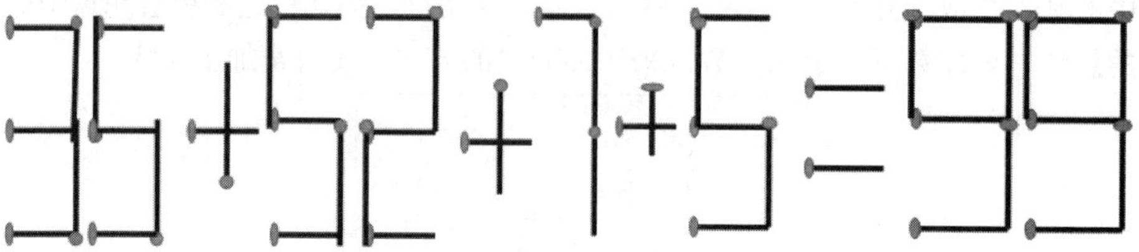

（五）数字魔方

1. 答案为 18。每行边角的数字相加，得数顺时针方向的下一行或列的中间数字。5+24=29；24+7=31；11+5=16；7+11=18。

2. 答案为 35。纵行做减法，横行做加法，88−47=41；41+24=65；65−12=53；53+？=88。

（六）保险库里的金币

第 1 袋=60 枚硬币，第 2 袋=30 枚硬币（60 的 1/2），第 3 袋=20 枚硬币（60 的 1/3），第 4 袋=15 枚硬币（60 的 1/4），据此可以知道每袋里的硬币数都是第 1 袋的硬币数（即 60 枚硬币）与那袋的序数比，则：第 5 袋=12 枚硬币（60 的 1/5），第 6 袋=10 枚硬币（60 的 1/6）。

第四章　发散思维训练游戏答案

（一）灯的游戏

进入有开关的房间，打开开关 A，在 5 分钟后关闭 A，再打开开关 B。

进入有灯的房间，看到亮着的灯为开关 B 控制，用手摸一下除了亮着的灯以外的其他两盏灯，哪盏灯比较热，它的开关就为 A，剩下一盏灯的开关就是 C 了。

（二）摆硬币

最下边放第 1 枚，然后放第 2 枚、第 3 枚放在第 1 枚上边，另外的第 4 枚、第 5 枚竖立起来放在第 1 枚的上边，如图所示：

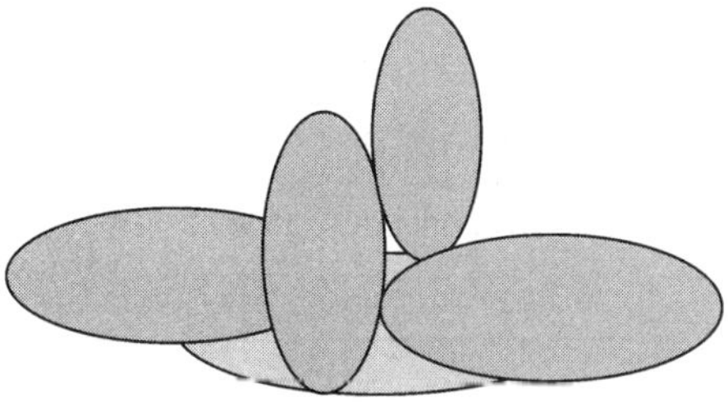

（三）拼十字形

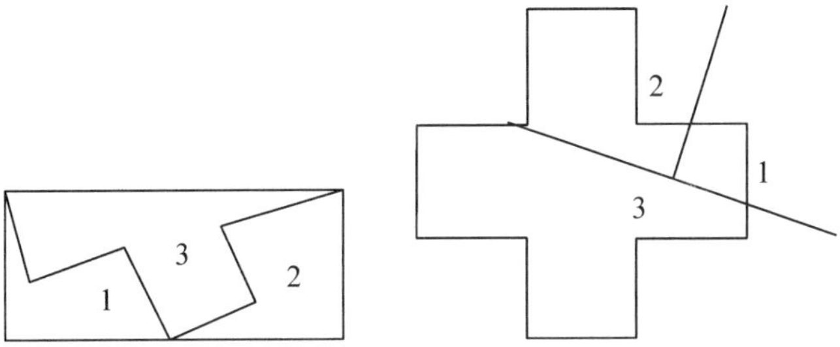

（四）找出假币

从 A 中取 1 枚银币，从 B 中取 2 枚银币，从 C 中取 3 枚银币，从 D 中取 4 枚银币。
如果总重量为 245 克，那么 A 袋中为假币；$20+25*2+25*3+25*4=245$
如果总重量为 240 克，那么 B 袋中为假币；$25+20*2+25*3+25*4=240$
如果总重量为 235 克，那么 C 袋中为假币；$25+25*2+20*3+25*4=235$
如果总重量为 230 克，那么 D 袋中为假币。$25+25*2+25*3+20*4=230$

（五）地板砖

五边形的地板砖并不一定就是正五边形，思维发散下，可以是下边的形状。

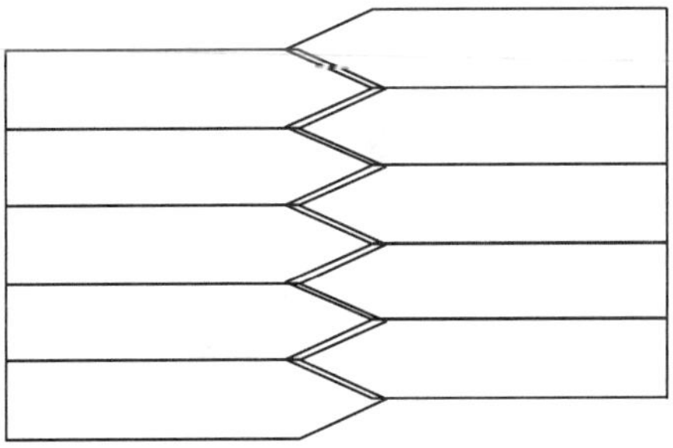

（六）方格中的数字

22	21	13	5	46	38	30
31	23	15	14	6	47	39
40	32	24	16	8	7	48
49	41	33	25	17	9	1
2	43	42	34	26	18	10
11	3	44	36	35	27	19
20	12	4	45	37	29	28

第五章　逆向思维训练游戏答案

（一）组图形

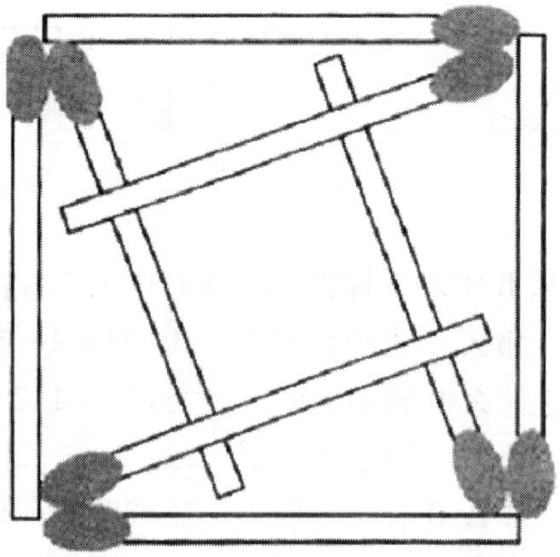

（二）趣味数学

将“28+81”旋转180度，就成了“18+82”，答案就是100了。

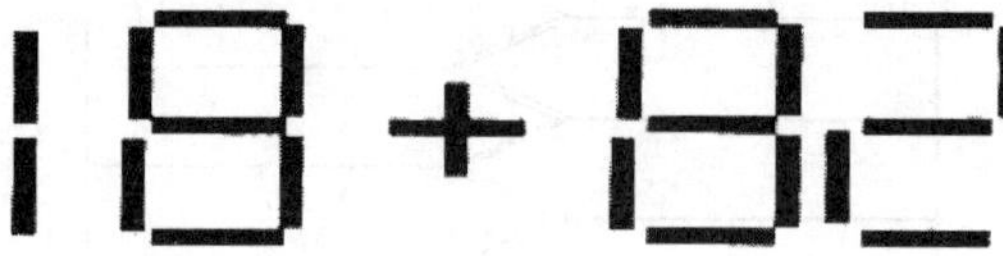

（三）拆弹

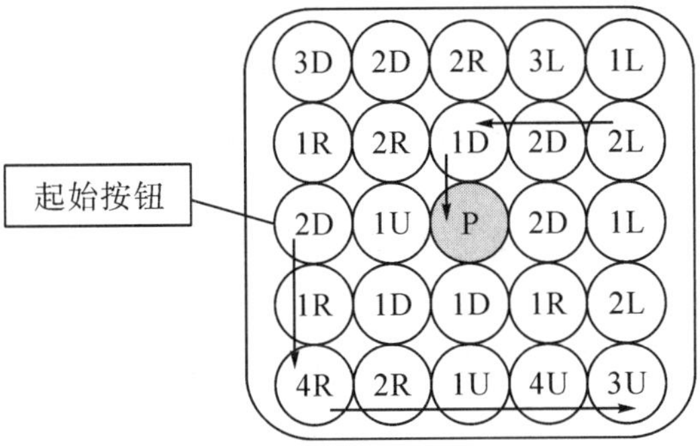

（四）四人过桥

假设四个人为甲、乙、丙、丁，他们过桥所用的时间相应为 3、4、6、9 分钟。可以先让甲和乙过桥，一共用 4 分钟；然后让甲返回，用去 3 分钟；再让丙和丁一起过桥，一共用 9 分钟；再让已经过了桥的乙拿着手电筒返回，用 4 分钟；最后甲和乙一起过桥，用 4 分钟。所以四个人最快过桥要用 4+3+9+4+4＝24 分钟。

（五）分牛

15 头牛。

解决此题可以采用倒退的方法，从长女“分得最后剩下的一半多半头而刚好分完”着手分析。

长女得到的剩下的一半再加半头牛，就将所有的分完，这时的“一半”与“半头”是一样多的，所以长女分得 1 头牛；

再根据长女分得的牛是次子的一半，所以次子分得 2 头牛；

依次可推得：长子、妻子分别分得 4 头牛、8 头牛；

故农夫留下牛的总数为：1+2+4+8＝15 头。

（六）多少压岁钱

如果哥哥猜对的话，那么弟弟和妹妹都对；如果姐姐猜对的话，那么妹妹也对；如果妹妹猜对的话，那么哥哥也对。因此，无论你怎么假设，最后只有一个人猜对，这个人就是弟弟，即阳阳的压岁钱少于 2000 元。

第六章　逻辑思维训练游戏答案

（一）硬币的放法

总体讲，100 个硬币中有 50 个 5 毛硬币，拿到 5 毛的几率是 50%，但由于放到 2

个盒子里边使情况发生了变化。因为选某一个合作的几率是相同的，故总的几率应该是 2 个盒子的几率加权。即：

总几率=0.5×盒子 1 的几率+0.5×盒子 2 的几率

情况一：如果某一个盒子里边只有 5 毛的，那结果就会超过 50%；

情况二：如果某一个盒子里边只有 1 毛的，那结果就会低于 50%。

则从情况进一步分析：如果只有 5 毛的盒子硬币数量越少，则另一个盒子 5 毛的数量越多，总几率就越大，最大就是 49 枚 5 毛硬币时，此时几率为 0.5×1+0.5×49/99，略等于 75%。

所以，一个盒子放 1 枚 5 毛的其余全部放另一个盒子。几率是接近 75%。

（二）红眼睛和蓝眼睛

推理如下：

（1）首先假设只有一个人是红眼。

那么在这个人眼中，其余 99 人都是蓝眼睛。虽然说他是那么的留恋尘世的生活，不过那个旅行者说过了，这 100 人之中是有红眼的。那么，结果必然是只有他一个是红眼，这个人第一天晚上就会离开。

（2）接下来，假设 100 人中有两个人是红色眼睛，A 和 B。

A 看到了 B 是红眼，其他 98 人都是蓝眼。B 看到了 A 是红眼，其他 98 人都是蓝眼。A 和 B 第一天都不知道到底只有 1 人是红眼还是自己也是，因此，第二天都回来了。A 和 B 此时断定都还有另外一人不知道自己是否是红眼，因此确定自己是红眼了，第二天会离开；

（3）假设有 A、B 和 C 是红眼。

以此类推，直到第 3 天，有 3 人发现了自己是红眼，晚上离开，因此第四天发现人会减少。

（三）贴标签

此题的重点是标签都贴错了。

从标有“混合”标签的筐里拿出一个水果，就可以知道另外两筐装的是什么水果了。因为标签全部贴错了，标有“混合”的一定只有一种水果。确定了这箱水果以后，就知道另外两个筐里各装的是什么水果了。

（四）比赛结果

首先假设小红预测 A 队第一—（正确），则小强预测 A 队第三（错误），D 队第二（正确），由此推出小明预测的 D 队第四（错误），进而推出 C 队第一（正确），这与 A 队第一（正确）矛盾。

由此推出 A 队第一（错误），B 队第三（正确），小强预测的 A 队第三（错误），D 队第二（正确），推出小明预测 D 队第四（错误），C 队第一（正确），最后剩下 A 队（第四）。

最后的结果是：A 队第四，B 队第三，C 队第一，D 队第二。

此题目使用了“假设→证伪→重新假设→……→证真”这种逻辑思维解题方法。

（五）谁是姐姐

已知条件是姐妹俩说话真假完全相反，并且每人再同一时间只能说性质一样的话（即在同一时间真话假话共存）。

如果高个的是姐姐，那么姐姐说的就是真话，现在的时间是上午，而妹妹此时完全在说假话，此情况正好符合题意。

如果高个的是妹妹，那么妹妹就在说假话，此时时间应为上午，但妹妹接着又说“现在是上午”，这就说了真话，这与已知条件相互矛盾，故排除此种情况。

因此，现在是上午，高个的是姐姐。

（六）谁是冠军

本题可以用排除法。假设 A 是冠军，则甲、丙的猜测均正确，所以排除 A；假设 B 是冠军，则甲、丙的猜测均正确，所以排除 B；假设 C 是冠军，则甲的猜测错误，乙、丙的猜测正确，所以排除 C；假设 D 为冠军，则甲、丙的猜测均错误，乙的猜测正确，符合条件。

所以 D 是冠军。

（七）除法算式

（1）从★○★－★★◇＝■入手，因为 3 位数减 3 位数得 1 位数，故○－★＝1，且★<◇推出◇>＝○；

（2）又从★□◇－★◆○＝★○可知：2×○的个位等于◇或者 2×○＝◇；

（3）由（1）和（2）推出 2×○＝◇

（4）假设★＝1，则○＝2　◇＝4，则推出□－◆＝1

再假设◆＝5，则□＝6，因为△×★▲＝152 则△和▲分别是 8 和 9，

又因为□×▲的个位◇＝4，故△＝8　▲＝9 则★▲×□＝★★◇成立（本段假设暂时成立）

则　■＝1★－◇＝7，则余下数字 3、4、0 没有使用

（5）又由 ★◇☆－★●●＝■　推出●＝◇－1＝3

又由 1☆－●＝■ 推出 ☆＝0。由此证明前面的假设均成立。

结果：0–9 对应的符号为：☆、★、○、●、◇、◆、□、■、△、▲，如图示算式：

```
      86374
19√1641106
   152
    121
    114
      71
      57
     140
     133
      76
```

第七章　聚合思维训练游戏答案

（一）伪造高手

选 C。题干的推理过程是：高明的伪造家不会被发现伪造，一旦被发现了伪造，即证明该伪造者不是高明的伪造家。C 项过程类似：高明的魔术师不会被人看穿，一旦被看穿的话，就说明不是高明的魔术师。

（二）家有四兄弟

四个兄弟的年龄顺序为 A、B、D、C。说真话的（老二和小弟弟）不可能说“我是长兄”，所以，D 的话就是假的，可知 D 不是长兄，而是老三。那么，B 就不是老三了，C 的话就是真的，C 就是老二或者小弟弟。假设 A 说的话是真话，C 和 A 就是老二和小弟弟，B 就是长兄了，则 A 又在撒谎，这是相互矛盾的。所以，A 是长兄。从 A 的话中可知，B 是老二，C 是小弟弟。

（三）地理考试

C。此题用假设法，假设同学甲“3 是欧洲”的说法正确，那么 2 就不是美洲。同时，2 也不是欧洲，5 是美洲（由戊所说推出）。再根据同学丙所说知道 1 是亚洲，然后根据同学乙所说得出 2 是大洋洲，最后根据同学丁的说法知道 4 是非洲。

（四）狂欢游行的彩车队

车队长 265 米，车队每秒行驶 6 分 40 秒。车队间隔共有 30−1＝29 个，每个间隔 5 米，所以，间隔的总长为：（30−1）×5＝145 米，而车身的总长为 30×4＝120 米，故这列车队的总长为：（30−1）×5+30×4＝265 米。由于车队要行 265+535＝800 米，且每秒行 2 米，所以，车队通过广场时需要（265+535）/2＝400 秒＝6 分 40 秒。

（五）男女朋友

根据已知条件可得如下配对：A—2 或 4；

1——A 或 C；

2——B 或 C；

A-4，B-2，C-1，D-3。

（六）猴子分桃子

最开始有 3121 个桃子。

这道题目可以通过最后剩下的 1020 个桃子入手，然后一步一步算出每只猴子在扔桃子之前的数量，最终得到开始的数字。

1020÷（1-1/5）+1=1276（个）

1276÷（1-1/5）+1=1596（个）

1596÷（1-1/5）+1=1996（个）

1996÷（1-1/5）+1=2496（个）

2496÷（1-1/5）+1=3121（个）

第八章　随机应变思维训练游戏答案

（一）高难度的早餐

最少需要 12 分钟即可。

先把需要的鹌鹑蛋一起放入锅里煮，根据家里每个人需要的时间长短，在期望的时间为他们夹出鹌鹑蛋和盛出热汤，直到最后到了 12 分钟的时候，老王的儿子得到自己喜欢的鹌鹑蛋。这样，一顿早餐就完成了。

（二）准确的案发时间

这是一个看起来复杂其实很简单的问题。作案时间应该是 12：05 分。

首先可以从最快的表的时间（12：15 分）中减去最快的时间（10 分钟）就行了。或者将最慢的手表（11：40 分）加上最慢的时间（25 分）也可以得出相同的答案。

（三）两种颜色的字母

Z 应该是黑色的。根据上面的逻辑，我们会发现所有一笔能完成的字母都是黑色的，而其他的都是白色的。

（四）地图中的城镇

①F

②B

③E

④F

⑤C

（五）推算等式

111111111×3＝333333333

111111111×4＝444444444

111111111×5＝555555555

……

111111111×9＝999999999

由题目中等式“12345679×9＝111111111”和等式“12345678×18＝222222222”可以推断出：

12345679×9×3＝333333333

12345679×9×4＝444444444

12345679×9×5＝555555555

……

所以，填写在括号内让等式成立的数字分别是：27、36、45、54、63、72、81。

（六）中介公司的收费方法

2250元。

1万元以下的部分收费50元，1万元到5万元之间的费用收取40000×3%＝1200元，5万元到10万元之间的部分收取50000×2%＝1000元，加起来就是2250元。

第九章　学习创新思维训练游戏答案

（一）汽车归属

①保罗

②佛瑞德

③保罗

④保罗

⑤哈利

⑥佛瑞德

（二）火柴棒围城

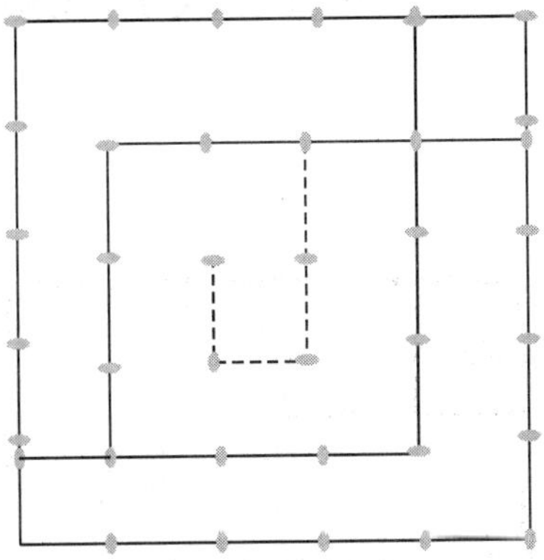

（三）上下交错

问号处是12。从最开始的两个数开始看，把99和72看作是9、9、7、2四个数字，那么9+9+7+2=27，其他的几个数字也是种关系。

（四）处理排名

故事启迪：当我们碰到难题，用静态的思维不能去解决时，不要拘泥一端，改用动态思维试试，或许能找到出奇的解决方法。

演出当天三位演员一看，海报不是一般的纸，而是一个不断转动的大灯笼，三个演员的名字都写在灯笼上，三个名字转圈出现，谁都可以说自己的名字排在最前面，于是三个演员皆大欢喜地参加了演出。

（五）中国银行有多少钱

创新思维在我们生活中无处不在，不仅仅在发明创造中有创新，日常生活中的琐碎小事也有创新。

周总理坦然地笑笑说："中国银行嘛，共有拾捌元捌角捌分钱。人民币是中央大政府发行的货币，具有极高的信誉。"在场的中外人士经过短暂的惊讶而反应过来之后，立即钦佩地报以热烈的掌声。因为当时流通的人民币共有十种面值，即：拾元、伍元、贰元、壹元；伍角、贰角、壹角；伍分、贰分、壹分，它们相加的总和正是"拾捌元捌角捌分钱"。

（六）商贩的苹果

甲和乙各自有210个苹果。

按照甲和乙的出售价格，那么1个苹果的价格分别是1/3元和1/2元，而放在一起之后，1个苹果的价格就是2/5元。假设甲和乙均有x个苹果，那么根据已知条件可以列出等式：$x/3+x/2=2x*2/5+7$

最终可以算出x为210个。

第十章　管理创新思维训练游戏答案

（一）果园规划

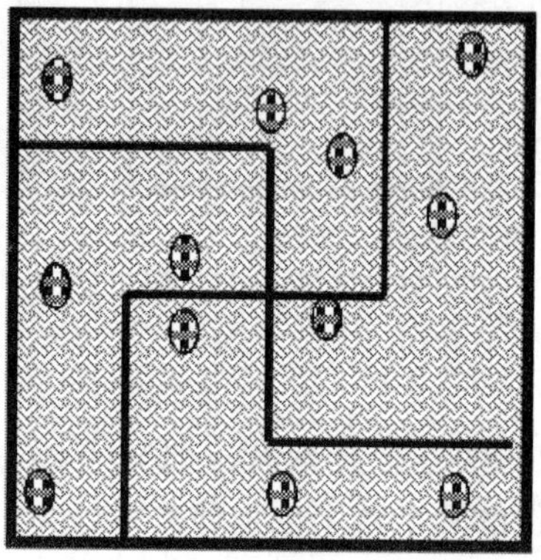

（二）巧锯正方形

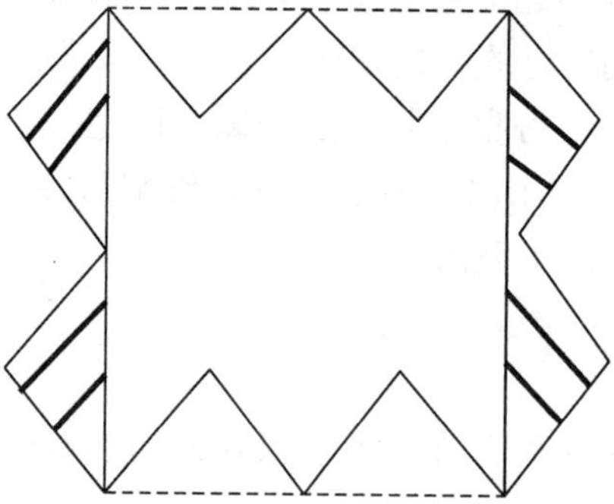

（三）比赛得名

第一名为里克；
第二名是约翰；
第三名是亚历克斯；
第四名是肖恩；
第五名是安妮；
第六名是里埃姆；
第七名是桑德拉；
第八名是罗伯特。

（四）晚餐会

切斯特夫妇

（五）土地规划

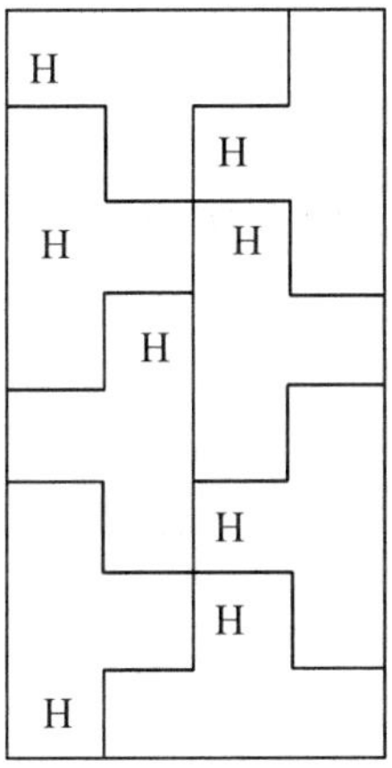

（六）中尉的巧妙安排

当有 360 人的时候，排列方式如图所示：

10　　80　　10

80　　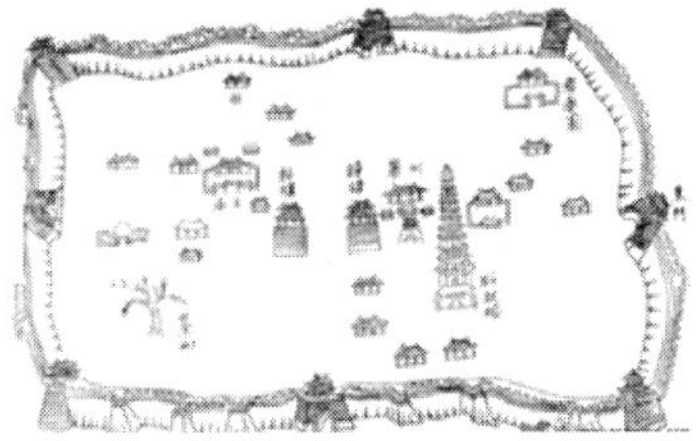　　80

10　　80　　10

当剩下 340 人的时候，排列方式如图所示：

15　　70　　15

70　　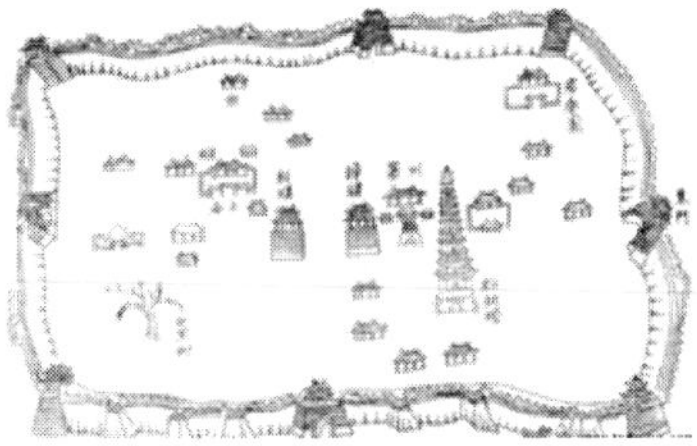　　70

15　　70　　15

当剩下 320 人的时候，排列方式如图所示：

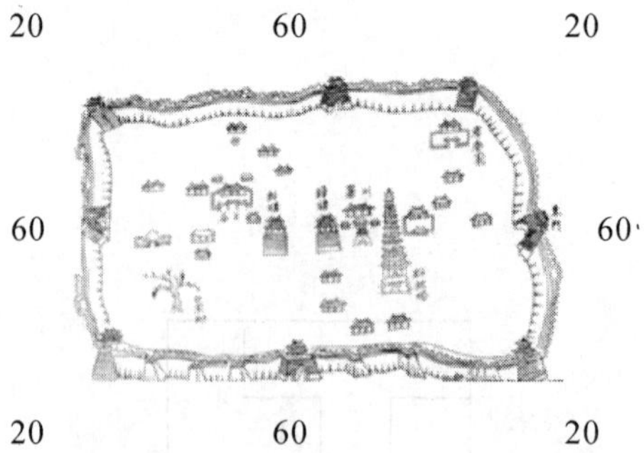

当剩下 300 人的时候，排列方式如图所示：

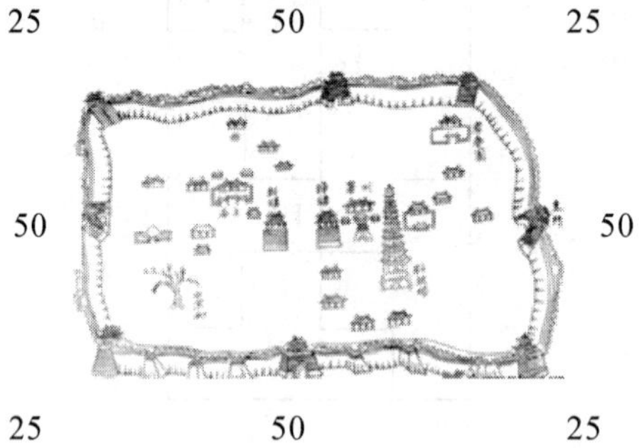

当剩下 280 人的时候，排列方式如图所示：

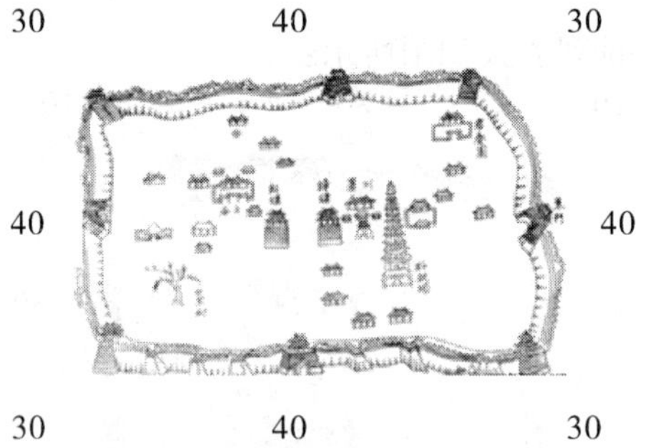

当剩下 260 人的时候，排列方式如图所示：

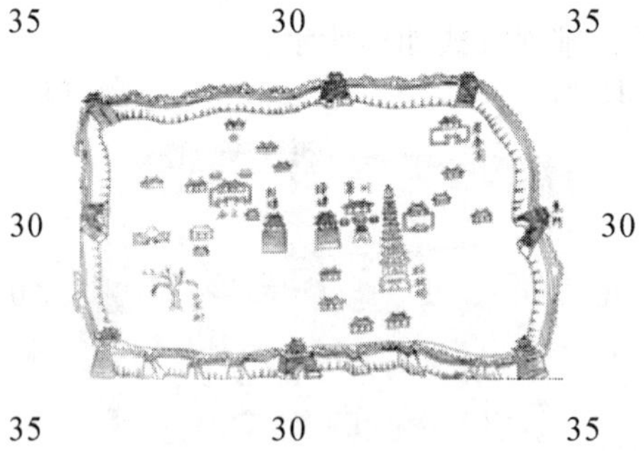

第十一章　分析创新思维训练游戏答案

（一）加薪方案

选择第二种方案，第二种方案每年比第一种方案多收入 125 元。

（二）过桥问题

答案：这类问题是考察一个人思维方式和思维方式的转变能力，这种能力往往与一个人的应变和创新状态相关。回答这类问题，必须冲破思维定式，试着从不同角度考虑问题，不断进行逆向思维，换位思考。

A 和 B 先过桥，用时 2 分钟；

B 举着火炬返回，用时 2 分钟；

C 和 D 一同过桥，用时 8 分钟；

A 举火炬返回，用时 1 分钟；

A 和 B 一同过桥，用时 2 分钟；这样总计 15 分钟，他们都过了桥。

（三）失算的父亲

如果从 1 分开始不断加倍，最初数量增长还算缓慢，但随后越来越快，不久便大幅猛增。如果这位上了儿子当的父亲要守信的话，他给儿子的钱将是一个天文数字。

第一天给儿子 1 分钱，第 2 天给儿子 2 分钱，总共为 3 分钱。第三天给儿子 4 分钱，总共 7 分钱。

让我们列表说明第一个星期的情况

日期	当天给的钱（分）	钱总和（分）
1	1	1
2	2	3
3	4	7
4	8	15
5	16	31
6	32	63
7	64	127

如果这张表继续下去，在 9 月 30 日这天爸爸最后付出的钱是 5368709. 12 元，即五百多万元。不过这只是爸爸在最后一天付出的。我们尚需要了解爸爸付出钱款的总额。就必须把在 9 月份 30 天中的每天付出的钱款加在一起。

从表格中看出，右栏的每一个数目恰好都是中栏相应数目的 2 倍减 1。我们只需要把爸爸最后一天付出数目的 2 倍即 10737418.24 元减去 1 分，从而得出 10737418.23 分。这就是爸爸要付出的钱款总额。

（四）称大米

称第一次：把米平均分成两部分，9÷2=4.5 千克。

称第二次：把其中一半的米，在平均分成两部分，4.5÷2=2.25 千克（2250 克）。

称第三次：从一个 2250 克中用 50 克和 200 克的砝码称出 250 克米，分出去，2250-250=2000 克，剩下的就是 7 千克的米了。

（五）长长楼梯台阶数

根据前 5 个条件可知，这条楼梯的台阶数只要再加 1，就是 2、3、4、5、6 五个数的公倍数。由于这五个数的最小公倍数是 60，所以 60-1=59 能满足前面 5 个条件的最小自然数。但是 59 不能被 7 整除。因此，只要在 59 上连续加上 60，直到能被 7 整除为止，这个数就是所求楼梯的阶数。

59+60=119，119 能被 7 整除，即这条楼梯共有 119 阶。

（六）复式别墅

	一家	二家	三家
丈夫	老张	老王	老李
妻子	杜丽	李平	丁香
孩子	丹丹	美美	壮壮

第十二章　沟通创新思维训练游戏答案

（一）苏联的民间故事

先让海乔的爱人和铁链在一边，海乔在另一边，这样就把海乔送出去，（50+30=80 & 90）；

再让侍女在一边，海乔的爱人在另一边，把海乔的爱人送出去，（40 & 50）；

最后把铁链放在一边，侍女在另一边，把侍女送出去（30 & 40）。

（二）倒油

第 1 步：从大桶中倒出 5kg 油到 5kg 小桶中，然后再将其倒入 9kg 小桶中。

第 2 步：再从大桶中倒出 5kg 油到 5kg 小桶中，然后把 5kg 小桶中的油将 9 kg 小桶灌满第 3 步：大桶剩 2kg 油，9kg 小桶已装满，5kg 小桶中剩余 1 kg。

第 4 步：再将 9kg 小桶里的油全部倒回大桶中，大桶里有 11 油。

第 5 步：把 5kg 小桶中的 1kg 油倒进 9kg 小桶中，再从大桶中倒出 5kg 油，现在大桶里有 6kg，另外 6kg 油也被分别换成了 1kg 和 5kg 两份

（三）如何分奶牛

可以先向邻居暂借一头奶牛，这样牛的总数就成了 18 头。老大分 1/2，可得 9 头，老二分 1/3，可得 6 头；老三分 1/9，可得 2 头。这样三个人就共分 17（9+6+2＝17）头奶牛，剩下那头再还给邻居就可以了。

（四）紧急侦破任务

根据条件 1，可以假设 3 种方案，逐一推算。a. A 去 B 不去；b. B 去 A 不去；c. A、B 都去。

	方案 a	方案 b	方案 c
1. A、B 两人中至少去一人；	A 去，B 不去	B 去，A 不去	A、B 都去
2. A、D 不能一起去；	D 不去	D 去	A 去
3. A、E、F 三人中要派两人去；	矛盾（最后判断）	E、F 都去	A 去、（F 去）
4. B、C 两人都去或都不去；	B、C 都不去	B、C 都去	B、C 去
5. C、D 两人中去一人；	与 2、4 矛盾	C、D 都去，2、4 矛盾	C 去
6. 若 D 不去，则 E 也不去。	E 不去	矛盾	D、E 不去

故由上述可得：ABCF 去，其他矛盾。

（五）提前下班后

走了 25 分钟，首先她丈夫一定和平时一样，在早于 6：30 的某一时刻从家里出发去接他的妻子。既然他们早到家里 10 分钟，就意味着她丈夫少开了 10 分钟的路程，也就是说从遇见妻子的地方开到车站再从车站返回遇见他妻子的地方需要 10 分钟时间。假定这段路程来回状况一样，即来回各需要 5 分钟，那么她丈夫接她时比平时早了 5 分钟，即在 6：25 遇见妻子。而妻子是 6：00 到车站，6：25 遇见丈夫，所以走了 25 分钟。

（六）黄球与白球的选择

可以在装有黄色球的盆里留 1 个黄色小球，把另外 9 个黄色球倒入另一个盆里，这样另一个盆里就有 10 个白色球和 9 个黄色球。如果小静选中那个放 1 个黄色球的盆，选中黄色球的几率是 100%；如果选中放 19 个球的盆，摸到黄色球的几率最大是 9/19。小静选中两个盆子的几率都是 1/2，所以，根据前面的两项几率，得出选中黄色球总的几率是 100%×1/2+9/19×1/2＝14/19，这样就远远大于原来未调换前的 1/2 了。

第十三章　服务创新思维训练游戏答案

（一）分工资

两次弄断就应该分成 3 份，可以把金条分成 1/7、2/7 和 4/7 三份。

1. 第一天给他 1/7；
2. 第二天给他 2/7，让他找回 1/7；
3. 第三天再给他 1/7，加上原先的 2/7 就是 3/7；
4. 第四天给他 4/7 那块，让他找回那两块 1/7 和 2/7 的金条；
5. 第五天再给他 1/7；
6. 第六天和第二天一样；
7. 第七天给他找回的那个 1/7。

（二）希尔顿巧卖地毯

希尔顿在他的地毯上都加了一枚能指向北方的小罗盘，便于那些穆斯林教徒们在祷告时能准确找到圣城麦加的方向。市场上只有他的地毯才有这样的功能，于是很快他就在那里打开了市场。

（三）销售牙膏

其实那张纸条上只写了一句话：将这一款牙膏的管口直径扩大 1 毫米。因为消费者每天早晨习惯挤出同样长度的牙膏。如果让牙膏管口直径扩大 1 毫米，那每天牙膏的消费量就会多出很多倍。

（四）销售新招

他把商店中的水果每斤都卖高价钱，每次购买一斤水果的就赠送一种电器或者一些图书。

（五）方糖受潮

这位工人发现轮船通过通风洞来通风，于是就在包裹方糖的盒子上也戳了几个洞，果然达到了不让方糖受潮的效果。

（六）善于做广告的出版商

出版商宣称：“现在有一本连总统都无法下结论的书，欲购从速。”

（七）三家裁缝店

第三家裁缝店的广告牌上写道：“本店是这条街上最好的裁缝店”。

第十四章　自我超越能力游戏答案

（一）最少的里程

巡视员的行走路程可以减少到19千米，他只需要重复两次路过两条铁轨。他的巡查路线：E-I-J-K-J-F-B-C-B-A-E-F-G-H-D-C-G-K-L-H。重复路过的两条铁轨是JK和BC段。

（二）尤尼斯的婚姻状况

根据（1）和（2），成双成对来参加舞会的总共有6对。根据（3）、（4）和（5），如果a是已婚女士的人数，则6-a等于处于订婚阶段的女士的人数，而且6-a还等于处于订婚阶段的男士的人数。

于是根据（6），6-a等于已婚男士的人数。如果b是单独前来的已婚男士的人数，那么，已经结婚而偕同夫人一起前来的男士的人数（a）加上单独前来的已婚男士的人数（b），等于已婚男士的总人数：a+b=6-a于是单独前来的已婚男士的人数（b）等于6-2a。根据（7），6-2a等于单独前来的尚未订婚的男士人数。

于是根据（4），尚未订婚的女士的人数，等于单独前来的人数（7）减去单独前来的已婚男士的人数（6-2a），再减去单独前来的尚未订婚的男士的人数：7-（6-2a）-（6-2a），即4a-5。因此a等于已婚女士的人数，6-a等于处于订婚阶段的女士的人数，而4a-5等于尚未订婚的女士的人数。由于4a-5等于尚未订婚的女士人数，所以，不能等于0或者1。

根据（9），杰克先生是尚未订婚的男士，于是a不能大于2，否则尚未订婚的男士人数（6-2a）将成为0甚至为负数。所以，a必定是等于2。因此，在这次舞会上，共有2位已婚女士、4位处于订婚阶段的女士和3位尚未订婚的女士。

根据（8），尤尼斯是一位已经订婚但尚未结婚的女士。

（三）怎样倒水

首先，我们应该把2个杯子都倒满，然后将水壶里的水倒掉。接着将300ml杯子内的水倒回水壶，大杯子的水倒入小杯子300ml，把这300ml水倒回水壶中，再把大杯子剩下的200ml水倒往小杯子，把水壶里水注满大杯子（500ml），这样，桶里就只剩100ml水。再把大杯子的水注满小杯子（只能倒出100ml），然后把小杯子里的水倒掉，再从大杯子往小杯子倒300ml，大杯子里剩100ml，再把小杯子里的水倒掉，最后把水壶里剩余的100ml水倒入小杯子，这样每个杯子都有100ml水了。

（四）十魔山

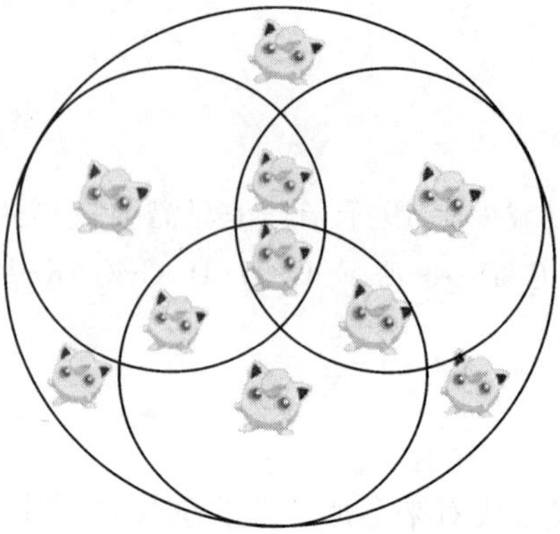

（五）建城墙

353 块。从题意可以推知要使用的砖块最少，应该尽量使用大砖，第一层使用大砖，需要 50 块；第二层由于必须交错间隔，所以必须要使用小砖，而使用最少的小砖的唯一办法是两端使用小砖；第三层也用大砖，仍要 50 块，第四层类似第二层，以此类推，共七层。故最后适用的砖块数为 50+51+50+51+50+51+50＝353。

（六）行驶多远

3750 千米。如果我们考虑在中途某个时刻将车轮调换，则非常麻烦。如果将这个问题转化成工程问题：把一个车轮的使用寿命看做单位“1”，则每 1 千米，前轮被使用了 1/5000，后轮被使用了 1/3000，这样用两个轮子的寿命 2÷（1/5000+1/3000）＝3750，很容易就被求出使用这两个轮子最多可以行驶 3750 千米，就不用考虑何时调换轮子这个恼人的问题。

参考文献

［1］杨德林. 创新开放法［M］. 北京：清华大学出版社，2004.

［2］（英）爱德华·德·波诺. 六顶思考帽［M］. 北京：新华出版社，2002.

［3］（英）爱德华·德·波诺. 水平思考：个人和团队不断获取创新的系统方法［M］. 北京：北京科学技术出版社，2006.

［4］王洪忠. 创新思维能力［M］. 青岛：中国海洋大学出版社，2008.

［5］夏昌祥. 实用创新思维［M］. 北京：高等教育出版社，2008.

［6］（澳）卡罗琳·巴克. 六顶创新帽［M］. 北京：人民邮电出版社，2004.

［7］（英）爱德华·德·波诺. 六双行动鞋［M］. 北京：新华出版社，2008.

［8］王惠连. 创新思维方法［M］. 北京：高等教育出版社，2004.

［9］卢希悦. 思维的革命：走进创新思维的自由王国［M］. 北京：经济科学出版社，2004.

［10］陈尤文. 领导者的创新思维：从理论到实践［M］. 上海：上海人民出版社，2006.

［11］杨光亮. 现代管理：创新思维与实践［M］. 北京：中国经济出版社，2001.

［12］徐斌. 创新头脑风暴——方法、工具、案例与训练［M］. 北京：人民邮电出版社，2009.

［13］王波. 问题解决能力训练游戏经典［M］. 北京：人民邮电出版社，2009.

［14］王波. 创新能力培训游戏经典［M］. 北京：人民邮电出版社，2009.

图书在版编目(CIP)数据

创新思维训练教程/李虹主编.—成都:西南财经大学出版社,2014.10(2017.1重印)

ISBN 978-7-5504-1631-4

Ⅰ.①创… Ⅱ.①李… Ⅲ.①创造性思维—训练—教材
Ⅳ.①B804.4

中国版本图书馆CIP数据核字(2014)第243682号

创新思维训练教程

主 编:李 虹

副主编:艾 熙 詹铁柱 黄先德

责任编辑:刘佳庆

助理编辑:孙志鹏

封面设计:杨红鹰 张姗姗

责任印制:封俊川

出版发行	西南财经大学出版社(四川省成都市光华村街55号)
网 址	http://www.bookcj.com
电子邮件	bookcj@foxmail.com
邮政编码	610074
电 话	028-87353785 87352368
印 刷	四川森林印务有限责任公司
成品尺寸	185mm×260mm
印 张	14.25
字 数	320千字
版 次	2014年10月第1版
印 次	2017年1月第2次印刷
印 数	2001—4000册
书 号	ISBN 978-7-5504-1631-4
定 价	29.80元

